Ingerose Paust

DAS LIED DER GAJANEH

Ingerose Paust

Das Lied der Gajaneh

Roman

Evangelische Verlagsanstalt Berlin

ISBN 3-374-00787-2

1. Auflage
Lizenz 420.205-119-89. LSV 6530. H 6131.
Schutzumschlag: Gottfried Leonhardt
Karten: Sigrid Groß-Kaiser
Printed in the German Democratic Republic
Gesamtherstellung: Grafische Werke Zwickau
00680

I. Kapitel

SCHAUPLATZ DALMATIEN

1

Aspalathos, 30. Mai des Jahres 298.

Ein römischer Reiter prescht durch die sternklare Nacht. Sein Roß kennt den Weg, er ritt in letzter Zeit öfters von Salona nach Aspalathos hinunter. Heute trägt das Tier allerdings doppelte Last – der junge Soldat hat ein Mädchen vor sich, das er gewaltsam in den Sattel hob. Es wehrte sich verzweifelt, aber schreien konnte es nicht, weil er es geknebelt hat.

Die Zügel straff in der Linken, gibt er dem Falben immer wieder die Sporen, bis er den Kaiserpalast am Rande des Adriatischen Meeres erreicht hat. Erst auf den letzten zweihundert Metern läßt er das Pferd in Trab fallen und passiert dann die Wache am Silbernen Tor.

Im Morgenwind treiben zerfetzte, fadgraue Wolken heran. Die grünblauen Adriawellen tragen schmale weiße Schaumkronen. Sie klatschen rhythmisch an die seeseitige, fast zweihundert Meter lange Südfront des grandiosen Bauwerks, das hier unmittelbar am Ufer errichtet wird: so dicht am Wasser, daß man durch einen hohen überwölbten Durchbruch in der Mauer mit dem Boot direkt ins Innere des Kellergewölbes gelangen kann. Ein Bronzetor sichert diesen Eingang. –

Kaiser Diokletian läßt sich hier in seiner Heimat Dalmatien, der Küstenprovinz Illyriens, einen traumhaft prächtigen Sommersitz erbauen. Ihm hätten dafür viele geeignete Orte in seinem riesigen Römischen Reich zur Verfügung gestanden – im Vorderen Orient, wo er seine Residenz Nikomedien hat, in Ägypten, ja ganz Nordafrika, in Italien, Spanien, Gallien, Britannien, in den Donauländern und in Griechenland. Da gibt es manch einen Landstrich mit ähnlichen Vorzügen wie hier, nämlich in reichem Maße warme, aber nicht stechende Sonne und mildes Klima mit paradiesisch immergrüner Vegetation. Aber es bedurfte für ihn keiner Überlegung, als er zu bauen beschloß. Er wählte die kleine Halbinsel Aspalathos, die Vorstadt seines geliebten Salona. Hier wurde er im Jahre 243, vor nunmehr fünfundfünfzig Sommern also, als Sohn eines freigelassenen Sklaven geboren, hier wuchs er auf, und hier zieht es ihn immer wieder her. Niemand hat ihm an der Wiege gesungen, daß er einmal Kaiser des Weltreiches Rom sein würde. Doch er schämt sich seiner Herkunft nicht, im Gegenteil, sie macht ihn stolz. Nichts könnte ja deutlicher für seine Tüchtigkeit im Heer sprechen, aufgrund derer man ihn zum Imperator wählte. Zwar ist er nicht der erste «Soldatenkaiser», aber mit seinen Vorgängern will und kann er nicht verglichen werden. Es befanden sich genug Usurpatoren darunter, und bis vor kurzem hatte er immer wieder solche Abenteurer niederzuwerfen, die sich einfach Herrschermacht anmaßten. Unter der Mißregierung des Commodus, der reichlich hundert Jahre vor Diokletian den Thron bestieg, verfiel die Heeresdisziplin derart, daß jeder kühne Offizier mit Hilfe seiner Truppen nach dem kaiserlichen Diadem greifen konnte. Häufig regierten deshalb mehrere Imperatoren zugleich von verschiedenen Stellen des Reiches aus, manche nur ein paar Wochen lang. Die Folge waren trostlose Zeiten, weil Verwahrlosung und Unsitten in allen Lebensbereichen um sich griffen und jegliches Band der Ordnung sich zu lösen schien. Nun hat vor vierzehn Jahren mit ihm, Caius Valerius Aurelius Diocletianus, eine neue Epoche der Geschichte Roms begonnen. Als kraftvoller Herrscher versucht er, die Lebenskräfte des schwach gewordenen Reiches mit allen Mitteln aufzufrischen und ihm eine Neuordnung zu geben. Zur besseren Verwaltung hat er angesichts der immensen Ausdehnung des Staates noch einen «Mitkaiser» und zwei «Unterkaiser» eingesetzt. Die eigentliche Regierung behält er sich aber selbst vor. So ist er auch unermüdlich unterwegs, erscheint bald hier, bald dort, um Impulse zu geben. Zugleich hält er damit seine Beamten auf Trab. Keiner will unverhofft dabei ertappt werden, daß er etwas Ungesetzliches durchgehen ließ. Es ist keine leichte Aufgabe, überall für Ruhe und Ordnung zu sorgen. Aber er hat es geschafft! Seit dem Vorjahr ist der Friede an den Grenzen und im Lande selbst weitgehend gesichert. Erst diese Tatsache läßt weitere Schritte in der Innenpolitik zu. Zugleich erfährt die begonnene vielseitige Bautätigkeit noch mehr Aufschwung. –

Auf dem fast vier Hektar großen Gelände des Palastes regen sich viele tausend Hände. Abgesehen von den Projektanten, einheimischen Baumeistern und solchen aus dem Orient, Hunderten von Spezialisten und den Leuten, die Bauholz fällen, auf der Insel Brač Steine brechen, auf Schiffen Material übers Meer heranbringen, sind vor allem unzählige Maurer, Zimmerleute und Steinmetze seit fünf Jahren hier am Werk.

Zuerst wurden die wuchtigen Außenmauern errichtet. In ihrem unteren Teil sind sie zwei Meter stark, und sie erreichen eine Höhe von vierundzwanzig Metern. Die drei dem Lande zugekehrten Seiten sind mit sechzehn Wehrtürmen versehen und haben im oberen Teil einen säulengeschmückten Rundgang für die Wachen. Die turmlose südliche Fassade ist imposant aufgelockert durch einen prächtigen Arkadengang als Wandelhalle für den Kaiser und sein engstes Gefolge. Von hier bietet sich ein zauberhaft schöner Ausblick auf das glitzernde Meer und die benachbarten Inseln.

Die ganze Palastanlage gleicht im Grundriß einem römischen Heerlager, denn die beiden sich kreuzenden Hauptstraßen – Decumanus, die Quer-, und Cardo, die Längsachse – gliedern den Komplex in vier Teile. Die Ost-West-Verbindung führt also vom Silbernen zum Eisernen Tor, und dem meerseitigen Bronzetor gegenüber ist das Goldene Tor gelegen. Von diesem gelangt man geradewegs zum Prothyron, der großartigen Eingangsfassade zu den Kaisergemächern, deren hoher Giebel auf vier rosa Granitsäulen ruht. –

Oberbaumeister Sidonius kommt zu früher Morgenstunde durch das Silberne Tor auf den Bauplatz. Er braucht sich bei der Schutzgarde, die hier vom ersten Tage an für Sicherheit verantwortlich ist, nicht auszuweisen. Schon ganz in seine Aufgabe vertieft, begutachtet er zuerst die Arbeiten in der nördlichen Hälfte des Areals, wo beiderseits des Cardo um je einen quadratischen Hof stattliche Gebäude für die Leibgarde und die Dienerschaft, dazu Lagerräume und Werkstätten entstehen. Er hofft den Rohbau noch dieses Jahr unter Dach zu bringen.

Im Südflügel sind das kuppelüberwölbte Vestibül und die Kaisersäle schon weitgehend fertiggestellt. Auch das monumentale Peristyl, dieser von bogenverbundenen Säulenreihen umgebene zentrale Lichthof, hat schon Gestalt angenommen und läßt das Herz des Baumeisters beim Betrachten stets höher schlagen. Das achteckige kaiserliche Mausoleum steht ebenfalls. Alles in allem eine Höchstleistung in nur fünf Jahren! Doch es wird noch geraume Zeit bis zur Vollendung des Baues verstreichen. Die beiden Rundtempel beispielsweise und der große für Jupiter, alle westlich des Peristyls, verlangen für ihre dekorative Gestaltung viel präzise Kleinarbeit, die man nur ausgewählten kunstfertigen Leuten anvertrauen kann. Ja, und die Thermen sind noch anzulegen! Zudem werden Statuen die Halb- und Viertelkreisnischen des Mausoleums schmücken, und es soll noch einen Säulenumgang erhalten. Säulen aus rosa Granit und aus weißem Marmor mit reichen, schönen Kapitellen, die man aus Ägypten und Griechenland hergebracht hat, bilden die Hauptschmuckelemente des Palastes. Eine reizvolle Mischung der strengen römischen Architektur mit der phantasiereichen des Orients, denn beide Kultursphären treffen hier zusammen.

Während Sidonius von einer Baustelle zur anderen geht, gibt er Hinweise, mißt hier und da etwas nach. Seinen prüfenden Augen entgeht nichts. Die Handwerker zollen ihm Respekt, um so mehr, als er auch jederzeit ein freundliches Wort für sie hat. Das kommt dem zügigen Fortgang des Werkes zugute. Heute jedoch spürt er eine bedrückende Unruhe unter den Leuten, und ihre halblauten Gespräche verstummen, sobald er näherkommt. Er errät, um was es geht und worüber man doch nicht offen zu debattieren wagt: Gestern schlug eine Nachricht aus Salona wie ein Blitz ein. Da haben Gardisten den Straßenpassanten das Bild des Kaisers vorgehalten und verlangt, vor diesem niederzufallen. Diokletian sei ein Gott und habe dementsprechend das Recht auf göttliche Verehrung, auf Anbetung. Jedermann stutzte, die meisten folgten dann aber ohne langes Zögern dem Befehl – manche gleichgültig, andere erschrocken, aus Angst oder ohne so rasch zu begreifen, was man da eigentlich forderte.

Zwar brachten Seeleute voriges Jahr das Gerücht mit, im Orient und in Nordafrika verfolge man alle, die dem Kaiser die Anerkennung als Gottheit verweigerten. Das betreffe in erster Linie die Christen. Harte, ja unmenschliche Strafen sollten sie dafür erlitten haben: vom Verbot der Gemeindeversammlungen, Verbrennung ihrer Schriften und Vermögenseinzug bis zu Kerkerhaft, Folter, Hinrichtung und Feuertod. Niemand in und um Salona wollte es glauben. Man hielt es für übertrieben, weil hier bisher nichts auf ein solches Verlangen des Kaisers hindeutete. Die Christen lebten verhältnismäßig unbesorgt, denn seit den Verfolgungen durch Decius vor etwa fünfzig Jahren gab es – bis auf eine kurze Zeit der Bedrängnis unter Gallienus ein Jahrzehnt später – keine Einschränkungen für ihren Glauben mehr. Der Siegeszug des Christentums schien sicher. Bei weiteren ähnlichen Nachrichten, die Seeleute mitgebracht hatten, stellte sich auch heraus, daß die Strafmaßnahmen im Orient hauptsächlich einer anderen religiösen Gruppe, den Manichäern, galten. So kam das Ansinnen Diokletians hier jedenfalls unerwartet. Doch nun ist es Tatsache.

Frühere Kaiser sind zwar auch göttlich verehrt worden, aber meist erst nach ihrem Tode. Daß Diokletian dies schon zu Lebzeiten verlangt, wirft Probleme auf. Wer den alten Göttern anhängt, ist sicherlich bedacht, sie nicht durch ungebührliches Verhalten zu erzürnen. Wie steht es da mit dieser Art Huldigung für einen Lebenden? Doch bei der Vielzahl der Götter kann man wohl zu Kompromissen gelangen. Anders ist es bei den Christen, deren auch in Salona nicht wenige sind. Sie glauben an *einen*, den einzigen Gott, wie sie sagen. Für sie gibt es also keine Alternative, sie werden grundsätzlich den Kniefall ablehnen, und es ist nun durchaus glaubhaft, daß dies in den Ostbezirken des Reiches geschah. Majestätsbeleidigung! Hoffentlich legt man hier nicht die gleichen Strafmaßstäbe an! Kerkerhaft – Sidonius friert bei diesem Gedanken. Er ist kein Christ, aber viele seiner Arbeiter sind es. Was sollte aus dem Bau werden, sperrte man auch nur ein Viertel der zuverlässigen und fleißigen Leute ein! Man würde andere heranholen, gewiß, von weit her vielleicht. Aber eine nicht vorauszusehende, empfindliche Verzögerung könnte es dennoch bedeuten. Für diese würde letzten Endes er, Sidonius, zur Verantwortung gezogen. Eine böse Sache, das Ganze. Aber er will nicht allzu schwarz sehen.

Noch ganz in Gedanken, fährt er plötzlich zusammen durch einen Schrei, der aus der Krypta des Mausoleums heraufdringt. Was war das? Er eilt hinüber, doch auf den ersten Stufen des Zugangs hält er inne. Da sprechen zwei Männer gedämpft, aber erregt miteinander. Er kann sie nicht sehen, doch ihre Stimmen kennt er sehr genau: der eine ist sein Sohn und Gehilfe Alexander, der andere dessen Schulfreund Markus, jetzt Soldat.

«... Wenn du wieder laut wirst, Alexander, muß ich dich fortweisen», sagt er, «ich bin im Dienst, stehe Wache, und riskiere schon genug, überhaupt mit dir zu reden. Also –?»

«Sag mir nur, ob das Ungeheuerliche wahr ist, was man sich erzählt. Was geht droben in Salona vor?»

«Ich kann dir nur sagen, was gestern war. Keiner von uns weiß, ob es sich wiederholt. Man sagt, daß man ein Exempel statuieren mußte, weil der Kaiser selbst bald kommen und göttliche Huldigung verlangen wird. Wer sie nun dem Bild verweigert, wird auch dann dem Befehl nicht gehorchen. Diesem Fiasko will man vorbeugen, um den Zorn des Kaisers nicht auf die Stadt zu ziehen.»

«Wer sich also weigert, ihn als Gott anzusehen ...»

«... wird dafür zur Rechenschaft gezogen. Im Stadtbezirk Mitnica, wo auch Bischof Domnius wohnt, gab es die meisten Verhaftungen. Etliche hundert Verweigerer trieb man dort zusammen, und weil man sie im Freien nicht bewachen konnte, steckte sie ein Obrist in den Tempel der Juno. Da war erst ein Priester, der zustimmte – wohl schadenfroh, denn die Tempel verlieren immer mehr ihrer einst Opferwilligen an die neue Kirche. Aber dann kam ein anderer, der von Tempelentweihung sprach und alle zur Seitentür hinausjagte. Nur ein paar mehr Dutzend wurden wieder ergriffen, und es hieß, sie mögen als warnende Beispiele genügen. Man vermeidet sogar, das Gefängnis zu benutzen, wie du siehst ...»

«Und du gibst dich für all diese Machenschaften her, Markus, du? Wir trafen uns nicht nur *ein* Mal in der Gemeinde.»

«Pst, du Hitzkopf! Wenn bekannt würde, was du soeben sagtest, könnte ich nicht mehr versuchen, das Schlimmste von den Gefangenen fernzuhalten. Und wenn du etwas für mich tun willst, dann sag Claudia, ich hoffe morgen abend an den Zypressen zu sein.»

«Gut. Aber eins muß ich noch wissen: Der Schrei – foltert ihr etwa?»

«Nein, nein, Alexander. Einer hat wohl nur die Nerven verloren. – Und nun geh! Verraten wirst du mich nicht, das wäre zum Schaden für alle.»

«Du handelst trotz angeblich guter Absicht nicht richtig, Markus. Hast du nicht in der Unterweisung gelernt: ‹Wer mich nicht bekennt vor den Menschen, den werde ich auch nicht bekennen vor meinem himmlischen Vater›?»

«Alles zu seiner Zeit, meine ich. Und nun geh! Geh endlich!»

Alexander stürmt die Treppe hinauf. «Vater, du hier? Wie kannst du zulassen, daß die Krypta zum Kerker gemacht wird?»

«Zum Kerker? Rede keinen Unsinn! Ich hörte zwar einen Schrei und will gerade nachschauen, was da vorliegt.»

«Du weißt es wirklich nicht? Wer gab den Schlüssel, wenn nicht du?»

«Es hieß, man brauche ihn für die Wache.»

«Ja, natürlich, für die *Wache*. Augenblicklich ist es Markus, der die Unbotmäßigen bewacht, die sich nicht zum *neuen Gott Diokletian* bekennen wollen. Bei einem anderen Posten wäre ich sicherlich gar nicht bis dorthin vorgedrungen. Doch nun kann ich dir berichten, was da ‹vorliegt›. – Vater, vermagst du dem Mißbrauch dieses Gebäudes nicht entgegenzuwirken?»

Der Baumeister zieht Alexander mit sich fort. Im Gehen legt er die Hand auf seinen Arm: «Erreg dich nicht, mein Sohn. Sicherlich handelt es sich hier um einen örtlichen Übergriff. Du weißt, viele Beamten eifern, um sich einen Orden zu verdienen. Diokletian, das ist bekannt, duldet Christen an seinem Hofe. Man sagt sogar, daß Priska und Valeria, seine Frau und seine Tochter, heimlich Christinnen seien. Das wird kaum stimmen. Aber wollte er etwas gegen die Anhänger dieser Lehre unternehmen, hätte er es längst tun können.»

«Du weißt, wie das Christentum in letzter Zeit immer größere Verbreitung erfahren hat. Hast du nicht unlängst selbst gesagt, das Netz der Gemeinden mit ihren Bischöfen dehne sich über das ganze Reich aus und werde damit zu einer politischen Macht? Solange wir im Innern keine Ruhe und Sicherheit hatten, konnte der Kaiser die Zahl seiner Gegner nicht noch um die wachsende Menge der Christen vermehren. Nun aber, nachdem auch Persien besiegt ist, fühlt er sich stark genug ...»

Sidonius' Herz krampft sich angstvoll zusammen. Bewußt hat er dem Sohn gegenüber heruntergespielt, was da vorgeht.

«Vater, wenn man auch uns ersuchen sollte, vor ihm hinzufallen, würdest du es tun?» Alexander fragt es beschwörend.

«Was bleibt uns anderes, wenn es verlangt wird?»

Dem Sohn verursacht diese Antwort körperlichen Schmerz. Er sieht den Vater fest an: «*Ich* aber werde es niemals tun. Lieber lasse ich mich in den Kerker werfen wie die, die da schon schmachten.»

«Alexander, bist du von Sinnen?»

«Nein, Vater. Du weißt, daß ich Christ geworden bin. Ich kann nur den einen, den wahren Gott anbeten. Einen anderen gibt es für mich nicht.»

Da ist der Kummer wieder, den Sidonius über der Arbeit eine Zeitlang fast vergessen hatte, weil der Sohn tüchtig ist und ihn wahrscheinlich eines Tages an Ideenreichtum und Klugheit übertreffen wird. Seinen Hang zu der Christengemeinde hielt er anfangs für ein Strohfeuer, welches sein Verstand bald wieder löschen würde. Daß es dem Jungen so ernst damit sei, hielt er kaum für möglich.

«Alexander, du wirst vernünftig sein! Sollte Diokletian herkommen und sich das Gerücht bezüglich seines Verlangens bewahrheiten, wirst du eben krank und deshalb nicht anwesend sein.»

«Ich sollte lügen, Vater? Das ist Sünde. Du fürchtest dich schon vor Jupiter, wenn du lügen solltest. Dabei ist er nur eine steinerne Statue. Der Vater Jesu Christi jedoch ist ein lebendiger Gott.»

«Weh mir! Was soll die nächste Zeit bringen! Ich weiß, daß viele meiner Handwerker denken wie du. Und dann – der Bau!»

«Wenn er zu solchen Zwecken mißbraucht wird – hörst du die erneuten Schreie, Vater? – dann wird kein Segen darauf ruhen. Dazu könnten selbst die alten Götter nicht *ja* sagen, meinst du nicht auch?»

«Vielleicht sieht vieles ganz anders aus, wenn der Kaiser erst persönlich da ist. Ich kann mir nicht denken, daß all das Beängstigende direkt von ihm ausgeht. Er gilt als menschlich und gerecht, und die ihn aus der Jugendzeit kennen, haben stets gesagt, er sei nicht überheblich. So müßte er sich sehr geändert haben, wenn er nun Göttlichkeit für sich in Anspruch nähme ...»

«Von wem soll die Sache ausgehen, wenn nicht von ihm?»

«Ich könnte mir eher vorstellen, daß Galerius, sein Unterkaiser für unser Gebiet, auf solche Gedanken kommt. Ihn habe ich mehrmals erlebt, wie roh und gewalttätig er sein kann, hochmütig auch und leidenschaftlich. Was Diokletian hauptsächlich an ihm schätzt, ist wahrscheinlich seine Ergebenheit ihm gegenüber. Und die will Galerius ihm womöglich auf solche Art einmal mehr beweisen.»

«Vielleicht hast du recht. Wollen wir also abwarten.»

«Ja, mein Sohn. Versprich mir nur, daß du in jedem Falle mit Überlegung handeln wirst.» –

Als Alexander gegangen ist, streift der Vater eine Zeitlang ohne Ziel durch das Gewimmel der Arbeiter. Dann aber strafft er seinen

Rücken. Konzentriertes Tätigsein ist das beste Mittel, schwarze Krähenvögel aus dem Hirn zu verscheuchen und das innere Gleichgewicht wiederzuerlangen. Nur nicht weich werden! Er muß noch nach den Zimmerleuten sehen, die eine der letzten kunstvollen Decken in den Kaisergemächern vollenden.

Auf dem Wege dorthin kommt er an einer der anthrazitfarbenen Sphinxe vorüber, die aus Ägypten hergebracht wurden. Diese hier ist bereits tausendachthundert Jahre alt, sie stammt von Pharao Thutmosis III. Sidonius hat den Sphinxgesichtern nie Bedeutung beigemessen. Heute jedoch meint er zu spüren, daß ihm durchdringende Blicke aus den rätselhaften Augen folgen.

Zwanzig Gefangene hocken auf dem kalten Steinfußboden der Krypta, sechzehn Männer und vier Frauen. Leona, seit dem Vorjahr mit dem Diakon Lukas verheiratet, ist eine von ihnen. Sie war es, die schrie. Schwanger ist sie, im siebenten Monat, doch durch die Schrecken setzten schon Wehen ein. Die Mitgefangenen pochten Hilfe fordernd an die Tür. Markus jedoch rührte sich nicht. Sie sollten glauben, es sei gar niemand da. Ihm war entsetzlich übel zumute. Steif und stumm stand er, wie gelähmt – einer, den sein Gewissen anklagte und der dennoch durch Tatenlosigkeit noch mehr Schuld auf sich lud. Dann kam Alexander. Ihm erzählte er mehr, als gut war, um seine Gemütsverfassung vor ihm zu verbergen ...

Ach, könnte er den gestrigen Tag und die Nacht ungeschehen machen! Verflucht sei der Größenwahn des Kaisers, verflucht, die ihn, Markus, und die anderen Gardisten auf die Bürger im bis dahin friedlichen Salona hetzten! Als das Einsatzkommando zurückkam, verpfiff ihn Tertius, er habe Leute, die das Bild nicht anbeteten, einfach «übersehen». Warum? Weil er selbst einer der «Kannibalen» sei, die Fleisch und Blut ihres Gottes äßen und tränken. In ein Nest der Verbohrtesten dieser Sekte gehe er zu einer Liebsten. Damit war das Haus der Hripsime gemeint. Sie war weithin bekannt als eine christengläubige vornehme Reiche, jung noch, in den Zwanzigern. Als sie kurz nacheinander beide Eltern verlor, nahm sie andere Waisen in ihr Haus auf und unterrichtete sie, nicht zuletzt in der Christenlehre.

Zu den Mädchen gehört auch Claudia. Markus hat sie schon gekannt, ehe sie dorthin zog. Sie muß die Seine werden, sie und keine andere. Ihr zuliebe ging er mit in die Versammlungen, natürlich nicht im Soldatenrock. Ihr zuliebe war er schon fast bereit, sich auch zu den Christen zu halten. Wer sollte ahnen, daß sie noch einmal gejagt werden würden? Diese Zeiten hielt jeder für endgültig vorüber.

Gestern nun, ja gestern ...

Der Obrist hatte keine Zeit, der Aussage des Tertius nachzugehen. «Bist du einer von diesen?» fragte er nur kurz und bündig.

«Nein», bemühte sich Markus sehr bestimmt und ohne Zögern zu antworten. Er durfte doch sein und Claudias Glück nicht aufs Spiel setzen!

«Beweise es!» forderte der Obrist.

«Wie soll ich das?»

«Ganz einfach. Du weißt Bescheid in dem besagten Nest und bringst ein solches Schwälbchen her. Marsch!»

Und Markus ritt wie im Traum. Er kannte sich in der Tat im und um das Haus aus. Aber wie sollte er vorgehen? Tausend Gedanken flogen ihm durch den Kopf. War es vielleicht das beste, mit Claudia zu fliehen? Doch wohin? Das Römische Reich dehnte sich ja unendlich weit, daß man seine Grenzen so bald nicht hinter sich ließ. Und was fand man jenseits vor? Besser war es wohl, sich durch eine Drangsalszeit hindurchzumogeln, sie konnte ja nicht bis in Ewigkeit dauern. Ob Claudia vernünftig genug sein würde, sich verborgen zu halten, bis die Gefahr vorüber war? Und heute nacht – was sollte er nur tun, was? Vorsorglich band er ein Tuch lose um den Hals, um es notfalls vor sein Gesicht zu ziehen und sich unkenntlich zu machen. Aber er würde sicherlich ein fest verschlossenes Haus finden und dem Obristen schließlich sagen müssen, daß er es später noch einmal versuchen wolle. Kommt Zeit, kommt Rat! Trotzdem wollte er sich verschiedene Möglichkeiten vorstellen: Wenn nun Claudia es wäre, die ihm als einzige begegnete? Sie würde er natürlich niemals einer Gefahr aussetzen. Sollte es nun Hripsime selbst sein, der er habhaft werden könnte? Nein! Mit ihr würde er Claudia das Zuhause nehmen. Und die ganz jungen Mädchen? – Nicht daran denken! Er mußte die Situation, wie sie sich eben bot, als Herausforderung annehmen. Sollten also Engel, oder wie man unsichtbare Mächte auch nennen mochte, das Los für ihn werfen! Doch im kritischen Augenblick waren offenbar keine guten Geister zur Stelle. Vielmehr brachte gerade Lucia, die älteste der sechs Mädchen, einen Holzeimer vor die hintere Tür. Eine Sache von Sekunden, die Ahnungslose aufs Pferd zu heben und im Schutze der Dunkelheit unbemerkt mit ihr zu entkommen. Dabei war Markus fest entschlossen, sie wirklich nur *vorzuweisen* und dann zu sorgen, daß sie sofort wieder entwischen könne. Doch der Obrist selbst steckte sie in die Krypta. Markus befahl er, den Wachhabenden abzulösen: «Du bürgst für alle diese Köpfe!»

Oh, wohin hatte er sich verrannt! Wie sollte er aus diesem Dilemma wieder herauskommen? Durch die Tür hörte er dann, daß Lucia auf Fragen der anderen erzählte, sie wisse wahrhaftig nicht den Grund ihrer Festnahme. Nein, niemand habe ihr ein Bild vorgehalten. Der sie hinterrücks überfiel und feige entführte, habe ihr mit keinem Wort erklärt, wessen sie schuldig sein solle. Geknebelt habe er sie hierher gebracht. An seiner Hand habe sie einen Ring entdeckt, wie ihn ein Soldat trug, der auch mit in die Versammlungen kam: der Verlobte ihrer Freundin Claudia. Sein Gesicht konnte sie nicht sehen. Doch sie könne nicht glauben, daß er es war, daß – er ein *Judas* sei ...

Markus hätte beinahe wütend protestiert. Ein Judas, ein Verräter? Nein, nein, nein! Aber er zog den Ring vom Finger und steckte ihn in seine Tasche. –

Vielleicht kann er Claudia morgen erklären, wie alles kam.

Er hält sein Ohr offen, lauscht, was da in der Krypta geredet wird. Zwar hat er die Leute nicht gesehen, aber manche Stimme kommt ihm aus den Gottesdiensten bekannt vor. Der eine ist mit Sicherheit Aurel, der Eselzüchter, ein anderer der Schuhmacher Gajus. Die beiden machen ihrem Zorn Luft.

«... kein Edikt ist bekannt, keine Verfügung! Wer weiß, welcher Hundsfott sich hier beim Kaiser einkratzen will. Denn daß er selber diesen Befehl gegeben haben soll, will einem nicht in den Kopf. Wir durften doch seither unserer Kirche angehören und ungeschoren leben ...»

«Vielleicht *hat* der Kaiser ein Edikt erlassen, und die städtischen Oberen brachten es nur nicht an die Öffentlichkeit, um uns zu überrumpeln?»

«Hm, so wird es wohl sein. Sie wollten, daß wir blind in solche Sünde tappen.»

«Aber Gott selbst wird diese Untat rächen, sollst sehen ...», sagt Gajus, und Markus sieht ihn im Geiste die Faust ballen.

Antonia, die Frau des kleinen Weinbauern Erastus, weint: «Was wird aus meinen Kindern? Die Älteste ist sieben, das Kleine noch nicht zwei. Sie wissen wahrscheinlich nicht einmal, wo ich bin. Können sie ahnen, daß die Büttel gerade mich packten? Nur durch meinen verstauchten Fuß war ich bei den unglücklichen letzten, die den Junotempel verließen. Alle anderen waren fort, ehe die Wache es hindern konnte.» Ihre Stimme erstickt in Tränen.

Wohl aus tiefem Grübeln heraus sagt einer: «Wenn er doch bald käme, der Kaiser, sehr bald. Dann würde der Bischof mit ihm reden, und wir wären frei. Domnius kennt ihn von Kindheit an, und er hat immer gut von ihm gesprochen.» Das ist Ignaz, des Bischofs Schreiber, ein Mann erst in den Dreißigern, aber blaß und kränklich. «... *bald* müßte es aber sein», wiederholt er, «denn wenn wir lange auf diesen Steinen liegen, holen wir uns den Tod. Ich bin voll Hoffnung, und doch habe ich Angst ...»

Mitleidig sieht Lucia auf ihn. «Du kennst Hripsime, in deren Haus ich lebe», sagt sie. «Sie hat uns Mädchen gelehrt, bei Angst uns an Jesus zu halten. Sicherlich kennst du des Herrn Wort: ‹In der Welt habt ihr Angst, aber seid getrost, ich habe die Welt – die Angst – überwunden.› Hörst du: Nicht wir selbst werden damit fertig, nur wenn wir ganz in *ihm* aufgehen.»

«Du hast es gut, zum ‹Hofstaat› der reichen Hripsime zu gehören», meldet sich Eusebius, ein Verwaltungsbeamter. «Wird sie dich nicht loskaufen? Vielleicht bist du überhaupt nur zu diesem Zweck gefangen worden?»

«Wenn ein Loskauf möglich ist, wird sie es für *alle* tun. Und sollte sie es nur für eine Person tun dürfen, dann würde ich zuerst zum Beispiel Antonia zu ihren Kindern gehen lassen.»

«So lehrt Hripsime euch», sagt Anastasius. «Sie hat meiner Familie einmal sehr geholfen – und nicht meiner allein. Sie stellt das Wohl anderer vor das ihre. Wenn es für sie auch materiell kein Opfer sein mag – es gibt genug andere Reiche, die es *nicht* tun.»

«Wir reden von Loskauf, als sei er angeboten. Sie wollen kein Geld, sie wollen *uns*, um die Gemeinde gefügig zu machen. Wer weiß, was auf uns wartet.» Gajus seufzt, und ein paar andere stimmen ein.

Es wirkt beschwichtigend auf die Gemüter, als der über achtzigjährige Urban, einer der Gemeindeältesten aus Mitnica, bedächtig das Wort ergreift. «Ihr lieben Brüder und Schwestern», sagt er, «wir sollten aus Gottes Hand nehmen, was hier auf uns zukommt. Sind wir nicht lau geworden, weil wir meinten, unser Glaube kann sich ungehindert ausbreiten, bis er das ganze Volk erfaßt hat? Auch ich hoffe, die Prüfung wird nicht lange währen. Doch wie lange auch immer, sie sollte uns aufrütteln, wieder als einen Schatz zu achten, was wir besitzen – einen Schatz, den man sorgsam hütet. Ich habe die Verfolgung unter Decius vor fast fünfzig Jahren miterlebt. Der Sturm der Anfeindungen gegen die christliche Kirche ließ deren Flamme nur um so heller brennen, und viele bekehrten sich, obwohl es Gefahr für ihr Leben bedeutete. Nicht umsonst hieß es damals: Das Blut der Märtyrer ist der Same der Kirche. Verfolgungen reinigen die Gemeinde von bloßen Mitläufern. Denn wo es gilt, das Leben einzusetzen, wird das Herz offenbar.»

«Du meinst also, wir sollten uns freuen, womöglich umgebracht zu werden?» fragt Gajus grimmig.

«O nein, mein Bruder. Wenn du meine Worte so aufnimmst, muß ich ein bißchen mehr von damals erzählen. Da gab es einzelne, die legten es geradezu darauf an, getötet zu werden. Sie meinten, das sichere ihnen die ewige Seligkeit. Ein Trugschluß – weil sie uns längst durch Jesus Christus erworben ist. Sie gehört uns ohne Verdienst. Deshalb warne ich jeden, ein Martyrium etwa herauszufordern. Wir sollten klug handeln und dankbar sein, wenn uns das Leben erhalten bleibt. Sogar ich in meinem Alter möchte dem Herrn noch hier auf Erden dienen, *wenn er es will*. Das ist es, worauf es mir ankommt: mich führen zu lassen. – Wir wollen miteinander beten.» Er geht schwerfällig auf die Knie. «Herr, wir sind in deiner Hand, sind in dir geborgen. Erweise deine Stärke und Allmacht gegen unsere Feinde. Schickst du uns aber in den Tod, dann lasse uns bis zum letzten Atemzug dich bezeugen. Dein Wille geschehe. Du bist unser Leben, Sterben ist Gewinn für uns, denn wir werden bei dir sein in Ewigkeit ...»

Nachdem Urban gesprochen hat, herrscht Stille im Raum. Jeder hängt seinen Gedanken nach. Die des Nachbarn weiß er nicht, kann sie auch nicht von seinem Gesicht ablesen, weil nur spärlich Licht hereinfällt. Die Krypta ist nämlich der hohe Unterbau, auf dem das kaiserliche Mausoleum ruht. Für dessen wuchtige Granitsäulen sind die starken Tragmauern das feste Fundament. Sie lehnen sich an die Grundmauern und bilden dadurch eine schöne Kuppel und acht Nischen, aber nur über dreien befindet sich je eine kleine Lichtöffnung.

Die Augen Aurels hängen wie gebannt an einem Punkt der Deckenwölbung. «Wißt ihr, was ich deutlich vor mir sehe? Sowenig wir uns Martyrium wünschen, so sicher wird man uns Löwen oder anderen wilden Tieren vorwerfen – wie zu Neros Zeiten.» Die Angst schüttelt ihn, und auch die anderen überläuft ein Schaudern.

Urban setzt sich neben Aurel. «Schau nicht in die Dunkelheit der Kuppel, Bruder! Schau in das bißchen Licht, und suche mit deinen Gedanken *das Licht der Welt.* Wenn unser Blick sich über das, was um uns herum geschieht, himmelwärts erhebt, sehen wir die Herrlichkeit, die schließlich auf uns wartet.»

Anastasius, ein Arbeiter in mittleren Jahren, hat bisher still an der Wand gelehnt, die rauhen, rissigen Hände gefaltet. Er ist ein tüchtiger Mann, geschickt auf vielen Gebieten, und er setzt seine Fähigkeiten auch unermüdlich für die Gemeinde ein. Er stellt sich jetzt unter eine der Lichtöffnungen. So kann jeder sehen, welche Ruhe und Güte seine Augen ausstrahlen. Mit heller Stimme wendet er sich an die Mitgefangenen: «Wir alle sind unterwiesen in den Worten der Heiligen Schriften. Sag ein jeder, was er davon behalten hat, damit wir uns gegenseitig damit stärken. Ich denke an einen Satz, den Paulus an die Römische Gemeinde schrieb: ‹Wer will uns scheiden von der Liebe Gottes? Trübsal oder Angst oder Verfolgung oder Hunger oder Blöße oder Gefahr oder Schwert? Ich bin gewiß, daß weder Tod noch Leben, weder Engel noch Fürstengewalt, weder Gegenwärtiges noch Zukünftiges noch irgendeine Kreatur uns von der Liebe Gottes in Jesus Christus scheiden kann› ...»

«Nie hätte ich daran gedacht, einmal so sehr auf das Gedächtnis angewiesen zu sein», sagt Ignaz. «Ich meinte stets, wir bekommen es ja immer wieder in den Versammlungen zu hören, und ich konnte es zudem lesen, wenn ich wollte. Aber manches hat sich Gottseidank von selbst eingeprägt. Ich denke gerade an Worte aus dem Psalter: ‹Als mir angst war, rief ich den Herrn an. Oder: Du wirst mich vor Angst behüten.›»

Ein Schrei zerreißt plötzlich wieder die Stille, die Ignaz' Worten kurz folgte. Daß das Gesicht der Schwangeren sich inzwischen immer wieder im Schmerz verzog und sie tapfer gegen ihn ankämpfte, hat im Halbdunkel nur Antonia gesehen. Nun bäumt sich Leonas Körper.

«Du mußt ganz ruhig bleiben», beugt sich die Ältere über sie und legt eine Hand unter ihr Kreuz, die andere auf ihre Knie. Mit erfahrenem Blick sieht sie, daß eine Frühgeburt nicht aufzuhalten sein wird. Aber sie muß solange wie möglich hinausgezögert werden, damit man Leona noch heimbringen kann. Persis, eine alte Witwe, hat die Lage ebenfalls begriffen. Sie ist es, die jetzt mit beiden Fäusten energisch an die Tür trommelt: «Aufmachen, Posten! Sofort aufmachen!»

Markus schlottert. Was hat er zu Alexander gesagt? Er will an seinem Platz versuchen, das Schlimmste abzuwenden. Und nun?

«Was ist?» fragt er.

«Leona bekommt Wehen. Sie muß schleunigst hinaus und noch einer von uns, der sie heimbringt.»

Markus stöhnt. Warum nun noch dieses Problem? Ach, der Christengott, dem zu huldigen er drauf und dran war, verlangt zuviel. Mit den alten Göttern war es leichter. Und doch hat er schon zuviel von jenem gehört, um ihn nicht zu fürchten.

«Ich darf nicht öffnen», sagt er. Ihm zittern die Knie. ‹Ein tapferer Soldat!› denkt er voll Hohn von sich. Wie hat Lucia gesagt? Er hat sie *feige* entführt. – Wie vom Schlag getroffen fährt er zusammen, als sie ihn jetzt anspricht: «Markus, ich erkenne deine Stimme. Um Christi willen, öffne!» Himmel und Hölle, hat sie ihn *doch* erkannt? Lucia ...

Markus sieht sie vor sich, während er ihre dunkle Stimme hört. Sie hat ernste, strenge Gesichtszüge, schmale Lippen. Das blonde Haar trägt sie straff nach hinten gekämmt. Sie ist nach seiner Meinung die am wenigsten Anmutige in Hripsimes Haus. Aber sie ist klug, viel reifer vor allem als die anderen. Hat sie ihn erkannt oder nicht? Wie sagte sie? ‹Er trug den Ring wie Markus, aber ich kann nicht glauben, daß der ein Judas ist ...› Nun, den Ring fühlt er im Wams verborgen.

«Ich hole den Obristen», sagt er, und sie hören ihn davonlaufen.

Die alte Persis will Leona wohl Mut machen. Ein wenig unbeholfen beginnt sie von schwerer Zeit zu erzählen, wo auch sie einen Sohn gebar. Das war vor fünfzig Jahren, als Decius beinahe einem zweiten Nero glich, wie Urban schon berichtete. Sie, Persis, lebte damals in der Stadt Rom. Dort, wo alle Schamlosigkeiten und Scheußlichkeiten zusammenströmten und gefeiert wurden, breitete sich dennoch der Christenglaube aus. Zuerst bezichtigte man seine Anhänger hier einer Brandstiftung, dort einer Beleidigung, um sie dafür zu «bestrafen». Später machte man sich diese Mühe nicht mehr. Es war schon Verbrechen genug, überhaupt Christ zu sein. «... aber Gott verläßt die Seinen nicht», sagt Persis, «ich habe es erlebt. Ein Wunder erlebte ich: Als man auch meinen Mann und mich abführte, das eben geborene Kind im Arm, raste uns eine Hyäne entgegen, die aus der Arena entflohen war. Nennt es nicht Zufall – sie sprang die *Soldaten*, unsere Schergen, an, nicht uns. Wir konnten fliehen. Deshalb bin ich sehr getrost, und du darfst es auch sein, Leona.»

Draußen schwere Schritte, Stimmen, dann Schlüsselrasseln. Hoffnung bei den Gefangenen.

Doch schon steht der Offizier vor ihnen – des Kaisers Bildnis herausfordernd hochhaltend: «Huldigt ihm, und ihr seid frei!»

Umsonst die Hoffnung, aufs neue Schrecken und Angst.

«Fall auf die Knie und bete an!» herrscht er zuerst Eusebius, einen Verwaltungsbeamten, an. Der zittert, aber er sagt: «Erst sorge, daß die Frau freikommt, dann kannst du mit uns reden.»

«Du hast mir nichts vorzuschreiben, he!»

Gajus drückt sich in eine der Nischen. «Du willst offensichtlich hierbleiben?» zischt der Obrist mit Hohnlachen.

Für Gajus ist der Schritt nach hinten Flucht aus großer Versuchung. In einer Sekunde kann man frei sein für eine einzige Körperbewegung. Ist es denn wirklich so schlimm, es aus Not zu tun? Gott weiß doch alle Dinge. Müßte er dies nicht verzeihen? Einen halben Schritt geht er vorwärts, auf den Offizier zu. Aber er schämt sich vor den anderen.

Antonia hockt neben Leona und hält sie in den Armen.

«Das ist sie wohl, die heraus will? Los, hurtig, – wenn du schon nicht auf die Knie fällst, dann sprich es wenigstens: Diokletian ist Gott!»

«Eher sterbe ich», stöhnt Leona.

Antonia fleht: «Bleibt ein Mensch, Obrist!»

«Sie ist auf der Stelle frei – unter der einen, bekannten Bedingung. Wenn sie in ihrer Lage noch starrköpfig ist, nun, dann hat sie selbst schuld an aller Unbill.»

Aurel flüstert Gajus zu: «Gott wird mir gewiß nicht als Sünde zurechnen, was ich als Ausweg ersonnen habe.» Und zum Obristen gewandt: «Wenn *ich* nun auf die Knie falle – laßt ihr sie dann gehen an meiner Statt?»

«Niemals! Jeder steht für sich allein, da kann keiner stellvertretend handeln. Falle also nieder, und dann geh!»

Aurel schüttelt den Kopf. «So nicht! Niemals! Es gab einen Jünger mit Namen Petrus, der seinen Herrn verriet. Wir werden nicht nachmachen, was er bitter bereute.»

«Papperlapapp. Seid ihr anderen klüger? Kommt, ich will euch freilassen! Kommt her, huldigt dem Bild. – Keiner? Oh, ihr werdet es bereuen! Euer Stolz wird euch vergehen. Ihr werdet getötet, wenn ihr euch nicht besinnt ...»

Urban stellt sich mitten unter die Kuppel, und seine Worte hallen durch die Akustik des Raumes fast feierlich wider: «Wir werden getötet, sagst du? Ihr könnt den Leib töten, nur den Leib. Aber der Tod eines jeden, den ihr umbringt, wird neue Anhänger Jesu Christi hervorbringen. Ein einziges Samenkorn wird gesät, eine Ähre geerntet. Gottes Wort wird um die Welt gehen, das haltet ihr nicht auf, auch wenn ihr mit dem Schwert um euch schlagt. Für eure Taten aber steht ihr einst vor Gottes Gericht.» Dabei sieht Urban den Markus mehr an als den Offizier, und jener weicht seinem Blick aus.

Zu dem Obristen sagt er: «Habt Ihr eine Frau daheim oder eine Tochter?»

Der schwenkt abwehrend die Hand, doch Urbans Ton war so eindringlich, daß er sich schließlich besinnt: «Ich werde ausnahmsweise zwei Leute herschicken, die sie fortbringen. Ihr anderen aber», und dabei hebt er seine Stimme drohend, «ihr anderen rechnet mit keiner Milde, im Gegenteil! Euer Fanatismus wird euch noch heimgezahlt!»

Böse verläßt er die Krypta, das Bild ziemlich respektlos unter den Arm geklemmt.

2

Salona, 31. Mai.

Felsgrau und piniengrün erhebt sich das mehr als dreizehnhundert Meter hohe Mosorgebirge über Aspalathos aus dem Meer. An seinem Fuße und auf den unteren Hängen zwischen Palmen, Agaven und Kakteen liegt wie ein Edelstein die prächtige Stadt Salona. Vor nunmehr dreihundertsechsundsiebzig Jahren haben die Römer sie erobert. Schon damals besaß sie Anziehungskraft, und heute noch mehr. Sie zählt jetzt sechzigtausend Einwohner. Berühmte Geographen haben sie voll Lobes beschrieben, auch ihre heilkräftigen Schwefelquellen nicht unerwähnt gelassen und sie damit über die Grenzen des Reiches hinaus bekannt gemacht.

Salona – das Wort hat Klang! Es bedeutet nicht schlechthin den Namen einer Stadt. Nein, Salona hat Bauwerke von imposanten Ausmaßen und großer Schönheit aufzuweisen, die weithin ihresgleichen suchen und jedem Gast Bewunderung abnötigen. Wer beispielsweise von Osten kommt, passiert staunend die Porta Caesarea, das dreiteilige, acht Meter hohe und von zwei mächtigen achteckigen Türmen bewachte Kaisertor in der trutzigen Stadtmauer. Ebenmäßig gepflasterte Straßen und Gassen führen durch die Wohnviertel, auf saubere Marktplätze und zu den Theatern, von denen man in ganz Ost-Rom spricht, führen auch zu dem Amphitheater, das mit seinen fünfundsechzig Metern Länge und siebenundvierzig Metern Breite achtzehntausend Zuschauern Platz bietet. Daß Salona außerdem eine Arena, ein weiträumiges Forum, wunderbare Thermen und eine Vielzahl den Göttern geweihter prunkvoller Tempel besitzt, gehört zu einer Stadt ihres Rufes und ihrer Bedeutung. Die christlichen Versammlungshäuser sind schlicht und einfach. Man spricht jedoch davon, daß die ständig wachsende Gemeinde die Errichtung einer großen Basilika plant, und zwar auf dem Gelände der ausgedehnten Nekropole von Manastirine.

Schönes, liebenswertes Salona –

Warum es sich gerade an dieser Stelle als Hauptstadt Dalmatiens entwickelte, liegt auf der Hand. Die geschützte Bucht westlich der Halbinsel Aspalathos ist ein idealer Hafen. Ein zweiter ist an der Ostseite gelegen. Von beiden führt eine Straße nach Salona und zum Paß von Klis, dem für Handel und Wandel so wichtigen Schlüssel zum Hinterland. Außerdem – und das ist ebenso wichtig wie die anderen Faktoren – gibt es hier das beste, kristallklare Wasser. Es kommt aus der Quelle des Flusses Jadro und wird seit dem ersten Jahrhundert durch einen kunstvollen Aquädukt in die Stadt und neuerdings bis zu dem entstehenden Kaiserpalast an der Küste geleitet.

Hafen und Handelsstraße brachten Reichtum in die Stadt, so daß die Häuser mannigfachen Zierat aufweisen. Viele Künstler sind hier ansässig.

Mit Recht nennt man Salona und ganz Dalmatien einen glücklichen Landstrich, der seit langem keine Kämpfe und damit keine Verwüstungen sah, obwohl Rom immer irgendwo in Kriege verwickelt war. In der blühenden und gedeihenden Stadt fühlten die Menschen sich geborgen, und allmählich wurden sie selbstsicher. Deshalb wirkte der gestrige Übergriff um so niederschmetternder. Auch die sich der amtlichen Forderung sogleich beugten und Maßregelungen nicht zu fürchten haben, sind beunruhigt. Man muß kein Menschenkenner sein, um die Scheu zu spüren, mit der sich heute jeder bewegt. Es sind auch weniger Leute unterwegs als sonst. Wer sich nicht hinausbegeben muß, verkriecht sich im Haus. Wenn auch keine Pferdehufe auf dem Pflaster zu hören sind, weiß man doch nicht, was sich hinter der nächsten Ecke verbirgt.

Plinnius, ein Priester der Juno, der gestern zunächst bereitwillig den Tempel als Gewahrsam zur Verfügung stellte und der entschlossen war, auf Verlangen dem Kaiser ohne Wenn und Aber die Göttergleichheit zuzuerkennen, geht dennoch geduckt und nach links und rechts spähend vom Tempel zum Haus seiner Schwester, um nach ihr zu sehen. Gestern witterte er Morgenluft: Es war klar, daß diese Aktion sich vorwiegend gegen die Christen auswirken mußte. Wenn man sie ein bißchen einschüchterte, sie in ihre Schranken verwies, geschähe es ihnen schon recht! Zu viele ließen sich in letzter Zeit betören und liefen zu diesem armseligen Gekreuzigten über. Wenn es noch Arme sind – nun gut! Aber Leute wie beispielsweise Hripsime und vordem ihre Eltern, die früher dem Tempel viel von ihrem Wohlstand angedeihen ließen, sieht man ungern das Lager des Gegners stärken. Kein Wunder, wenn die mächtigen Götter zürnten, da der Opfernden immer weniger wurden! Mögen sie sich nun erbarmen und die Zeit der Ungewißheit nicht zu lange währen lassen.

Denn auch Unschuldige haben unter der Rute zu leiden, die Ungehorsam über das Land heraufbeschwört. Selbst er hat gestern einen harten Vorwurf von seinem Oberpriester einstecken müssen, obwohl er doch klug zu handeln trachtete. Nun, er muß damit fertig werden!

Sein Weg führt Plinnius am Hause des Bischofs Domnius vorbei. Sieht er recht, daß der dort hinter verschlossenem Fenster steht? Domnius ist der ihm am meisten verhaßte Mensch, wenn er sich das öffentlich auch nicht anmerken läßt. Da jener ihn stets freundlich grüßt, wenn sie sich begegnen, erwidert er die Geste mit einem Lächeln. Eine Zeitlang glaubte er, der andere heuchele auch nur. Dann kam er auf den Gedanken, daß Domnius eines Tages vielleicht gar ihn, den Junopriester, für seine Kirche gewinnen wolle.

Wie dem auch sei – heute hat der Bischof sicherlich mehr Kopfschmerzen als er, Plinnius ...

Oh, wer war das wohl, der da hastig um die Ecke bog und im Schutz der Maulbeerhecke ganz schnell im Hause verschwand? Vielleicht sollte man ein bißchen warten und schauen?

Das Haus des Bischofs Domnius steht am Hang, so daß man von der Straße zehn Stufen bis zum Eingang hinaufsteigen muß, während die hintere Tür des Hausflures auf der Ebene der dort vorbeiführenden Palmenallee liegt.

Domnius schaut sinnend aus dem Fenster, nach Süden zu. Von hier hat man einen herrlichen Ausblick auf das Meer, auf Aspalathos und die der Küste vorgelagerten Inseln. Dieser einunddreißigste Mai ist ein wunderbar klarer Frühsommertag. Domnius erinnert sich, daß er zuzeiten, wenn eine gelinde Brise wie heute die Luft bewegte und Zweige und Blütenstengel streichelte, versucht war, sich *hier* das ewige Leben zu wünschen. Heute jedoch sind ihm das heitere Himmelsblau und die Buntheit der Blumen ein geradezu schmerzlicher Kontrast zu seinem aufgewühlten Innern. Er tritt schließlich an eins der Fenster an der schattigen Rückfront des Hauses. Als er Plinnius vorbeigehen sieht, mit einem scheelen Seitenblick auf sein Haus, legt sich ihm die ganze Schwere des gestrigen Geschehens erst recht bleiern auf die Seele.

Der Bischof ist ein stattlicher Mann in den Fünfzigern und versieht seit Jahren sein Amt mit Umsicht und Hingabe. Er ist bemüht, dem Wort Gottes gemäß zu leben, und Paulus ist ihm in vielen Dingen Vorbild. So verzichtete er auf eine Familie, um ganz für die Sache seines Herrn, für die Gemeinde dasein zu können. *Dort* hat er seine Kinder. Und um einige muß er seit gestern bangen. Noch in der Nacht kam Hripsime zu ihm mit der Botschaft, Lucia müsse entführt worden sein. Sie war als letzte noch wach gewesen, weil sie Kräuter zu Arzneien verarbeitete. Die ließ sie nie halbfertig stehen. Als Hripsime ungewöhnliche Geräusche und dann ein davongaloppierendes Pferd hörte, eilte sie in die Küche. Sie fand die Tür, die von den Wirtschaftsräumen ins Freie führt, offen. Ein Topf mit Absud stand noch auf dem Feuer, die Tongefäße zum Abfüllen auf dem Tisch. Wie sie auch rief, sie bekam keine Antwort. Sie weckte die fünf jüngeren Mädchen, schärfte ihnen ein, unter keinen Umständen die Tür zu öffnen, wenn es jemand verlangen sollte. Ungeachtet der Gefahr machte sie sich auf den Weg zu Domnius, um seine Hilfe zu erbitten.

Während sie noch dort war, kam der Diakon Lukas in höchster Aufregung: Leona sei verschwunden. Jemand hatte ihm erzählt, sie sei mit in den Junotempel gesperrt worden. Aber nachdem der Oberpriester die Menge dort wieder hinausgetrieben hatte, war sie von niemandem mehr gesehen worden. Phrygia, des Anastasius Frau, habe wiederum bei ihm nach ihrem Manne gefragt. Und der Weinbauer Erastus und seine Kinder suchten die Mutter.

Als Domnius an die Tür der Stube seines Schreibers klopfte, um ihn mit auf Suche zu schicken, fand er dessen Zimmer leer.

Lukas brachte Hripsime nach Hause. Domnius ging in früher Morgenstunde zum Gardepräfekten. Er bat höflich um Auskunft, ob etwas über den Verbleib der Vermißten bekannt sei. Einen Verdacht hätte er nicht stichhaltig zu begründen vermocht, obwohl ja kein Zweifel über den Zusammenhang mit den gestrigen Ereignissen bestand.

Der Präfekt behandelte ihn kühl, aber nicht abweisend. Er hieß den Bischof sogar in seinem Auftrag im Gefängnis nachfragen. Doch dort mußte er sich mit eigenen Augen überzeugen, daß man augenblicklich niemanden festhielt.

Domnius ist niedergeschlagen nach Hause zurückgekehrt, und er kann jetzt nur eins tun: beten. Auch während er hier am Fenster steht, sind seine Gedanken Gebet. Er wartet auf Gottes Antwort, vor allem auf die Frage, ob er sich an den Kaiser selbst wenden solle.

Domnius und Diokletian kennen sich von Kindheit an. Sie waren fast Nachbarn und genossen durch glückliche Umstände eine gute Schulbildung. In der freien Zeit wurden sie daheim zur Arbeit angehalten und taten manches gemeinsam. Mitunter fingen sie auch miteinander Wild, das war nicht verboten, sie schossen Vögel mit der Schleuder, ernteten Wildfrüchte. Beide Eltern waren nicht begütert, im Gegenteil: was die Jungen heimbrachten, half wirtschaften. Es durfte aber niemals ein Unrecht dabei sein, denn sie waren fromm und gottesfürchtig, und durch die Eltern waren es auch die Kinder.

Domnius wurde eines Tages schwerkrank. Die Eltern brachten Opfer im Tempel dar, doch es sah aus, als solle der Sohn nicht überleben. In ihrer Not ließen sie christliche Verwandte über ihm beten. Als er genas, versprach der damals Vierzehnjährige von sich aus, diesem *einen* Gott, dem alleinigen Schöpfer Himmels und der Erde, über den er sich inzwischen genau unterrichtet hatte, mit seinem Leben zu dienen.

Von da an gab es oft Gespräche über religiöse Fragen zwischen den heranwachsenden Burschen. Aber Diokles war in hohem Maße abergläubisch und von einer geradezu fanatischen Angst erfüllt, es einem der von ihm verehrten Götter nicht recht zu machen und damit Strafe auf sich zu ziehen. Sternschnuppen zum Beispiel nahm er als Zeichen, dies oder jenes zu tun oder zu lassen.

Die Verbindung zwischen ihnen wurde lockerer, zumal dann beide als Schreiber tätig waren und sich nicht mehr so oft sahen. Doch als sie auseinandergingen – Diokles in den Heeresdienst und Domnius nach Caesarea in Kappadozien zum Studium der Gottesgelehrtheit –, gaben sie sich fest die Hand und versprachen einander, Freunde zu bleiben.

Diokles hatte zunächst die gewöhnliche Soldatenlaufbahn eingeschlagen, hatte unter Kaiser Aurelius Probus meisterhaft das Kriegführen erlernt und war dann zum Statthalter von Mösien ernannt worden, wo er die Staatsverwaltung und die Bedürfnisse der Untertanen in der Praxis kennenlernte. Als Lohn für den dort geleisteten Dienst wurde er Konsul. Seine Umsicht und Zuverlässigkeit empfahlen ihn schließlich für die einflußreiche Stellung eines Kommandanten der kaiserlichen Leibwache.

Nach dem Tode des Probus schwankten die Offiziere keinen Augenblick, ihn an dem denkwürdigen siebzehnten September des Jahres 284 zum neuen Kaiser zu wählen.

Mehrmals haben die Jugendfreunde sich seitdem wiedergesehen, wenn Diokletian seine Heimat aufsuchte. Kamen sie auf den Glauben zu reden, vertrat jeder seinen Standpunkt, ohne daß es jedoch zu einem Streitgespräch kam. Der Kaiser kehrte als solcher auch nicht seine Überlegenheit heraus. Er wird ein Ersuchen, die Repressalien zu unterbinden, vermutlich wohlwollend aufnehmen, hofft Domnius. Doch während seiner Überlegungen ist ihm klar geworden, daß die Zeit dafür nicht reif ist. Vielleicht erfährt er bald Konkretes. Außerdem muß man erst erforschen, ob der Kaiser wirklich herkommt und wo man ihn jetzt erreichen kann.

Bei aller Dringlichkeit der Suche nach den Verschleppten ist Überstürzung gewiß nicht von Vorteil. –

Ging da nicht soeben die Tür? Mit raschem Schritt ist er im Treppenhaus. Dort kommt ihm Alexander, des Oberbaumeisters Sohn, atemlos entgegen: «Ihr müßt mit mir gehen, Bischof, packt alles ein für eine Nottaufe. Leona, des Lukas Frau ... Doch ich erzähle Euch alles auf dem Wege.»

Er berichtet dann von seinem Gespräch mit Markus, und wie er sich später unerlaubt von der Arbeit wegstahl, weil es ihn mit Macht noch einmal zur Krypta zog. Markus winkte ihn heran und flüsterte: ‹Sie haben eine Schwangere entlassen, Leona. Du mußt zu Lukas ...› Aber im selben Augenblick kam ein anderer Soldat hinzu, die Wache wurde verdoppelt.

«... ich machte mich zum Schein mit ein paar Messungen zu schaffen, ehe ich davonging», erzählt Alexander weiter. «Am Silbernen Tor erlauschte ich, Leona habe Begleitung durch die Soldaten abgelehnt, sie wolle in Aspalathos bei Freunden bleiben. Ich fand sie zusammengebrochen in einer Toreinfahrt, nicht fern vom Hause der Andronika. Dorthin trug ich sie, und dort wurde ein kleines, schwächliches Mädchen geboren. Ich habe auf dem Wege zu Euch versucht, den Lukas zu finden. Er war nicht zu Hause. Wir müssen jetzt noch einmal vorbeigehen ...»

Sie sitzen am Tisch – Hripsime an der Stirnseite, zu ihrer Linken Damaris, Pia und Julia, zur Rechten Claudia und Phöbe. Der Stuhl zwischen diesen beiden ist leer, hier saß bis gestern Lucia. Keinem der Mädchen schmeckt das Essen, sie stochern darin herum und schweigen, denn über die mutmaßlichen Vorgänge haben sie den ganzen Vormittag gesprochen. Dennoch denkt keine von ihnen an etwas anderes. Julia legt schließlich das Besteck zur Seite, obwohl ihr Teller noch halb voll ist. «Wenn wir doch einen Hinweis bekämen und etwas unternehmen könnten!» sagt sie.

«Vielleicht sollte ich versuchen, Markus zu treffen», überlegt Claudia, «es könnte doch sein, er weiß etwas. Ja, Hripsime?»

Die schüttelt den Kopf. «Wir wollen nicht auch noch um dich bangen müssen. Es ist zu gefährlich. Niemand übersieht, wie die Dinge sich entwickeln. Alles kam wie ein Blitz. Aber ich habe Hoffnung, daß wir bald etwas erfahren. Bischof Domnius wird nicht untätig gewesen sein.»

«Gebe Gott, daß er beim Präfekten etwas erreicht hat», seufzt Damaris.

«Erwartest du, daß er einschreitet? Wir wollen uns nicht auf Menschen verlassen.»

«Nein, gewiß nicht, Pia. Doch Menschen sind Werkzeuge Gottes.»

«Ich hoffe, der Kaiser selbst wird bald kommen, wie man sich erzählt. Ihr wißt, daß unser Bischof ihn persönlich kennt. Obwohl Diokletian ihn lieber als Tempelpriester sähe, scheint die Jugendfreundschaft bestehengeblieben zu sein. Domnius rät niemandem, sich abzukapseln, und er tut es auch nicht. Wie sollte sich das Wort sonst ausbreiten?

In der ganzen Stadt gab es bis gestern ein gutes Miteinander trotz unterschiedlicher Glaubensauffassungen. Heute früh jedoch, als ich unseren Nachbarn Debrius bat, uns zu unterrichten, falls er etwas Wichtiges erfahren sollte, wandte er sich ab. ‹Euch Christen verdanken wir die ganze Unruhe›, raunte er. – Was doch ein einziger Tag, der Furcht und Schrecken verbreitet, anzurichten vermag!»

«Hripsime, kannst du dir ausmalen, was geschehen wird?» fragt Julia, die Sechzehnjährige. «Mich schreckt das vollkommen Unbekannte.»

«Einzelheiten werden uns meist überraschen, Julia. Aber wie es allgemein während einer Verfolgung zugeht, hat mir meine Großmutter Gajaneh oft und eingehend erzählt. Sie stammte aus Armenien, aus dem Fürstengeschlecht der Akopjans. Obwohl sie erst zwölf Jahre alt war, als sie mit den Eltern und einem Bruder flüchten konnte, hat sie all die Drangsal, das Gejagtwerden, Hunger, Todesdrohung und den Verlust der Heimat so bewußt aufgenommen, daß sie es bis zu ihrem Lebensende nie vergessen hat. Die Akopjans sind Christen seit den Zeiten des Apostels Bartholomäus, der das Evangelium nach Nordarmenien brachte, während Thaddäus nach dem Süden des Landes ging. So richtete sich die Wut der Verfolger in besonderer Weise auf die ältesten Anhänger der ‹Sekte›, wie man sagte.»

«Hat die Verfolgung lange angedauert?» will Phöbe wissen. Ihr schmales Gesicht ist sehr bleich.

«O ja, es vergingen einige Jahre, ehe die Not ein Ende hatte.»

«Dann zogen die Flüchtlinge wieder heim?» fragt Pia.

«Großmutter Gajaneh war mit siebzehn einem Reeder, dem Vater meines Vaters, anverlobt worden. Sie blieb hier, während ihr Bruder mit den Eltern zurückging. Sie aber hat die Heimat nie wiedergesehen, nach der sie doch so oft Sehnsucht hatte.»

«Ist es ein schönes Land?»

«Ein wunderschönes, wenn auch herb und erhaben, so hat sie es stets beschrieben. Es fordert Menschen mit festen Herzen, denn die Berge sind hoch, der Boden teilweise karg. Wenn dazwischen auch fruchtbare Flußtäler liegen, so gilt es doch buchstäblich, im Schweiße des Angesichts das tägliche Brot anzubauen. – Daß Armenien das Land ist, auf dem Noahs Arche landete, wißt ihr ...»

«Ich möchte es einmal sehen», wünscht sich Damaris.

«Vielleicht wird es einmal möglich, wenn unsere Notzeit vorüber ist. Sie muß ja nicht so lange dauern wie damals, anno 230.»

«Weißt du etwas von deinen Verwandten dort?»

«Der Bruder meiner Mutter hinterließ einen Sohn, Stepan, und eine Tochter, Gajaneh. Sie hat mir erst im vorigen Jahr durch Seeleute wieder einen Brief gesandt. Eine gläubige Frau ist sie, etwa fünfzehn Jahre älter als ich. Sie hat ihr Haus seit langem offen für Frauen und Mädchen, die mit ihrem ganzen Leben Gott dienen wollen. Wo Not herrscht, wendet man sich an sie. Als ich elternlos wurde, hat ihr Vorbild mich auf den Gedanken gebracht, auch mein Haus zu öffnen.»

«Du hast uns gestern ein Lied gelehrt – das Lied der Gajaneh: Stammt es von deiner Großmutter oder von der Base?»

«Großmutter hat es damals aus Armenien mitgebracht. Es war das

Lied derer, die widerstanden, als sie Christus absagen sollten. Meine Base kennt es auch, sie schrieb vor längerer Zeit einmal darüber. Sonst scheint es in Armenien jedoch in Vergessenheit geraten zu sein, weil seit einem halben Jahrhundert keiner mehr um des Glaubens willen zu sterben braucht.»

«Vielleicht sollten wir es in unserer Gemeinde einmal singen?»

«Ja, Damaris. Es ist wie ein Leitwort in schwerer Zeit.»

Während die anderen noch sprachen, hat Pia die Melodie schon angestimmt:

«Im Leben und Sterben folgen wir Jesus nach,
ihm, dem wir uns geweiht,
ihm, der uns erlöst durch des Kreuztodes Schmach,
sei Lobpreis in Ewigkeit.

Uns reißt nicht Verfolgung aus seiner starken Hand,
ihm allein dienen wir,
ihm, der uns aus Fesseln der Sünde entband,
gehören wir für und für.»

«Sieh, dort kommt ein Mann auf unser Haus zu», stellt Damaris mit einem Blick nach draußen fest. «Noch nie habe ich gedacht: ob einer wohl Böses oder Gutes bringen mag?»

Hripsime steht auf: «Das ist Alexander, meine ich.»

Er ist wieder ebenso abgehetzt wie bei seiner Ankunft in Domnius' Haus: «Hripsime, ich komme von Leona. Sie liegt bei Andronika in Aspalathos. Ein kleines Mädchen ist geboren, viel zu früh. Aber der Bischof, den ich zur Nottaufe holte, meint, es sei lebensfähig. Ich will dir aber hauptsächlich erzählen, was ich durch Leona erfuhr. Sie war zusammen mit Lucia in der neuen Krypta eingesperrt. Etwa zwanzig Gefangene mögen dort sein. Leona hat vor Schmerzen nicht alles, nur manches aufgenommen und behalten. Aber bei Phrygia konnte ich wenigstens ausrichten, daß Anastasius dort ist. Auch Antonia schleppten sie hin und die alte Persis, dazu Gajus und Eusebius. Und Ignaz. Ebenso Urban. Lucia ist als letzte erst in der Nacht vom Obristen hineingesteckt worden. Markus hielt Wache ...»

«Markus?» fragt Claudia entsetzt.

«Ja, er sagte mir, er wolle versuchen, das Schlimmste von den Gefangenen abzuwenden. Und das soll ich dir ausrichten: Wenn du kannst, morgen abend an den Zypressen. Du weißt wohl Bescheid, welcher Ort gemeint ist.»

«Was können wir tun, Alexander?» fragt Hripsime.

«Der Bischof wird sich einsetzen. Ihr sollt zunächst abwarten, läßt er sagen. – Ich muß nun sofort zurück, zur Arbeit. Es wird schon Ärger geben mit meinem Vater, wenn er es erfahren sollte.»

«Ich danke dir, Alexander. Ich weiß, was du da auf dich genommen hast», sagt Hripsime. Sie legt viel Wärme in ihre klangvolle Stimme, und ihr Blick macht alles wieder lebendig, was er endlich unter den Füßen zu haben glaubte. Auf dem Rückweg sieht er ihr Bild ständig vor sich: Wie schön sie ist!

Es wurde einmal erzählt, der Kaiser verlange Bilder von den schönsten Frauen Salonas. Da sollte sie als erste porträtiert werden, aber sie habe empört abgelehnt. Man kann sich ja denken, wozu er die Bilder haben wollte. Aber daß die Beauftragten Hripsime für die Allerschönste hielten, kann Alexander gut verstehen. Es gab eine Zeit, da er nächtelang von ihren Augen, von der zarten Haut ihres ebenmäßigen Gesichtes mit den vollen, zartroten Lippen träumte. Ihr seidenglänzendes, dunkles Haar meinte er zu fühlen. Fünfundzwanzig ist sie jetzt, ein bißchen jünger als er. Es liegt ein paar Jahre zurück, daß er um sie warb – zuerst heimlich und ohne Worte. Er hatte damals gerade ausgelernt, und sie war die Tochter eines Reeders, der außerdem ausgedehnte, ertragreiche Ländereien besaß. Er beschäftigte eine Anzahl Leute, die gern für ihn arbeiteten, weil er ein gerechter Mann war. Er mochte ihn, das wußte Alexander, und er hätte einer Heirat wohl zugestimmt. Aber mit *seinen* Eltern hätte es wahrscheinlich Schwierigkeiten gegeben. Sie billigten schon seine Zugehörigkeit zur «Kirche eines Hingerichteten», des Gekreuzigten, nicht. Ein Bruch mit ihnen hätte dem Ruf der Gemeinde geschadet, außerdem wäre es so für Alexander aussichtslos geworden, Vater und Mutter je für Jesus zu gewinnen.

Aber dann erschien ihm diese Hürde nicht unüberwindlich. Vielleicht würde Hripsime mit ihrer Güte das Herz der Eltern eher gewinnen als er. Aber als er zu ihr von seiner Liebe sprach, riß ihn ihre Antwort aus allen Himmeln: Sie sagte, daß sie Jungfräulichkeit gelobt habe, um uneingeschränkt dem Reiche Gottes dienen zu können.

Davon wolle und könne sie nicht zurück. Er gab nicht gleich auf, erklärte ihr, wenn alle so dächten, würden die Gemeinden aussterben. Ein Mensch, der liebte, mußte doch um so einsatzbereiter sein für Gottes Aufträge. – Wenn er heute die Lage bedenkt: sie könnte wirklich einen Mann gebrauchen, um das Land nicht verpachten zu müssen. Die Schiffe hat sie verkauft. Was das Dienen betrifft: Den Mädchen, für die sie trotz ihrer eigenen Jugend Mutter ist, könnte sie als Verheiratete ebenso oder noch besser ein Zuhause bieten. Er würde sie auch niemals gehindert haben, Armen aus der Gemeinde Gutes zu tun – im Gegenteil! Hripsimes Einfluß auf die Menschen ist groß, man sieht und hört auf sie, bittet sie um Rat. Vielleicht hätte er hinter ihrer Persönlichkeit ein wenig zurückgestanden. Doch das hatte er vorher bedacht, und es wäre ihm nur Ansporn gewesen, sich ihrer würdig zu erweisen. Nun, die Wunde ist vernarbt, aber dann und wann – wie heute – bricht sie wieder auf und brennt. Er hat sich nach keinem anderen Mädchen umgesehen und wird nun auf seine Weise versuchen, den Dienst am Nächsten zu seinem Lebensinhalt zu machen. Wahrscheinlich hat er in nächster Zeit viel Gelegenheit, seinen Vorsatz zu verwirklichen. –

Eins darf er jetzt auf dem Rückweg nicht vergessen: Er muß rasch noch zu Antonias Familie, das hat ihm Leona besonders ans Herz gelegt. Aber er findet die Tür verschlossen. Auf sein Klopfen antwortet eine ängstliche Kinderstimme: «Ich darf nicht aufmachen, hat Vater gesagt.» Das ist die siebenjährige Herma.

«Du sollst auch nur zuhören. Ich möchte dir Grüße von der Mutter sagen. Sie ist wohlauf und wird sicherlich bald wiederkommen. Du sollst gut auf die Kleinen aufpassen, sie verläßt sich auf dich.»

«Wo ist Mutter? Sag es mir!»

«Ich besuche euch heute abend noch einmal, wenn Vater daheim ist, ja? Für ein paar Tage bist *du* Hausmutter. Mach's gut!»

«Sag Mutter, ich habe heute gekocht!»

«Ja ja ...»

Ach, wie und wann wird er es ausrichten können? Markus ist allzu ängstlich, ihm wird er nicht oft damit kommen dürfen. –

Während Alexander jetzt im Laufschritt dem Bauplatz zustrebt, ist der Bischof noch einmal beim Präfekten.

«Ich weiß jetzt, daß die Vermißten eingekerkert sind. Vermutlich ist das ein Übergriff, den Ihr nicht gutheißt. Wollt bitte für ihre Freilassung sorgen.»

«Ihr müßt falsch unterrichtet sein. Habt Ihr Euch nicht selbst im Gefängnis überzeugt, daß da niemand ist?»

«Die Gefangenen sitzen in der Krypta unter dem neuerbauten Mausoleum des Palastes.»

Der Präfekt wird dunkelrot und kneift seine Augen böse zusammen: «Woher wollt Ihr das wissen? Kein Fremder darf das Baugelände betreten.»

«Wißt Ihr nicht, daß man eine Schwangere herauslassen mußte? Ihr Kind wäre fast auf der Straße geboren, ich habe es soeben notgetauft.»

«Nun, dann wißt Ihr also besser Bescheid als ich. Was wollt Ihr noch? Wenn die Leute festgenommen wurden, dann sicherlich nicht ohne Grund. Sie werden nicht eher frei, bis ihnen der Prozeß gemacht ist.»

«Und wann wird das sein?»

«Noch ehe der Kaiser kommt. Mehr kann ich Euch leider nicht sagen.» –

Nun schreibt Domnius an diesem Abend doch einen Brief an Diokletian. Ein Bote wird ihn zu finden wissen, wenn er auf dem Landweg kommt. Reist er jedoch mit dem Schiff –

Nun, Domnius hat gelernt, auf Hoffnung zu setzen.

Heute ist der 1. Juni.
Vor zwei Tagen, genau: vor fünfundvierzig Stunden, ritt Markus den Weg entlang, den er nun zu Fuß geht. Kein Mensch würde in ihm einen Soldaten vermuten. Er trägt die Kleidung eines Hirten. Kann doch ein Hirt in der Stadt Besorgungen vorhaben und die Herde in den Bergen für eine Nacht und einen Tag einmal dem Hütejungen allein überlassen, nicht wahr? Aber vielleicht sollte er nicht so zögernden Schrittes, sondern ein wenig forscher gehen. Merkwürdig, sonst war ihm der Weg immer zu lang, denn er konnte es kaum erwarten, Claudia endlich zu sehen. Heute liegt jeder Meter viel zu schnell hinter ihm. Ein bißchen hofft er sogar, sie möchte gar nicht am Treffpunkt sein. Welch ein Widersinn! Aber er fürchtet ihre Fragen. Angst beherrscht ihn. Er muß auf der Hut sein, sich an keiner Stelle zu widersprechen, zu verraten.

Da sieht er das Mädchen ihm entgegenkommen. Bestimmt ist ihr bewußt, daß es unter den augenblicklichen Umständen Gefahr bedeutet, ganz allein den abgeschiedenen Weg zu «ihren» Zypressen zu gehen. Aber nicht einmal Lucias Verschwinden hat sie furchtsam gemacht und abgehalten herzukommen. Und er – ? Oh, wie er sich schämt! Niemals jedoch wird er ihr gegenüber zugeben, was in ihm vorgeht. Hoffentlich gelingt es ihm, seine Rolle gut zu spielen. Talent für Schauspielereien sagte man ihm während der Schulzeit nach. Doch da geschah es zum Spaß. Heute hängt viel davon ab.

Er läuft Claudia mit ausgebreiteten Armen entgegen: «Schatz! Du!» Er küßt sie leidenschaftlich, hat für Augenblicke die Illusion einer ungetrübten Welt. Wären die letzten Tage doch nur ein böser Traum! Aber die Wirklichkeit läßt sich nicht verdrängen. Claudia löst sich aus seiner Umarmung: «Wie dürfen wir uns unserem Glück hingeben, während Lucia – und nicht sie allein ...»

«Ja, Claudia. Was weißt du darüber?»

«Alexander hat uns erzählt, was er durch Leona wußte. Eins ist mir, und nicht nur mir, völlig unklar: Wer hatte Interesse daran, gerade sie zu entführen? Wessen beschuldigt man sie?»

«Ich weiß es nicht.»

«Kannst du versuchen, es zu erfahren?»

«Nur wenn ich es zufällig höre. Fragen werde ich nicht. Ich muß jetzt den treuen Untertanen spielen, anders habe ich keine Möglichkeit zu helfen.»

«Und das willst du, ich weiß. Ich habe immer gewußt, wie gut du bist ...»

«Sei still! Gut – was ist das? Oft wird ein Mensch unversehens in eine Situation gedrängt, an die er nie vorher gedacht hat. Ach, Claudia ...» Er seufzt, und das ist ehrlich.

«Was fürchtest du? Hast du erfahren, was uns erwartet?»

«Nichts Gutes. Ihr müßt auf alle Fälle sehr vorsichtig sein. Vielleicht können wir uns eine Zeitlang nicht sehen. Doch eins sollst du wissen: Ich bleib' dir treu, was auch geschehen mag. Und wenn ich eine Botschaft für dich habe, vielleicht auch eine zum Weitergeben: ich riskiere es, sie hier in diese Baumhöhle – schau genau her! – zu legen.»

«Bring sie doch lieber ans Haus.»

«Das geht nicht. Ich muß augenblicklich jeden Verdacht vermeiden, mit Hripsimes Haus in Verbindung zu stehen.»

«Aber deine Kameraden wissen doch, daß du immer hergekommen bist.»

«Das ist es ja ...»

«Und – ?»

«Ich habe gesagt, es ist aus. Verstehst du: zum Schein! Ich mußte es.»

«Markus!»

«Psst! – Ich mußte es. Du weißt, daß ich dich liebe, über alles liebe. Aber ...» Er drückt sie an sich und flüstert ihr ins Ohr: «... sonst könnte mein Fluchtplan für Lucia scheitern.»

«Oh, du willst – ? Und du meinst, es könnte gelingen?»

«Ich will es, selbstverständlich. Hast du je gezweifelt, daß ich alles dransetzen werde? Seit sie eingeliefert wurde, habe ich keinen anderen Gedanken. Fraglich nur, ob *sie* will.»

«Wie kommst du darauf?»

«Während meiner Wache hatte ich mein Ohr oft an der Tür. Lucia hoffte, jemand von ihnen würde Leona begleiten können. Sie sagte: ‹Dann gehst natürlich zuerst du, Antonia, deine Kinder brauchen dich.›»

«Ja, das ist Lucia. – Kannst du nicht beiden heraushelfen?»

«Antonia hat einen verstauchten Fuß, daran scheitert es. Ach, am liebsten würde ich allen helfen, doch das ist nicht die Lösung. Es würde nicht nur mich Kopf und Kragen kosten. Sobald alle auf und davon wären, würde man sie abermals oder eben andere einfangen. Ein abschreckendes Beispiel wird gebraucht, um des Kaisers Willen durchzusetzen, verstehst du?»

«Das ist alles so schrecklich, Markus. Wären wir doch weit fort von hier! Weißt du, wenn ich an die Leute auf dem nackten Steinfußboden des Kerkers denke, muß ich sehr dankbar sein. Wie leicht hätte ich an Lucias Statt sein können. Aber denke ich daran, dich eine Zeitlang nicht zu sehen, weiß ich doch nicht, wie ich das ertragen soll. Ich liebe dich, Markus, und ich werde nie einem anderen gehören. Schau, ich gebe dir meinen goldenen Ring mit dem Rubin, den Hripsime mir schenkte. Ein Unterpfand meiner Liebe. Magst du mir deinen Ring mit der Gemme dafür geben?» Sie nimmt seine Hand. «Aber du trägst ihn ja gar nicht. Wo hast du ihn?»

Markus weicht das Blut aus den Wangen, doch er fängt sich rasch: «Ein Hirte trägt keinen Ring. – Er steckt in meinem Wams. Ich bringe ihn dir das nächstemal.»

«Wann, meinst du, wird das sein?»

«Ich lasse es dich wissen. Merk dir die Baumhöhle. Aber in den nächsten zwei Wochen brauchst du noch nicht nachzuschauen. Die Lage muß sich erst beruhigen.»

«Ich wünschte mir, der heutige Abend möchte ewig währen, damit wir uns nie trennen müßten. Und doch muß ich jetzt gehen. Hripsime und die anderen ängstigen sich zu sehr. Sie wollten mich schon durchaus nicht fortlassen ...»

«Eine Zerreißprobe unserer Liebe. Wir werden sie bestehen. Ein bißchen Geduld nur, mein Herz. Ich weiß, daß wir miteinander glücklich sein werden. Prüfungen schmieden nur fester aneinander.»

«Gott mag es lenken. Er segne dich, Markus. Halt dich an ihn, vertraue so fest wie ich. Er ist die Brücke, die hält.»

«Ja, natürlich. Ich sage dir aber noch einmal: Sei in allen Entschlüssen vernünftig, wage nichts. Wir müssen durch diese Zeit hindurch, um die bessere danach zu erreichen, hörst du?»

«Ich werde ebensoviel wagen wie du mit der Fluchthilfe für Lucia. Ich werde dir nicht nachstehen. Ein paar Worte aus dem Brief des Paulus an die Galater will ich dir mitgeben, obwohl ich sie mir nur unvollkommen gemerkt habe: ‹Lasset uns Gutes tun und nicht müde werden, denn was der Mensch sät, das wird er auch ernten.›»

«Domnius hat einmal ein anderes ausgelegt: ‹Das Gute, das ich will, tue ich nicht ...›»

«Bitte den Herrn um das Wollen und Vollbringen. Versprichst du mir das?»

Statt einer Antwort nimmt er sie noch einmal in die Arme.

3

Sirmium, 10. Juni.

Auf der Straße mitten durch die östlichen Schwarzen Berge bewegt sich der Troß des Kaisers, der von Süden her über Griechenland und Mazedonien kommend auf Sirmium zuhält.

Diokletian wählte diesmal den Landweg für die Reise in seine Vaterstadt – zum einen, um bei dieser Gelegenheit mancherorts zu inspizieren, zum anderen ist Sirmium die Residenz seines Unterkaisers und zugleich Adoptiv- wie auch Schwiegersohnes Galerius, der von hier aus Griechenland, Illyrien und die Donauländer regiert. Ein bißchen Sehnsucht nach seiner einzigen Tochter Valeria und den beiden Enkeln hat bei der Wahl des Reiseweges mitgesprochen, denn zu Schiff wäre es für ihn weitaus bequemer gewesen. Er leidet an Rheuma, hat starke Gliederschmerzen. Dennoch läßt er sich nicht fahren oder in der Sänfte tragen, sondern reitet. Er sehnt sich nach den warmen Schwefelquellen Salonas, die ihm noch immer Linderung gebracht haben. Nun, der Aufenthalt dort soll ihn diesmal auch auf andere Weise sein Rheuma vergessen lassen. Die Bilder der Schönen der Stadt, die er verlangte, sind vielversprechend. Eine aber hat er auserkoren – gerade die, die das Modellstehen empört abgelehnt haben soll und dann aus dem Gedächtnis gemalt wurde. Es ist ihm aber versichert worden, daß der Künstler sie naturgetreu darstellte, ja, daß sie in Fleisch und Blut noch schöner sei. Hripsime heißt sie. Er kann es kaum erwarten. Aber ein paar Tage muß er in Sirmium schon verweilen, auch der Staatsgeschäfte wegen, die er mit Galerius besprechen möchte. Es gibt in letzter Zeit manchen Grund zur Beunruhigung. Einige Tage vor dem Aufbruch aus Nikomedien ist Feuer in seinem Palast ausgebrochen. Wer kann es angelegt haben, wenn nicht die, denen er lange Zeit soviel – zuviel! – Spielraum gewährt hat? Das war jetzt die Quittung! Nun, vor sich selbst will er ehrlich sein: nicht aus Menschenfreundlichkeit tolerierte er bisher die Christen sogar unter seiner Dienerschaft. Offensichtlich hat es jedoch zu lange gedauert, ehe er sich politisch in der Lage sah, gegen sie vorzugehen. Sie sind in der Zwischenzeit zu sehr erstarkt. Nun ist unnachsichtige Strenge geboten, um ihrer Herr zu werden.

Die Manichäer im Osten seines Reiches waren ebenso gefährlich wie sie. Ihnen hat er ihre Kultübungen bereits untersagt. Sie standen in Verbindung mit den Persern, den großen Feinden Roms, die nun endlich besiegt sind. Zwar stammt der Mithradienst, den viele Bürger und auch Diokletian bevorzugt ausüben, eigentlich auch aus dem verhaßten Persien, aber er ist längst romanisiert, hat seinen orientalischen Charakter verloren. Vor allem ist die Verehrung des Sonnengottes das Bindeglied zu den Göttern der Staatsreligion. Er hindert nicht die Erfüllung der Pflichten gegen diese, zu der von nun an die Verehrung der Kaiserbilder gehört; er fördert sogar die Einhaltung der militärischen und staatsbürgerlichen Pflichten.

Der Manichäismus hingegen wollte nichts Geringeres als die Verschmelzung der Mithrareligion mit dem anstößigen Christentum: Man hielt den Dualismus der Zarathustra-Religion fest und suchte ihn in das Gottvater-, Sohn- und Geist-Verhältnis in symbolischer Weise zu übertragen. Bauernschlau nahm man den von der Zeitepoche gebieterisch verlangten Unsterblichkeitsglauben auf, der jedoch Weltflucht, Abkehr von allem Zeitlichen und damit – das ist das verwerflichste – auch Verachtung der Staatsmacht einschloß. Für die Einhaltung solcher Richtlinien wurde den Gläubigen ein ewiges, glorreiches Leben versprochen. In Afrika führte diese Lehre zu erheblicher Unruhe, ja zu Rebellion. Mit den Christen steht das gleiche bevor, wenn nicht energisch eingeschritten wird. Höchste Zeit dazu! Er wird mit Galerius Maßnahmen zu ihrer Beseitigung festlegen. –

Diokletian reitet aufrecht, niemand sieht ihm seine Schmerzen an, von denen er sich mit dem Durchdenken von Problemen abzulenken sucht. Eine hohe, hagere Gestalt, voll Würde, sitzt er im Sattel. Fein und klug sein Gesicht, das sich im Laufe der Jahre gewöhnt hat, Gedanken, Gefühle und Pläne vor anderer Augen sorgsam zu verhüllen. Er ist Politiker, besitzt reiche historische Kenntnisse und verfügt über den schöpferischen Geist, Arbeitskraft und Arbeitslust, um das Staatsinteresse zu fördern. Daß rohe Tapferkeit und physischer Mut allein dem zerrütteten Reich nicht helfen konnten, war ihm von Anfang seiner Regentschaft an klar gewesen.

Sein Gefolge bewundert ihn, auch jetzt wieder. Hier in den zerklüfteten Bergen unterwegs zu sein, ist kein Spaziergang. Die halb so alt sind wie er, sind erschöpft. Er aber wird vor Sirmium keine Rast mehr einlegen.

Sie reiten und reiten.

Von fern ist die Residenz auch schon zu erkennen – ein steinernes Adlernest, trutzig, schier uneinnehmbar, am Hang des Kapaonik-Höhenzuges, zu Füßen die über fünfhundert Meter hoch gelegene Stadt. Sie wird im Norden tausend Meter überragt vom Rogoznicagebirge.

Wer die Schwarzen Berge kennt, weiß, daß die Entfernung sehr täuscht. Es sind immer noch gut zwei Stunden bis zum heutigen Ziel.

Die Stadt Sirmium hat Bedeutung in Diokletians Leben. Hier wurde sein Vorgänger Maximus Aurelius Probus im Jahre 282 von seinen Soldaten erschlagen. Sie waren seiner Strenge überdrüssig. Aus den Prätendentenkämpfen der folgenden zwei Jahre ging er, Diokletian, als eindeutiger Sieger hervor. Nun, Strenge läßt auch er walten, er duldet nirgendwo Widerstand, schlägt ihn hart und rücksichtslos nieder. Dabei ist er jedoch – eingedenk des Schicksals des Probus – stets bedacht, den Bogen nicht zu überspannen. Diesen warnenden Rat erteilt er auch dem Schwiegersohn immer wieder einmal. – Galerius ist ein Landsmann des Kaisers, ja, alle vier Regenten sind Illyrer. Diokletians Mitkaiser Maximian ist hier in Sirmium geboren. Galerius stammt aus der Nähe der «weißen Stadt» Serdica. Er war früher Hirte, besitzt keinerlei Bildung; aber ein tüchtiger Offizier ist er.

Einmal allerdings ... Und dieses eine Mal steht dem Kaiser gerade jetzt, während er auf Galerius' Residenz zureitet, ungewollt wieder vor Augen: einmal hat dieser geübte Heerführer so kurzsichtig gehandelt, daß er fast alle seine Mannen einbüßte. Noch nicht zwei Jahre liegt es zurück. Da ging es um die Abwehr des Erzfeindes Roms, der Perser. Galerius kannte weder das Terrain, auf das er sich begab, noch die Hauptwaffe des Gegners. Deshalb machte er den gleichen Fehler wie schon vor dreihundertfünfzig Jahren Crassus: er führte seine Krieger auf die weiten Ebenen Mesopotamiens, wo die persische Reiterei ihre ganze Macht entfalten konnte. In der Schlacht bei Carrhae verlor er sein Heer. Er selbst und der armenische König Tiridates, der in seinen Reihen focht, entgingen um Haaresbreite dem Tode.

Diokletian ließ Galerius zur Strafe für die Opferung der Legionen im Purpur eine Meile weit im Angesicht der Kaisertruppen vor seinem Wagen herlaufen. Der Imperator konnte ihm dann aber – aus der Erfahrung eines früheren Feldzuges, dem er noch als Offizier beigewohnt hatte – den Weg weisen, auf welchem dem persischen Reich beizukommen war. Er führt durch das armenische Hochland, wo die Reiterschwärme weder sich entfalten noch den Nachschub erheblich beeinträchtigen konnten. Auf diesem hat es Galerius dann zum zweitenmal versucht, nachdem ein Heer aus dem vortrefflichen Truppenmaterial der Donauländer neu gebildet war. Im Frühling vorigen Jahres begann er seinen Marsch auf Großarmenien, und bald standen die Perser ihm gegenüber. Zusammen mit Tiridates, von dessen Ortskenntnis viel abhing, kundschaftete er nachts das feindliche Lager aus. Sie überfielen es am folgenden Morgen und zersprengten es vollständig. Narses, der persische König, wurde verwundet, ließ Heer, Kriegskasse und Harem zurück und floh. Diokletian war in der Stadt Nisibis, als ihn die Siegesbotschaft erreichte. Dort wurde Anfang dieses Jahres auch der Friedensvertrag unterzeichnet. Die Hellseherin hat dem Kaiser vorausgesagt, er werde seinen Ländern ein halbes Jahrhundert lang Ruhe schenken. Mögen die Götter darüber wachen, daß Galerius' Sieg solches Heil nach sich zieht. Er hat durch diese Tat die Erinnerung an seine frühere Unvorsichtigkeit getilgt, und kein Wort soll mehr darüber verloren werden.

Persien unterworfen zu haben macht Diokletian die Hände frei für das Durchgreifen im Innern des Landes. Dazu wird er Galerius brauchen und ihm Freiheit für resolutes Handeln gewähren. Es war ja nicht allein die militärische Eignung, die seine Wahl zum Unterkaiser bestimmte, sondern auch sein Charakter – obwohl er gewiß nicht jedermann zusagt – gab den Ausschlag. Diokletian lächelt ein bißchen, als er an Galerius' Eigenschaften denkt. Er hat nämlich den Residenzpalast von Sirmium, den der Schwiegersohn nach eigenen Vorstellungen umgestaltete, gerade vor Augen und betrachtet ihn: wie sehr verrät auch er die Natur des Besitzers! Genauso wie der neue Palast in Aspalathos mit seiner großartigen, kunstvollen, doch ebenso wehrhaften Anlage Diokletians Geist widerspiegeln wird, kommt hier in Sirmium Galerius' rohe, ja oft gewalttätige, leidenschaftliche und mitunter hochmütige Art zum Ausdruck. Diokletian bedauert seine Tochter manchmal ein bißchen, wenn er sie als Frau des zwar stattlichen, aber jeder Anmut der Erscheinung entbehrenden Mannes sieht. Galerius frönt zudem der Völlerei, das macht ihn noch plumper. Aber die Heirat war eine politische Notwendigkeit, der sich Valeria wortlos fügte. Galerius mußte seine erste Frau dafür verstoßen. Das war unumgänglich, obwohl eigentlich nicht nach dem Sinn des sittenstrengen Mannes. Für Diokletian jedoch ist etwas anderes die Hauptsache: Galerius zeigt sich ihm so treu ergeben, daß er mit seiner harten Faust schließlich *die* Ergänzung für ihn darstellt, ohne ihm geistig je über den Kopf zu wachsen. Er hat die Wahl des Galerius zum Unterkaiser deshalb nie bereut. –

Wie sehr der für seinen Herrn eintritt, wird in dem Gespräch deutlich, das die beiden schließlich miteinander führen. Galerius berichtet, daß man vielerorts unzufrieden ist über die ständige Anspannung der drückenden Steuerlast.

«Und was antwortest du auf solche Klagen?» will der Kaiser wissen.

«Ich sage: Seid froh, daß nach so vielen Jahren der Gesetzlosigkeit die Ordnung im Reich wiederhergestellt wird. Das Weltreich Rom seid schließlich ihr, seine Bürger. Und dieses Reich muß seine Herrlichkeit auch im Äußeren darstellen. Nur deshalb liebt der Kaiser Pracht, Prunk, Kunst und Wissenschaft. Der großartige Palast, von dem ihr sagt, *ihr* müßt ihn finanzieren, wird ebenso wie die Bauten in Nikomedien zeigen, daß der Imperator nicht nur an richtiger Stelle zu sparen weiß, wie ihr viele Beispiele kennt, sondern daß er auch zu *verwenden* weiß, wohlgemerkt: nicht zu *verschwenden* ...»

«Wirst du etwa doch noch ein Politiker, Galerius?» lacht Diokletian.

«Nein, Vater, nie. Aber was du mir je sagst, merke ich mir und wende es zu gegebener Zeit an. Das Problem *Steuer* ist inzwischen jedoch durch ein anderes in den Hintergrund gerückt: Ich hatte angeordnet, deine Ankunft in Salona so vorzubereiten, daß der Empfang deiner erhabenen, gottgleichen Größe würdig sei. Nun schrieb mir der Gardepräfekt, es sei zu Zwischenfällen gekommen und ich solle sorgen, daß du dich davon nicht insultieren läßt ...»

«Du wirst staunen, die Art der Zwischenfälle sind mir schon bekannt, mein Sohn. Sieh her –» Diokletian legt einen Brief auf den Tisch. «Der Christenbischof hat mir einen Boten entgegengeschickt. Er will die eingefangenen Schäflein seiner Herde frei haben. Obwohl er mein Freund ist – oder soll ich nun doch sagen: war –, kann ich ihm hier nicht entgegenkommen. Zwar hatte ich insgeheim ein bißchen gehofft, meine Vaterstadt werde eine Ausnahme machen und mir als einem der Ihren die Huldigung *aller* entbieten. Aber nüchtern bedacht, läßt es die christliche Lehre für ihre Anhänger gar nicht zu. Domnius schreibt mir, sie seien bereit, sich überall dort unterzuordnen, wo es nicht an die Substanz ihres Glaubens gehe. Ich bin inzwischen über ihre sogenannten Heiligen Schriften genau unterrichtet: Was man bekämpfen will, muß man schließlich kennen. So weiß ich nur von einem einzigen Satz, der den Kaiser anerkennt, ein Ausspruch dieses Jesus: Gebt dem Kaiser, was des Kaisers ist ... Damit meint er die Münze mit des Kaisers Bild. Sie bezahlen also

Steuern wie andere Bürger auch. Aber sie haben ihre eigene Rechtsprechung und wenden sich nicht an die Gerichte. Sie erklären Ehen mit Nichtchristen für Sünde und Ehebruch, weigern sich, kaiserlichen Anordnungen zu folgen. Wo soll das hinführen!»

«Du warst zu lange nachsichtig, Kaiser. Sie glaubten sich unangefochten und sicher, daher wurden sie keck. Ich habe ebenfalls nach ihren religiösen Richtlinien geforscht. Sie widerraten den Gläubigen jede Beteiligung am ‹heidnischen› Staatswesen, wie sie es nennen, und der Kriegsdienst erscheint ihnen als Sünde. Als ich dann gar von dem Brand in deinem nikomedischen Palast hörte, habe ich ...» – und nun lächelt Galerius mit breitem Mund – «da habe ich eine Verordnung erlassen, um zunächst Heer und Beamtentum von dem Ungeist zu säubern. Wer sich also weigert, Jupiter, dem du gleich bist, zu opfern, hat unverzüglich den Abschied zu nehmen.»

«Du bist meine eiserne Hand, wie gut! Und du hast recht, ich habe immer gezögert, rigoros vorzugehen, obgleich meine Ratgeber schon wollten, daß ich diese Sekte tatkräftig unterdrücke. Doch das Orakel des Apollo von Milet, das ich veranlaßt habe, war mir Mahnung genug, die Götter ob meines Abwartens zu versöhnen. Alle meine Erfolge sind allein ihre Huld, ich bin ihr Begnadeter. Dafür stehe ich in ihrer Schuld. Ich bin jetzt bereit, alles zu tun, was mir ihr Wohlwollen sichert und für die Zukunft verbürgt. – Du weißt, daß ich eine hervorragende Wahrsagerin habe. Nachdem einige Opfer mißlungen und von den Göttern nicht angenommen worden waren, sagte mir Xenia, es sei das christliche Gebet, das sie hindere. Die Heiligen Schriften seien magisch und übten Zauber aus.»

«Folglich müssen wir dafür sorgen, Vater, daß sie allerorten verbrannt werden. Damit wird man die religiöse Begeisterung und den Zusammenhalt der Nazarener zerstören, ihre Geheimlehre der Vergessenheit preisgeben und den Einfluß der Geistlichkeit zunichte machen. Wo nicht anders ein Erfolg sichtbar wird, ist persönliche Repression nötig. Alle, die im Besitz von Ämtern und Ehrenstellen sind, gehen derselben verlustig, wenn sie nicht widerrufen. In Prozessen zur Feststellung der Zugehörigkeit zum Christentum ist Folter gegen jedermann gestattet – obwohl wir das nirgendwo schriftlich niederlegen werden. Leute niederer Stände trifft der Verlust der Bürgerrechte. – Ich sehe die Gemeindeoberhäupter als Leiter des Widerstandes an, also muß deren Verhaftung veranlaßt werden.

Dann gibt es entweder eine gewaltsame Bekehrung zurück zu den alten Göttern oder die strengsten Strafen bis zum Feuertod. Einmal muß reiner Tisch gemacht werden. Je härter das Vorgehen, desto rascher ein Ende.»

«Du denkst wahrhaftig konsequent, mein Sohn. Im Orient und in Afrika habe ich bei den Manichäern schon durchgegriffen. Hier jedoch, in der Heimat, hätte ich es erst mit weniger einschneidenden Maßnahmen versucht. Abermals: du hast recht.»

«Ich bin dafür, daß wir in Salona noch vor deinem Eintreffen ein Edikt veröffentlichen lassen, das eindeutig Jupiter, Mithra und Herkules als die Gottheiten nennt, mit denen wir uns identifizieren und denen ausnahmslos jedermann zu huldigen hat. Wer andere Götter neben sie stellt, wird zum Widerruf aufgefordert. Im Verweigerungsfall werden strengste Strafen angedroht – ich sagte schon, bis zum Feuertod.»

«Halt, Galerius! Solche Einzelheiten werden nicht fixiert, sie bleiben offen.»

«Dann schreibst du deinem ‹Freund›, daß, wenn er sich nicht fügt und auch seine Anhänger nicht überzeugt, seine Versammlungshäuser geschlossen, das Vermögen eingezogen und jedem Starrsinnigen die Bürgerrechte aberkannt werden. Und dieses Schreiben muß noch heute ausgefertigt werden.»

«Du hast große Eile. Meinst du, ich könnte dir morgen meine Zustimmung vielleicht nicht geben, wenn ich eine Nacht darüber geschlafen oder auch gewacht habe?»

«Das nicht. Aber über Nacht kommt ein berittener Bote schon ein gutes Stück voran.»

«Mein Sohn, ich möchte in jedem Falle Blutvergießen vermeiden. Meine Erfahrungen lehrten mich, daß Blut die Leute nur fanatischer macht. Blutvergießen ist auch gegen meine Bestrebungen zur endgültigen Befriedung des Landes.»

«Zur Befriedung gehört vor allem, daß die Bürger sich der Staatsgewalt fügen. Du mußt um jeden Preis Respekt verlangen.»

«Als höchstes Ziel meiner Bestimmung schwebt mir vor, gleich Jupiter wie ein Vater die Welt mit Kraft und Weisheit nach meinem Willen zu leiten – meinem Willen, der auf das Beste derselben gerichtet ist. Dazu brauche ich die Gewogenheit Jupiters. Ich werde weitere Münzen mit seinem Bilde prägen lassen, werde ihm Altäre,

Statuen und neue Tempel weihen. An zentraler Stelle in Salona soll sein Standbild errichtet werden. Sorge dafür!»

«Und du solltest ihm vor allem geloben, nicht zu ruhen, bis die Feinde – seine Feinde – gänzlich vernichtet sind.»

4

Noch einmal Salona, 15. Juni.

Als Bischof Domnius am Morgen vor die Haustür tritt, um die Palmenallee entlang zur Andacht in die Kirche zu gehen, sieht er am Boden ein Sacktuch liegen. Er stößt es mit dem Fuß beiseite, hat dabei aber den Eindruck, es sei zu schwer für ein bloßes Stück Stoff. Die Zipfel sind verknotet. Er hebt es vorsichtig auf, ein bißchen mit Widerwillen, weil es schmutzig ist, und löst den Knoten. Ein flacher Stein ist darin, und beim näheren Hinsehen entdeckt er eingekratzte Schrift: «Ich sterbe, wenn Ihr uns nicht bald herausholt.» Darunter Ignaz' Initialen.

Eine echte Botschaft von seinem Amtsschreiber? Eine Finte? Domnius ist geneigt, das erstere anzunehmen, obwohl man die Schrift natürlich nicht wie eine Handschrift lesen kann. Man ist in diesen Tagen geneigt, immer zu fragen: Was steckt dahinter? Mißtrauen ist ihm ein Greuel, aber die Ereignisse gebieten einfach, auf der Hut zu sein. Es gibt zwar keine aufsehenerregenden Szenen mehr in der Öffentlichkeit, wie sie am 30. Mai geschahen. Dennoch verschwinden Leute, meistens Christen, und der Gardepräfekt «weiß von nichts». Die städtischen Behörden sagen, es sei nicht ihre Sache, jemanden ausfindig zu machen, der sich womöglich irgendwo bei Verwandten aufhält. Wer weiß es denn?

Viele, nicht nur Domnius allein, setzen deshalb große Erwartungen in die Ankunft des Kaisers. Der aber verzieht. Der Bote des Bischofs traf den Reisetroß in den Schwarzen Bergen. Er brachte eine mündliche Antwort mit, die ihm dort von einem Sprecher des Kaisers mit zynischem Lächeln gegeben worden war: der Bischof werde schon vom Kaiser hören. Immerhin ist sicher, daß Diokletian über die Lage in Salona aus Domnius' Sicht Bescheid weiß. Aber Tag um Tag vergeht, ohne daß von seinem Eintreffen in naher Zukunft etwas bekannt wird. Vielleicht fürchtet er sich, seine friedliche, anheimelnde Stadt nun als eine fremde anzutreffen? Statt der sonst sprichwörtlichen Zufriedenheit in ihren Mauern herrscht jetzt eben Mißtrauen, von dem jeder befallen wird, auch ohne seinen Willen. Unsicherheit macht sich breit, und gegenseitiger Verdacht sät Haß. Kann Diokletian das in seiner Heimat zulassen?

Domnius weiß augenblicklich nicht, was er für die Inhaftierten unternehmen soll. Zeigt er einer Behörde diese Botschaft, wird man sie entweder als Trick abtun oder Ignaz, auch wenn er in Wahrheit gar nicht der Schreiber wäre, büßen lassen. Man würde ihn erpressen zu sagen, durch wen die Botschaft nach draußen gelangte. Ihn, den Bischof, zwingt dieser Hilferuf jedenfalls, nicht müßig zu warten, bis Diokletian eintrifft.

Nach der Andacht, die er heute ohne Konzentration hält, geht er zu Hripsime. Vielleicht kann Claudia durch Markus einen Hinweis bekommen. Der scheint wirklich viel zu wagen. Jede Nacht wachen zwei der Mädchen abwechselnd und warten auf Lucia. Es ist Vorsorge getroffen, sie sofort an einen sicheren Ort zu bringen. Aber nichts geschah bisher. Statt dessen hat, wie Domnius nun erfährt, sich letzte Nacht ein Unbekannter herangeschlichen. «... schaut, dieser Zettel mit sichtlich verstellter Schrift steckte am Zaun: ‹Kehre dich wieder den Göttern zu, denen wir Dank schulden. Wo nicht, werden sie dich strafen, du wirst teuer bezahlen! Widerrufe deine Zugehörigkeit zu der Sekte. Du hast nicht mehr lange Zeit. – Ein Wohlmeinender.›»

«Diese Art Schreck-Einjagen kennt man, Hripsime. Davon wollen wir uns nicht zu sehr beunruhigen lassen.»

«Aber *dies* beunruhigt mich sehr. Seht hier – ein Schuh von Lucia, mit Blut befleckt.» –

Als die Dämmerung über diesen Tag hereinbricht, hetzt Alexander abermals zum Haus des Bischofs. Als er an der Haustür pocht, die wie nun jede in der Stadt ständig verschlossen gehalten wird, sieht er eine Gestalt sich hinter der Maulbeerhecke ducken. Es ist dann auch das erste, was er Domnius berichtet: «Ein Schnüffler beobachtet Euer Haus. Ich wünschte, er hätte mich nicht erkannt. Auf jeden Fall werde ich Euch bitten, mich an der anderen Seite des Hauses hinauszulassen.»

«Plinnius!» denkt der Bischof. Er hat ihn schon mehrfach in der Gegend gesehen. Auf Plinnius deutete auch der Drohbrief an Hripsime hin. Aber das spricht er nicht aus.

«Du bist nicht nur gekommen, um nach dem Beobachter zu schauen, mein Freund», sagt er. «Es muß etwas Wichtiges sein, was dich herführt.»

«Ja, es ist sehr wichtig. Eine Nachricht von Markus soll ich Euch überbringen. Er hat Auftrag bekommen, die Gemeinde angeblich heimlich zu besuchen, so, als wolle er trotz Gefahr weiter Gottes Wort hören. Dann soll er seinen Vorgesetzten berichten. Sie wollen wissen, ob die Gläubigen zum Widerstand aufgewiegelt werden, ob Ihr Reaktionen auf Repressalien plant und dergleichen mehr. Markus hat sich zunächst dagegen gesperrt mit der Begründung, er wolle sich nicht in ‹magische Kräftezonen› begeben. Sollte er aber doch kommen – und er vermutet, daß er Befehl erhalten wird – möge man *das* sagen, was Ihr wünscht, das er ausrichten soll ...»

«O Alexander, ich bete, daß der Kaiser kommen und mir endlich seine Antwort geben möge. Wie soll es weitergehen? Er kann doch eine Herrschaft der Ränkespiele und Schrecken nicht wollen!»

«Ihr wißt es nicht? Er *hat* heute die Antwort gegeben. An jeder Ecke könnt Ihr das Edikt lesen, und weitere Exemplare werden angeschlagen: Unnachsichtig wird bestraft, wer sich einem Staatsbefehl widersetzt. – Wir haben eine Gewaltherrschaft, die nichts duldet, was ihr im Wege stehen könnte. Unsere Kirche ist in Gefahr.»

«Es wird sich erweisen, daß der dreieinige Gott stärker ist als jede Diktatur. In tausend Jahren, wenn niemand mehr vom Römischen Reich sprechen wird, wird die Kirche als sichtbarer Teil des Reiches Gottes leben. Auch Diokletian wird *die Kirche* nicht auslöschen. Für uns aber geht es jetzt um jeden einzelnen, um sein Schicksal in dieser Zeit. Wir nehmen, was da kommt, aus Gottes Hand; aber wir werden uns nicht hündisch ducken, sondern Zeugnis geben, lauter denn je. Du hast bereits gesehen, daß zu den Gottesdiensten viele Fragende und Suchende kommen. Das ist erstaunlich, ja unbegreiflich, gerade jetzt.»

«Wäre doch mein Vater unter ihnen!»

«Eines Tages mag auch er dabei sein. Hab Geduld! – Wirst du ihm sagen, daß du bei mir warst?»

«Nein. Er wird mich wahrscheinlich auch nicht danach fragen, aus Angst, Mitwisser zu sein.»

«Was weißt du von Lucia?»

«Nichts.»

«Hat Markus ihren Namen nicht erwähnt?»

«Nein. Soll ich ihn fragen?»

«Frage lediglich, wie es ihr geht. Und jetzt sage mir nur noch, ob du Einzelheiten des Ediktes behalten hast.»

«Ich konnte nur flüchtig hinschauen. Als erstes wollte ich Euch sicher erreichen. Ihr werdet es morgen selbst lesen. Am übernächsten Haus hängt eins.»

An der Verlängerung des Aquäduktes von Salona zum Palast, an der Überbrückung der großen Senke, sind ein halbes Dutzend Leute tätig. Ihre Arbeit geht nicht recht voran.

«Anastasius fehlt», sagt einer, «was wird er machen?»

«Warum hat er nicht zum Schein den Kniefall getan! Wir hätten ihn nicht für feige gehalten, eher für klug.»

«Mir imponiert, wie *gerade* Anastasius seinen Weg geht. Ich werde mich immer zu den alten Göttern halten, und auf einen *mehr* soll es mir dabei nicht ankommen. Gerade deshalb denke ich nun manchmal, etwas muß an dem Christengott doch ‹dran› sein, wenn die Gläubigen ihm jetzt trotz der Bedrückung treu bleiben.»

«Übrigens», sagt Sixtus, ein sonst sehr zurückhaltender Mann, «ich war gestern bei Anastasius' Frau und habe gefragt, ob man ihr helfen kann.»

«Was braucht sie?» fragt Julian. «Mir hat er geholfen, als ich das Haus vergrößerte, und hat nicht nach meiner Gesinnung gefragt.»

«Sie sagte natürlich, sie bedürfe nichts. Trotzdem werde ich später wieder nachschauen, falls er noch eine Weile wegbleiben sollte.»

«Ich würde mich ebenfalls beteiligen, wenn Hilfe nottut. Sei aber vorsichtig, Sixtus, laß niemand sehen, daß du in solch ein Haus gehst. Anastasius war immerhin bekannt, du weißt schon.»

«Und du, Tullius, du schweigst?»

«Bitte erzählt euch solche Dinge, wenn ich es nicht höre. Man weiß nie – sollte man mich wirklich einmal hochnotpeinlich fragen, will ich wirklich nichts wissen.»

«Aber *das* darfst du hören: An vielen Stellen sind die ausgehängten Edikte abgerissen und zerknüllt worden, teilweise unter beißenden Spottreden. Das sind Tatsachen, weiter nichts. Man sucht nun die ‹Verbrecher›, die die kaiserliche Majestät auf solche Weise verletzten. Sie sollen auf den Scheiterhaufen.»

«Du übertreibst!»

«Leider nicht. Ich habe die Drohung selbst gehört. Wir werden ja sehen, ob man sie ausführt. Jedenfalls fühle ich mich nicht recht wohl, auf der Seite der Staatsmacht zu stehen, wenn sie sich durch solche Mittel Respekt verschaffen muß.»

«Ist im Edikt die Todesstrafe angedroht?»

«Ich glaube nicht. Maßgebend ist aber, was man tut. Es geht ihnen wohl hauptsächlich um Reiche, die nach ihrem Ende Vermögen hinterlassen. Der Palast kostet schließlich Unsummen.»

«Hört endlich auf mit solchen Reden! Wenn *ich* schon die Ohren zumache, kann irgendwo ein Lauscher stehen, der sich an höherer Stelle einkratzen will.»

«Gut, reden wir von der Arbeit. Wir sollten unsere Namen in die Steine gravieren, wie es berühmte Baumeister tun. Denn in tausend oder auch zweitausend Jahren wird hier noch das Wasser des Jadro hindurchfließen. Da soll dann jedermann wissen, das *wir* es waren, die solch erstklassige Arbeit geleistet haben.»

Markus ist zu Pferd auf dem Weg nach Salona, auf demselben Weg, den er in der Nacht zum 31. Mai zurücklegte. Er wird heute seinen Auftrag anders anpacken, sich nicht vom «Schicksal» treiben lassen. Aber bange ist ihm auch diesmal. «Wie wird alles laufen?» murmelt er immer wieder vor sich hin.

Hripsime ist verdächtig, als eine der ersten solch ein Edikt voll Verachtung abgerissen und weggeworfen zu haben. Es hieß: Wer anders als die Reichen erlaubt sich so etwas! Ihr Haus gilt als eine Hochburg der Christen, schon von ihren Eltern her. Reiche haben Einfluß. So macht ihre Hartnäckigkeit, oder besser: Unbeugsamkeit, Schule. Das Nest muß also ausgehoben werden!

Für den Obristen stand von vornherein fest: diesen Auftrag hat Markus auszuführen. Man schien ihm doch trauen zu können, daß er sich von der Sekte distanzierte. Hätte er sonst das Mädchen hergebracht? Also wird er nun nacheinander auch die anderen sechs noch holen, Hripsime natürlich zuerst. Sie werden dann entweder kirre oder einen Kopf kürzer gemacht. Das erstere wird allerdings kaum eintreten, so steht ihr Schicksal schon fest. Vorerst gehört diese Hripsime so schnell wie möglich in Gewahrsam.

«Heute also sie! Marsch!» hat der Obrist kommandiert. –

Als Markus dem Hause näherkommt, sieht er, daß es im Dunkeln liegt. Auch die Häuser ringsum haben keine hellen Fenster. Er bindet das Roß hinterm Zaun an und schleicht sich zu Claudias Zimmer. Es liegt im Hochparterre, sie teilt es mit der jungen Phöbe. Beide schlafen noch nicht, er hört sie verhalten singen. Eine Melodie, die er noch nie gehört hat. Mit angehaltenem Atem lauscht er. «Im Leben und Sterben folgen wir Jesus nach . . . » Nein, an Sterben will er nicht denken, obwohl der Tod ringsum lauert. Die Mädchen sollen auch leben, deshalb muß er handeln – aber vorsichtig, sie dürfen keinen Lärm schlagen, sonst ist alles verloren. Es gibt nämlich nur *eine* Lösung heute. Leise läßt er den Erkennungspfiff ertönen. Claudia und Phöbe, die einen weiteren Vers schon begonnen hatten, halten mitten im Wort inne. Er weiß, daß sie jetzt wahrscheinlich an eine Falle denken, zumal er Claudia gesagt hat, sie werde ihn so bald nicht sehen. Aber ihr Vertrauen zu ihm ist wohl stärker als alle anderen Gefühle. Sie schleicht an das bleiverglaste Fenster, öffnet es lautlos einen Spalt breit. Als sie ihn erkennt, macht sie es weiter auf. Er legt sofort den Finger auf seinen Mund. Ins Ohr flüstern kann er ihr nun nicht, dazu ist das Fenster zu hoch. So formt er mit den Händen einen Trichter und haucht mehr, als er spricht. Atemlos hört sie zu. Phöbe lauscht ebenfalls, kann aber kein Wort verstehen. Nur ein tonloses Lebewohl, in dem großer Schmerz liegt, vernimmt sie am Ende.

«Was ist?» springt sie aus dem Bett, als Claudia das Fenster wieder geschlossen hat.

«Gleich, Phöbe! Zuerst muß ich zu Hripsime. Du darfst kein Licht machen, hörst du?»

Es ist ganz früher Morgen, noch dämmergrau, als Debrius, der in letzter Zeit recht brummige Nachbar Hripsimes, mit dem zweispännigen großen Kastenwagen zur Küste rumpelt. Unterwegs wird er von einer Streife angehalten: «Wohin?»

«Zum Hafen.»

«Was wollt Ihr dort?»

«Weinfässer verschiffen. Bin Weinbauer.»

«Wir müssen einen Blick auf den Wagen tun.»

«Das steht euch frei.»

«Wahrhaftig, nur Fässer. Fahrt zu!»

Die Bark «Orient», ein stattlicher Sechsmaster, schaukelt auf dem leicht bewegten Wasser des Hafenbeckens. Ihre ganze Mannschaft ist auf den Beinen. Heute werden sie in See stechen in Richtung Nikomedien. Kapitän Cornelius gibt seine Anordnungen. Er überwacht gerade das Setzen des Rahsegels, als Paulus, der Bootsmann, ihn anruft. «Hei, Käpt'n, seht Ihr den Burschen dort? Er winkt. Könnten noch einen Schiffsjungen gebrauchen, wo Aldus doch ausgefallen ist.»

Cornelius will Paulus schon heißen, das Ruderboot zu nehmen. Doch einem Gefühl folgend, begibt er sich selbst ans Ufer.

Etwas ungeschickt für einen Jungen, klettert der neue Moses die Strickleiter hinauf. Er denkt auch nicht daran, sich gleich zu betätigen, sondern verschwindet einfach.

Anstatt den Anker zu lichten, schickt Cornelius nochmals zwei Ruderboote an Land. Was denkt der Alte sich bloß! Sie müssen jede halbe Stunde dieses günstigen Nordost nutzen! Paulus schaut, was los ist. Ach, ein Bäuerlein kam da angetrottet und winkt, man soll wohl seine Weinfässer noch mitnehmen! Hat er das nicht eher gewußt? Der Käpt'n wird offenbar wunderlich. Vor ein paar Jahren noch hätte er gar nicht hingeschaut. Die «Orient» ist ja nicht das einzige Schiff, das hier verkehrt. Jetzt ist er weich. Die paar Fässer sind schließlich nicht *das* Geschäft, zumal man nie über freien Laderaum zu klagen hat. Na, nehmen wir – eins, zwei, drei – das Zeug noch an Bord, dann aber Leinen los! – Es ist gut, von hier fortzukommen. Salona war noch nie so anstrengend wie diesmal. Gerade als das zweite Boot vom Land abstößt – das Bäuerlein ist schon wieder auf und davon –, traben Gardisten heran: «Frauen gesehen?»

«Nicht die Spur! Was sollen Frauen im Hafen? Sind es eure, sind sie euch davongelaufen?»

«Wir suchen Vermißte.»

«Ah, so ist das! Nein, da seid ihr auf falscher Fährte – bei Neptun!»

Als Markus berichtet, er habe das Haus leer gefunden, wird der Vorgesetzte wütend. Wie kann man das behaupten, bloß weil sich alles still verhält? Markus beteuert aber, lange genug beobachtet und gehorcht zu haben. Lange genug war er allerdings unterwegs. Aber dann macht der Obrist sich sogleich mit fünf Mann auf den Weg, Markus ist wieder dabei. – Kaum ist Debrius heimgekehrt, hört er im Nachbarhaus laute Stimmen und Poltern. Fäuste schlagen gegen die Türen. Wieder Gardisten! Sie kommen schließlich auch zu ihm.

«Wißt Ihr, wo sich Eure Nachbarn befinden?»

«Jemand ist bestimmt im Haus. Zu so früher Stunde schlafen sie wohl noch.»

«Niemand ist im Haus! Wir haben alles durchsucht.»

«Eigenartig. Vielleicht sind sie zu einer Morgenandacht in ihrer Kirche. Wartet, wenn ihr etwas wollt. – Was ist denn los?»

«Ich frage hier, nicht Ihr», giftet der Obrist. «Wann habt Ihr sie das letztemal gesehen?»

«Ihr verlangt viel. Unsere Häuser stehen nicht so dicht, daß man sich ständig begegnet. Manchen Tag geschieht es trotzdem dreimal, dann drei Tage lang nicht. Wie es sich begibt. Gestern zum Beispiel wüßte ich nicht, wann ich jemandem begegnet wäre.»

«Und in der Nacht? Ging da etwas vor?»

«Ich habe in der Nacht geschlafen.»

«So kommen wir nicht weiter. – Hat diese Hripsime Verwandte im Lande?»

«Da müßt ihr sie selbst fragen. Wir haben nie über Verwandtschaft gesprochen. Habt nur Geduld, bis sie da ist. Sie gibt euch schon Auskunft.»

Fluchend geht der Obrist mit seinen Leuten wieder zurück in Hripsimes Haus. –

Debrius hatte in letzter Zeit Zorn auf die Christen, besonders auf so unnachgiebige wie Hripsime. Denen ist schließlich das ganze Übel zuzuschreiben. Andererseits nötigte ihm das junge Ding Hochachtung ab, wie sie – als Elternlose und auch sonst ohne jede Stütze – zu der Sache stand, die sie zu der ihren gemacht hatte.

Debrius denkt an diesen Offizier mit dem brutalen Gesicht und so rohen Manieren. Nein, der konnte keine Sympathien erwarten! Wer weiß, was da drüben im Haus herumliegt und was die Häscher daraus schließen. Debrius kann sich eines schadenfrohen Lächelns nicht erwehren. –

Die Gardisten untersuchen die kostbar eingerichteten Räume noch einmal Ecke für Ecke, jede Truhe, jeden Schrank. Dabei fühlt sich Markus scharf beobachtet. Man belauert ihn, aber es gelingt ihm, sich ungerührt zu geben. Nein, er kann sie nicht gewarnt haben, folgern die anderen. Außerdem vermag sich in dieser kurzen Zeit niemand davonzumachen, da müßte er schon gute Unterstützung haben! Es muß also wahrhaftig schon alles verlassen gewesen sein, als Markus herkam. Hat ihnen vielleicht vorher jemand anderes einen Wink gegeben? Aber wer? Wer könnte davon gewußt oder auch nur etwas geahnt haben? Es wird gut sein, sich diesen Bischof einmal anzusehen und anzuhören. –

«... uns ist aus der Nachbarschaft angezeigt worden, daß das Haus der Hripsime leersteht», beginnt der Offizier hier nach einer etwas umständlichen Einleitung. «Ihr habt bei uns schon nach Vermißten geforscht, und diesmal könnt Ihr uns vielleicht helfen, den Fall zu klären.»

«Wie – Hripsime ist nicht da? Das ganze Haus leer?» Domnius ist so bestürzt, daß der Obrist ihm glaubt. Doch wenn einer ihren Aufenthalt kennt, müßte er es sein.

«Ihr treibt ein schändliches Spiel, Obrist. Wer soll wissen, wohin die Leute verschwinden, wenn nicht Ihr?»

«Das ist Beleidigung! Was untersteht Ihr Euch?» Wütend ob des Mißerfolges, ist er in Versuchung, den Bischof gleich festzunehmen. Aber das könnte ihm vom Präfekten womöglich übel ausgelegt werden. So mäßigt er sich grollend.

Auch hier treffen Markus wieder lauernde Seitenblicke. Er zeigt keine Regung. Auch kein Blick des Erkennens durch den Bischof. Markus ist offensichtlich keine Nummer von Bedeutung für die Sekte gewesen, schlußfolgert man. Gut, daß man dies heute gleich einmal prüfen konnte.

«... es steht fest, Meister Sidonius, daß die Vögel ausgeflogen sind. Jemand muß ihnen einen Hinweis gegeben haben. Ich habe mehrmals beobachtet, wie Euer Sohn den Bischof aufsuchte. Angeblich will der nicht wissen, wohin sie sind, ja, daß sie überhaupt fort sind. Aber Euer Sohn steht in dem Verdacht ... Ist Euch klar, was das bedeutet? Ihr seid ein treuer Anhänger unserer Götter, eine Stütze unseres Tempels. Ich will Euch bewahren, deshalb warne ich Euch: warnt wiederum Alexander ...»

Sidonius spürt in letzter Zeit bei jeder Aufregung sein Herz. Der Bau macht ihm zu schaffen. Einige Räume für den Kaiser verlangte man buchstäblich über Nacht bezugsfertig. Dabei liegt die ganze Atmosphäre lähmend auf den Menschen, die da schaffen sollen. Dazu nun aufs neue Sorgen mit Alexander ...

«Ihr werdet schweigen, Priester?»

Plinnius nickt.

Sidonius drückt ihm einige große Münzen in die Hand. Es ist, wie Plinnius später feststellt, pures Gold.

Müde schlendert Markus am übernächsten Tag zu *seinen* Zypressen. In Hirtenkleidung mußte er sich wieder fortstehlen. Er rechnet jetzt immer damit, beschattet zu werden. Seit den schwerwiegenden Ereignissen hat er kaum eine Stunde geschlafen. Zuerst die Anspannung: Werden sie fort sein, unauffindbar, wenn er mit den anderen hinkommt? Dann die Zerreißprobe, völlig unbeteiligt zu erscheinen – sowohl in Claudias Zimmer, wo er ihre Kleider hängen, ihre Haarspange liegen sah, als auch bei Domnius. Markus weiß, daß der ihn sehr wohl erkannt hat. Wenn er ihm doch sagen könnte, weshalb die Mädchen fort sind. Wohin? Das weiß er bis zur Stunde auch nicht. Wären sie nur wirklich in Sicherheit!

Mit diesen Gedanken läuft ständig ein anderer parallel: Lucia. Er hat angegeben, ihr zur Flucht verhelfen zu wollen, und wußte doch, daß er es nie tun würde. Sein Gewissen hat er beruhigt mit einem «vielleicht später». Jetzt ist auch dies unmöglich geworden. Vorgestern, ehe er auf den Weg geschickt wurde, ist sie aus der Krypta fortgebracht worden. Niemand weiß, wohin.

Hätte er die Mädchen nicht damals schon zur Flucht bewegen können, anstatt Lucia hierherzuschleppen? Was vorgestern ging, wäre damals sicherlich nicht problematischer gewesen. Das Haus war leer – nichts zu machen ... Wer hätte ihm das widerlegen wollen? Gestern nun sagten seine Kameraden voraus: Wenn man die anderen sechs nicht findet, rollt wenigstens eins der Jungfrauenhäupter. –

Ehe Markus in die Baumhöhle greift, schaut er sich erst noch einmal prüfend um. Nein, es scheint ihm niemand gefolgt zu sein. Hastig hebt er die Hand, denn diese Sekunde bringt ihm Gewißheit: Hat Claudia in der Hast Gelegenheit gefunden, eine Nachricht über ihr Ziel zu hinterlassen, oder nicht? Wie sollte er sie ohne Hinweis jemals finden?

Ja, er hält einen Brief, einen schweren Brief in einem grauen Säckchen in Händen. Bei aller Erleichterung empfindet er Scham: Hätte *er* im Rennen um das Leben noch den Weg hierher gemacht? Erst an sicherer Stelle öffnet er diese Post. Er findet nicht nur aufgeschrieben, wohin er sich wenden kann, er findet in Silberlingen auch Reisegeld – für ihn und – – für Lucia.

Da duckt er sich in den Graben hinter der Stadtmauer unter sehr dichtes Gebüsch, wo ihn niemand aufspüren wird, und weint bitterlich.

5

Auf dem Adriatischen Meer, 16. Juni.
Die «Orient» segelt flott vor dem Wind. Zwischen den Inseln Brač und Solta hindurch geht es hinaus aufs offene Meer. Die Küste mit ihren hohen Felsbergen bleibt trotzdem als Silberstreifen sichtbar. Von fern ist schließlich auch Ragusa zu erkennen, die zauberhafte Stadt, in der jedes Haus ein Kleinod ist, eins am anderen, entlang der Kanalstraßen. Als schließlich auch das Seeräubernest Ulcinj glücklich passiert ist, läßt der Kapitän für die Mannschaft ein Faß Dalmatiner Roten anzapfen. Von wem es spendiert wird, verschweigt er zunächst.

Eine Stunde später tauchen an Deck – sieht man denn recht? – sechs anmutige junge Mädchen auf. Gleich sechs! Niemand hat sie an Bord kommen sehen. Wenn es nun Nixen wären mit Fischleibern – einverstanden! Das könnte auf See wohl angehen. Aber in kleidsamer Tunika?

Hörte man diese Geschichte in einer Hafenkneipe erzählen, gäbe es keinen Zweifel: Seemannsgarn! Doch hier hat man sie leibhaftig vor sich. Es kann doch nicht schon Weinseligkeit oder eine Fata Morgana sein! Nein, nein, sie sprechen und lachen. Kapitän Cornelius, ein alter Fahrensmann, schmunzelt. In den vielen Jahren seiner Seefahrt hat er noch nie so schöne Fracht gehabt wie diesmal. Der Anlaß bereitet ihm allerdings Sorgen. Noch ist die Gefahr für seine Schützlinge, als die er sie betrachtet, nicht vorüber. Schließlich bewegt man sich noch lange in dem riesigen Römischen Reich, ehe man eine Grenze erreicht. In Nikomedien vor allem ist noch Vorsicht geboten. Am liebsten hätte der Kapitän die Fahrgäste ständig in seiner Kajüte behalten und die Mannschaft gar nicht eingeweiht. Aber auf die Dauer durfte er ihnen Luft und Sonne nicht vorenthalten. So kann er nur hoffen, daß keiner seiner Leute im nächsten Hafen plaudert. Er wird den Aufenthalt so kurz wie möglich einrichten.

Um Spekulationen von vornherein auszuschalten, hat er Hripsime als die Tochter seines ehemaligen Reeders vorgestellt, für den er jahrelang fuhr, ehe er die «Orient» selbst erwarb. Das entspricht genau den Tatsachen. Es ist auch die Wahrheit, daß Hripsime mit ein paar Freundinnen zu Verwandten reist. Nur der Anlaß wird nicht erwähnt. Manch einer mag Zusammenhänge ahnen, zumal man in Aspalathos sah und hörte, was vor sich ging. Einem fällt ein, daß noch kurz vor dem Auslaufen ein Schiffsjunge angeheuert wurde, den man bisher niemals sah. Wo aber die fünf anderen hergekommen sein mögen?

«Vom Himmel gefallen!» lacht Paulus und zwinkert Asatur zu. Die beiden sind unterrichtet, seit sie die Fässer an Bord genommen hatten.

Diese zwei, der Kapitän und sechs andere Matrosen gehören zu denen, die vor Diokletians Bild auch nicht niedergefallen wären, hätte man es von ihnen verlangt. Sie vermieden es deshalb in Aspalathos, vom Hafen in die Stadt zu gehen. Aber die Fragen der übrigen häufen sich seitdem, und dann erzählen ihnen die Christen von ihrem Glauben.

In dieser Nacht liegt Claudia wach. Das sanfte Auf und Ab des Schiffskörpers hat sie sonst stets sehr schnell eingewiegt. Heute erlebt sie während des Wachseins im Dunkeln die Geschehnisse jener letzten Stunden in Salona noch einmal.

Da steht also Markus am Fenster und flüstert: «Ihr müßt fliehen, alle, heute nacht. Hripsime wird verdächtigt, als erste ein solches Edikt abgerissen und verspottet zu haben.»

«Das ist bestimmt nicht wahr. Sie blieb den ganzen Tag zu Hause, Markus.»

«Wahr oder nicht, es wird ihr zur Last gelegt. Ihr alle sollt dafür umkommen. – Ich reite jetzt langsam zurück und sage, daß ich das Haus bereits leer fand. Ihr dürft keine Minute zögern, es geht um euer Leben.»

«Aber Lucia? Wenn sie nun kommt?»

«Wartet nicht auf sie, sie ist – ja, für sie ist gesorgt.»

«Wohin sollen wir gehen?»

«Hripsime wird es wissen.»

«Und du?»

«Ich werde hier noch gebraucht. Hinterlaß, wo ihr zu finden seid. Ich komme nach. Verliert keine Sekunde, hörst du?»

«Markus, ich komme hinaus. Für einen Kuß noch, für einen nur.»

«Der könnte dich schon das Leben kosten. Später tausend dafür. Noch einmal: geh sofort zu Hripsime, zögere nicht!» –

Als sie Hripsime diese Botschaft überbringt, muß sie sie bewundern. Wie beherrscht sie ist! Wie klug sie alles in dieser Schnelligkeit überdenkt! Für sich holt sie Männerkleidung von ihrem Vater herbei. Claudia und Julia als die Nächstältesten haben zu sorgen, daß alles reibungslos geht, wie sie es anweist. Jeder darf eine Tasche mitnehmen. Dort hinein kommt eine Tunika, keine andere Kleidung sonst, sondern jeder nimmt an Goldschalen, -vasen, -bechern und anderen Gefäßen und Gegenständen, was immer er unterbringt und tragen kann.

«Wohin gehen wir?» fragt Claudia.

«Nach Armenien. Zu Gajaneh nach Wagharschapat.»

Dann tut Hripsime als nächstes den Bittgang zu Debrius, dem Nachbarn, der sie in letzter Zeit seinen Ärger oft spüren ließ. Betend geht sie. Und er ist ohne Zögern bereit zu helfen, ist sogar voller Ideen: Auf seinem Wagen dürfen nur Fässer sein, er will Wein verschiffen – das tut er nicht das erstemal. Zwei der Fässer wird er halb entleeren, und Hripsime kann sie durch das Spundloch mit Münzen, Schmuck und Edelsteinen füllen, mit allem, was da hindurchgeht. Zwei Fässer voll Wein, Dalmatiner Roten, wird er vorsorglich auch aufladen. Man weiß nie, ob man nicht kontrolliert wird. Und fünf Fässer mit nur einem Boden, in denen er Nahrungs- und Futtermittel aufbewahrt, wird er freimachen ...

Blitzartig kommt Hripsime der Gedanke, Debrius möge vielleicht froh sein, diese Nachbarschaft loszuwerden. Gleich aber schämt sie sich dessen. Ihr ist bewußt, was der Mann wagt. Kommt sein Tun ans Licht, wird er mit den Mädchen oder an ihrer Statt – je nachdem, ob sie entkommen – als ‹Verbrecher› bestraft.

Hripsime eilt dann zum Hafen. Sie kennt durch den Verkauf der Schiffe mehrere Kapitäne, von denen sie mit Sicherheit Hilfe erwarten kann. Für diese bedeutet es letzten Endes ebensolche Gefahr wie für Debrius. Nun ist durchaus nicht selbstverständlich, daß gerade einer von ihnen im Hafen ist. Doch es ist dann die «Orient», die sie antrifft.

Ehe der Wagen des Nachbarn fertig beladen ist, muß Claudia noch den Weg zu den Zypressen zurücklegen und wieder herkommen. Sie fliegt mehr, als sie rennt, stolpert in der Dunkelheit über Wurzeln und Steine. Aber sie kann den Zettel mit dem Namen und Ort Gajanehs und das Geldsäckchen hinterlegen. Reisegeld für zwei. Denn daß Markus Lucia mitbringt, steht für sie außer Zweifel. Er wird noch gebraucht, hat er doch gesagt ...

Ja, und dann die Fahrt auf dem holpernden Wagen unter den großen Fässern. Sie mußten sie anheben, um genug Luft zu bekommen. Wie nötig Vorsicht war, erwies sich am Stadttor. So wurden sie dann auch in den Fässern auf die Ruderboote gebracht und in den Laderaum der Bark gespillt. –

Sich in ihrem Faß geborgen wähnend, schläft sie ein. Im Traum ist Markus bei ihr, und sie ist glücklich. –

Für Phöbe, die Jüngste, die die Bedrohung nicht wirklich ernst genommen hat, ist diese Reise ein herrliches Erlebnis. Sie verläßt sich ganz auf Hripsime, die seit dem Todestag der Mutter Phöbes Mutterstelle an ihr vertritt, obwohl sie nur elf Jahre älter ist als sie. Phöbes Vater war ein gebildeter Mann, ein Lehrer. Er starb vor zwei Jahren an einem heimtückischen Fieber, das ihn innerhalb weniger Tage hinwegraffte. Die Mutter konnte seinen Tod nicht verwinden. Sie spürte mehr und mehr ihr Herz, und eines Nachts blieb es stehen. Ohne Abschied, ganz still ging sie davon. So jedenfalls sah es das Kind. In der Gemeinde gab es keine Frage, daß Phöbe in eine Familie aufgenommen würde. Da Hripsime ihr Haus ohnehin für Waisenmädchen eingerichtet hatte, war alles rasch geklärt.

Phöbe nimmt sich die Ältere ganz zum Vorbild. Als sie Hripsime in jener Nacht handeln sah ohne jemandes Rat, stieg ihre Bewunderung. Zugleich war es Ansporn für sie, ihr weiter nachzueifern. Daß sie in Todesgefahr gestanden hatten, wollte ihr nicht ganz einleuchten. Markus hatte es sicherlich nur angenommen. Doch auch Kerkerhaft war nach ihrer Meinung die Flucht wert, obwohl sie davon keine Vorstellung hatte. Sie ist froh und dankbar. Wer weiß, was unterwegs und dann dort in dem fremden Land an Erleben auf sie wartet! –

Im Unterschied zu Phöbe hat die drei Jahre ältere Pia die Androhung, umgebracht zu werden, sehr ernst genommen. Sie war diejenige, die in Salona meist die Einkäufe erledigte. Dadurch kam sie auf die Märkte, beobachtete, fragte. Sie hat am meisten zur Eile angetrieben. Wenn es wirklich auf Sekunden ankam, wie Markus gesagt hatte, wollte sie nicht eine einzige, vielleicht die entscheidende, verlieren. Pia, aus armem Hause, hat erst bei Hripsime kennengelernt, was Leben ist. Sie will es behalten. –

Während Julia zwischen den Vorbereitungen fragte: «Werden wir denn ein Schiff finden, das uns aufnimmt? Und wenn nicht, was dann?», bewies Damaris wieder einmal ihren Optimismus, der alle ansteckte: «Sollst sehen, es steht zum Auslaufen bereit, es wartet nur noch auf uns!»

Julia mochte das sonst nicht, sie nannte die andere manchmal «leichtfertig». In dieser Lage aber war sie doch froh, daß Damaris' Zuversicht alle mitriß.

Damaris ist die geborene Frohnatur. Doch ihre stete Zuversicht kommt nicht von ungefähr. Sie hat festes Gottvertrauen. Hripsime ist bestrebt, es sie alle zu lehren. Julia fällt es schwer, weil sie als Kind viele trübe Erfahrungen gemacht hat. Ihre Eltern haben sich nicht um sie gekümmert, sicherlich war sie unerwünscht geboren. Der Vater mochte sogar noch irgendwo leben. – Julia wurde von Nachbarn in die Gemeinde mitgebracht. Sie war die erste, die Hripsime in ihr Haus nahm. –

Damaris strahlt auch auf dem Schiff Frohsinn aus. Haben sie nicht Grund zur Freude? Der Gefahr entronnen – auf eine Weise, die fast märchenhaft scheinen mag.

Ihre Eltern, kleine Bauern, sind beide tödlich verunglückt, das Pferd ging ihnen durch, und der Wagen überschlug sich. Die Mutter lebte danach noch ein paar Stunden. Ihre letzten Worte sollen gewesen sein: «Ich bin gewiß, Gott sorgt für mein Kind.» – Unbeschwert schläft die Achtzehnjährige, tief und traumlos. Sie ist auch die erste, die morgens erwacht. Als sie heute Claudia mit offenen Augen neben sich sieht, sagt sie: «Jetzt, wo wir an Deck dürfen, kann man sich noch mehr auf den Tag freuen.»

«Ich denke zuerst daran, daß jeder Tag mich weiter fortträgt von Markus. Die ganze Nacht habe ich von Salona geträumt.»

«Je ferner von dort, desto besser, Claudia. Und Markus kommt doch bald nach, er hat es versprochen.»

«Wenn du einmal liebst, wirst du erfahren, wie hart Trennung ist.»

«Ich will mich einmal nicht an einen Mann binden, sondern es wie Hripsime halten und Ehelosigkeit geloben.»

«Tu's nicht. Du weißt nicht, was du damit aufgibst. Kann man denn an der Seite eines Mannes und mit ihm gemeinsam Gott nicht ebenso dienen?» –

Es ergibt sich jetzt von selbst, daß die Seeleute sich in ihrer Freizeit manchmal zu den Mädchen gesellen. Heute kommt Asatur dazu, als Hripsime sie aus den Heiligen Schriften lehrt, von denen sie ein paar Teile mit auf das Schiff rettete. Zuerst hört er nur zu, dann beteiligt er sich am Gespräch. Er ist Armenier, stammt aus altem Bauerngeschlecht. Sie waren daheim aber so viele Kinder, daß einige sich einen anderen Beruf suchen mußten. Er hatte schon immer vom Meer geträumt, obwohl er es nur vom Erzählen her kannte. Zuerst jedoch lernte er Zimmermann, dann noch Seiler. Das kommt ihm hier zugute. Er nahm zu Hause schon in jungen Jahren den christlichen Glauben an, im Dorf bestand eine lebendige Kirche. Als er in die Welt hinausging, war gerade der letzte Einwohner getauft worden – wohl selten in diesem Land! Hier unterwegs fehlt ihm der Gottesdienst, er hat nur das Gespräch mit Cornelius und den anderen Gleichgesinnten. Höchstens in den Hafenstädten kann man sich nach einer Christengemeinde umsehen, doch nach dem ersten Kontakt muß man auch schon wieder weiter. Vor ein paar Jahren ist Asatur auch einmal in der Gemeinde von Salona gewesen. Ob nun gerade in Domnius' Kirche, kann er sich nicht erinnern. In der Unterstadt besteht ja auch noch eine.

Asatur ist begierig hinzuzulernen, und wenn Paulus frei hat, bringt er ihn mit. Nach einer Woche sind sie schon elf, die sich miteinander in Gottes Wort vertiefen.

Einmal beginnt Damaris das Lied zu singen, das Lied der Gajaneh. Seitdem wollen es die Seeleute immer wieder hören. Seine Melodie geht ins Ohr. Asatur berührt stets besonders Damaris' helle, frohe Stimme. An ihrer Seite erscheint das Leben viel leichter, der Himmel blauer. Und während des Singens spürt Damaris zum erstenmal seinen Blick auf ihr ruhen. Als sie aufsieht, weiß sie ohne Worte, er empfindet wie sie. Was hat sie noch vor kurzem gesagt? Ich will mich einmal nicht an einen Mann binden. Und jetzt? Sie wünscht sich immer in seine Nähe. Aber sie ist unsicher: Wird Hripsime diese

Zuneigung gern sehen? So weicht sie Asatur trotz ihres Verlangens doch aus. Aber nun träumt auch sie: der kraftvolle, dunkle junge Mann mit den tiefbraunen Augen folgt ihr in den Schlaf. Im Traum darf sie ihm zeigen, was sie bei Tage vor ihm noch verbirgt.

Hripsime beschäftigt indessen, wie sie alle am besten nach Armenien gelangen werden. Cornelius besitzt gute Landkarten, mit ihm bespricht sie sich. Sie hatte gedacht, von Nikomedien aus über Land weiterzukommen.

«Das ist unmöglich, Hripsime, undenkbar. Ihr könnt nicht bergauf, bergab durch die Gebirge steigen; und die Straße führt hier weit südlich entlang. Ich habe mir bereits überlegt, daß ich in Nikomedien versuchen werde, Fracht nach Kolchis zu bekommen. Wenn ihr einmal an der Ostküste des Schwarzen Meeres seid, ist der Landweg um fast drei Viertel kürzer. Und sollte ich keine Fracht kriegen, segeln wir auch ohne diese. Ladung ist jedoch ein triftiger Grund zu fahren. Ohne dagegen –. Man ahnt ja nicht, wie weit der Arm des Kaisers reicht. In Nikomedien, das wißt Ihr wohl, hat der kaiserliche Palast gebrannt, und man schreibt es den Christen zu. Der Kaiserin Priska ganze große Dienerschaft besteht aus Christen. Diokletian hat es geduldet oder gar gutgeheißen. Ob er nun Beweise für die Brandstiftung hat oder eine Verleumdung vorliegt, weiß man nicht. Es scheint aber mit ein Grund gewesen zu sein dafür, daß er in Illyrien jetzt so hart gegen die Christen vorgeht. In Nikomedien darf keine von euch vom Schiff, sosehr ich euch gönnen würde, die Stadt zu besehen. Ich habe mit Asatur auch schon den Landweg für euch besprochen. Die zweite Hälfte eurer Reise werdet ihr am besten anfangs im Tal des Achurjan, später des Araxes zurücklegen. Bis dahin aber müssen eure Wege sehr sorgfältig ausgewählt werden, damit ihr die Berge möglichst umgeht. Wißt Ihr, was ich vorhabe? Ich möchte Asatur fragen, ob er euch begleitet. Er wäre beides – Beschützer und ortskundiger Führer. Euch ohne solchen unterwegs zu wissen würde mir keine ruhige Minute lassen. Nun hat sich allerdings Paulus schon dazu erboten. Wenn ich ihn nicht mit einer Absage beleidigen will, müßte ich sie beide eine Zeitlang freigeben. Die ‹Orient› würde in weniger als einem halben Jahr wieder in Kolchis sein können. Asatur beherrscht vor allem die gebräuchliche Sprache – im Süden ist es ein syrisch gefärbtes Griechisch. Er kennt auch die Sitten. Und wenn ich an den Inhalt der Fässer denke: schwer zu tragen habt ihr auch. Wäret Ihr also einverstanden?»

«Ich weiß nicht, wie ich Euch danken soll. Daß Ihr keine Einbuße für all Eure Fürsorge haben werdet, wißt Ihr.»

«Kein Wort von Bezahlung. Es ist ein Freundesdienst, oder wenn Ihr wollt: ein Bruderdienst. Ihr werdet Euer Vermögen noch brauchen, um im zunächst fremden Land ein neues Leben aufzubauen.»

«Ich komme nicht zu ganz Fremden. Ihr wißt es vielleicht nicht, daß meine Großmutter Armenierin war. Ich besitze ein Medaillon mit dem Familienzeichen – einem Lamm mit einer Krone. Wenn ich das den Akopjans zeige, wissen sie ohne Worte Bescheid.»

«Den Akopjans? Sie sind erbliche Fürsten ...»

«Ja. Meine Base ist aber vor allem eine Frau, die Gott dient. So werden wir zuerst bei ihr Aufnahme finden. Sorgt Euch also nicht. Nochmals tausend Dank, daß Ihr so für uns denkt und handelt. Seid gesegnet dafür.»

Asatur ist zuerst ratlos, als er Damaris' Zurückhaltung wahrnimmt. Hat er sich getäuscht, ist er ihr doch gleichgültig? Doch bald erkennt er, es ist Befangenheit, daß sie ihm ausweicht. Sie ist noch so jung. Ihre Unberührtheit macht sie ihm nur noch anziehender. Er wird sie nicht drängen, nein. Seine Liebe ist stark genug, sie Damaris auch ohne Worte und Gesten spüren zu lassen, bis die Zeit reif ist.

Er setzt sich wieder zu den Lernenden. Bisher war er stets nur Nehmender, weil selbst die jüngsten Mädchen mehr wußten als er. Jetzt haben sie ihn aber gebeten, sie die Sprache zu lehren, die sie bald brauchen werden. Da ihnen Latein und das Griechische geläufig sind, machen sie rasch Fortschritte. Es gibt keine eigene armenische Sprache, sie müßte sich erst entwickeln. Die syrischen Elemente, dem Griechischen beigemischt, sind für die Mädchen nicht schwer zu erlernen. Daneben gibt es Wendungen, die sich als Sprachgebrauch nur bei den Armeniern herausgebildet haben. Während einer Übungsstunde ist das erste, was Damaris anwendet: Jes sirum em Haiastan – ich liebe Armenien. Hripsime aber meint, sie dürfe für alle sprechen: Menck sirum enck ... – *wir* lieben es. – Asatur nimmt aber ebenso gern die Gelegenheit wahr, von der Geschichte seiner Heimat zu erzählen, als sie ihn darum bitten. Da ist er in seinem Element! Sein Großvater war ein Aschuch, ein Volkssänger, wie es sie seit Jahrhunderten gibt, und die Kinder und Enkel lauschten ihm hingegeben. Schwermütig klang sein Lied, denn die tapferen Armenier in der Bergfestung zwischen den drei Meeren – dem Mittelmeer, dem Kaspischen und dem Schwarzen Meer – sind geprägt von Leid, Not und Gefahren, die sie seit Jahrhunderten zwischen den Weltmächten durchlitten.

Asatur nimmt beim Erzählen unwillkürlich den singenden Tonfall der Aschuchs an. Sein Auge ist in die Weite gerichtet. Man spürt, er lebt in dem, was sich ihm in der Kindheit einprägte.

«... Die Perser und Römer, die Griechen und kaukasischen Iberer, die Araber und Mongolen – alle zogen sie mordend und plündernd durch Armenien, von Ost nach West, von West nach Ost. Selten einmal gab es auch ruhige Zeiten, wo die Schrecken zu enden schienen. Aber das erwies sich immer wieder als Trug ...»

Da ist es Hripsime, die ihn behutsam mit einer Geste unterbricht. «Verzeih, Asatur. Du setzt bei mir mit Recht voraus, daß ich die Geschichte des Landes meiner Vorfahren ein wenig kenne. Ich habe den Mädchen zwar manchmal etwas von dem erzählt, was ich durch meine Großmutter wußte. Aber bedenke, sie war zwölf Jahre alt, als sie die Heimat verließ. So wissen wir alle nicht genug, um einem Gesang wie dem der Aschuchs folgen zu können. Es wäre Gewinn für uns, die Geschichte von den Anfängen an, wenigstens in großen Zügen zu hören. Wärest du bereit?»

«Ich bin glücklich, daß ihr auch danach fragt. Was mein Großvater als Volkssänger mich lehrte, gebe ich mit Freuden weiter. So will ich weit zurückgreifen.

Wo die *Hai* herkamen, die vor neunhundert Jahren
im Kampf gegen die *Urartäer* das heutige Armenien
besetzten, weiß man nicht.
Erst griffen die Meder in diesen Kampf ein,
und schließlich die Perser.
Sie unterwarfen beide, Hai und Urartäer,
der iranischen Oberherrschaft.
Die Perser nannten das Land *Armina*,
die Griechen sprachen von den Bewohnern des
Berglandes als von den *Armenioi*,
die Residenz persischer Satrapen hieß *Armawir*.
Wir nennen unser Land *Haiastan*. –

Vor fünfhundert Jahren unterstand es den Seleukiden.
Als ihr Herrscher den Römern unterlag,
fielen die Armenier von ihm ab und gründeten
mit römischer Zustimmung ein Königreich –
den ersten armenischen Staat der Geschichte.
König *Artasches I.* ließ am Fluß Araxes
die neue Hauptstadt *Artaschat* errichten.
Hundert Jahre später mußte sich das Königreich
unter *Aravazdes II.* den von Osten vordringenden
Parthern beugen; sie entführten als Geisel
den Kronprinzen *Tigranes*.
Nach seines Vaters Tod entließen sie ihn
gegen Abtretung von siebzig Tälern im Osten.
Tigranes führte sein Land zu höchster Machtfülle,
dann aber in die bitterste Niederlage.
Er wollte zwischen der Großmacht des Ostens und Rom
ein drittes Imperium gründen.
Er verbündete sich mit *Mithradates VI.*,
dem Herrn des Reiches Pontus.
Der zog ihn in glücklose Kriege mit Rom hinein.
Da einigte er sich mit den Römern
über eine Grenzziehung am Euphrat
und wandte sich danach gegen Parthien.
Er besetzte Ninive und verbrannte Ekbatana,
die glänzende alte Palaststadt.
Und er unterwarf Syrien.
Seine neue Hauptstadt nannte er *Tigranokerta*.
Er besiedelte sie mit dreihunderttausend Menschen,
die er aus zwölf Städten deportierte.
Ein Völkergemisch umgab ihn, den *König aller Könige*.
Bis tief hinein in den Kaukasus herrschte er.
Seine Gemahlin, die pontische Prinzessin *Kleopatra*,
Tochter des *Mithradates*,
brachte hellenistische Kultur in das junge Reich:
Griechen führten Dramen und Komödien von Hellas
am Theater von Tigranokerta auf.
Tigranes' Heer war eine halbe Million stark.
Rom jedoch wollte die neue Macht im Osten nicht dulden.

Seine Legionen zerschlugen erst Pontus, dann Armeniens Armee,
und Tigranokerta sank in Schutt und Asche.
Tigranes ging nach Artaschat und kämpfte weiter.
Sein Sohn wurde zum Verräter:
er führte die Parther ins Land, die Römer nach Artaschat.
Da kapitulierte der alte Kämpe,
wurde «Freund und Verbündeter Roms»
und gab dafür den Süden seines Landes auf.
Seitdem braucht jeder König Armeniens den Segen Roms.
Nun stand das Land zwischen Rom und Parthien,
und schon der nach Tigranes kam, *Artavazdes III.*,
ging daran zugrunde. In goldenen Ketten wurde er
nach Alexandria geschleppt aufs Schafott.
Da kämpften Iberer, Parther und Römer um Armenien.
Das Volk erhob sich gegen die Fremdherrschaft.
Der Tod raste durchs Land.
Thronbewerber aller Seiten fochten um die Macht.
Jetzt herrscht die parthische Dynastie der *Arsakiden:*
Tiridates I. zog mit dreitausend Reitern
zur Krönung nach Rom, im Jahr sechsundsechzig,
und das verwüstete Artaschat entstand neu aus dem Staube ...

Das ist ein Stück Geschichte meines Armenien. Ein andermal sollt ihr mehr erfahren. Der Käpt'n hat gewinkt, das Essen ist fertig.»

Asatur hat trotz seines Engagements beim Erzählen Damaris' Züge beobachtet. Sie hat miterlebt, was er berichtete, und seine Hoffnung trügt gewiß nicht: eines Tages ist sein Land auch das ihre. Er wird Geduld haben. Wie man eine zarte Knospe nicht aufbrechen darf, wenn die Blüte sich zu wunderbarer Schönheit entfalten soll, so muß er warten können. Ganz vorsichtig nur sucht er ihren Blick. Sie weicht abermals aus, aber das leise Lächeln auf ihren Lippen kann sie doch nicht verbergen. –

Der Kapitän hat bemerkt, daß Asatur den Mädchen von Armenien erzählt hat. Als dessen Freiwache vorüber ist, nimmt Cornelius Hripsime einmal beiseite: «Ich will, daß die Heldenlieder nicht Illusionen bei Euch auslösen. Asatur wird Euch die *Historie* wahrheitsgetreu erzählen. Die Vergangenheit ist ja vorüber, mit Gutem und Bösem. Aber die *Gegenwart* mag Asatur verklärt sehen, sie ist Teil seines Selbst und nun noch mit Sehnsucht gepaart. Deshalb werde ich Euch ein paar Sätze zur wirklichen Lage des Volkes sagen, damit Ihr zwei Stimmen hört und vergleichen könnt. Die Armenier von heute leben in großer Armut – Christen und Heiden ohne Unterschied. Die Reichen schlagen die Armen mit hohen Zinsforderungen in Fesseln. Es sind nicht nur die Leiden der Kriege, die das Volk bedrängen, sondern das Elend hilfloser Untergebener. Neben den drei Hochadelsgeschlechtern herrschen die Nacharare, erbliche Fürsten autonomer Besitzungen. Ich sage Euch das, obwohl ich weiß, daß Eure Verwandten dazu gehören. Möglich, daß sie eine Ausnahme bilden.

Die Azats – die Freien, der niedere Adel – sind Vasallen des Königs oder der Nacharare und werden mit hohen Steuern belastet. Die Masse bilden die Ramiks – die armen Städter, die Bauern, die Handwerker. Sie sind zwar persönlich frei, aber die staatlichen Arbeitsverpflichtungen lasten schwer auf ihnen. Straßen, Festungen – alles bauen sie, ohne Entgelt. Sie stellen im Heer das Fußvolk, das weder Sold noch Beuteanteile erhält.

Sklaven gibt es kaum, höchstens Kriegsgefangene, die sich nicht auslösen können. – Hripsime, Ihr braucht mir das nicht blindlings abzunehmen, obwohl es Euch ein Mann erzählt, der weit in der Welt herumkommt und Augen und Ohren offenhält. Ihr sollt, sobald Ihr in dem Lande seid, selbst schauen und urteilen, ob der Wahrheit entspricht, was ich sagte. Was Ihr den Mädchen davon weitergebt oder nicht, liegt in Eurem Ermessen. Deshalb nahm ich Euch beiseite ...» –

Die «Orient» segelt noch immer mit günstigem Wind. In den letzten Jahren gab es kaum eine so ausnehmend gute Fahrt wie diese. Die liebliche «Fracht» hat Glück gebracht.

Mag es beiden gewogen bleiben – den sechs Schönen und der Bark.

II. Kapitel

ARMENISCHE RHAPSODIE

1

In der Hauptstadt Artaschat, Sommer im Jahre 298.

Der königliche Palast in Artaschat wimmelt von Reitersoldaten, Wachen, Dienern. Alles ist auf den Beinen um der Edlen willen, die heute gekommen sind, der Investitur des jungen Nacharars Nerses Nersesjan beizuwohnen.

Eigentlich jedoch ist es die Gelegenheit für den König, sich von seinen Adligen feiern zu lassen für seine jüngsten Erfolge. Er war natürlich geschickt genug, das andere in den Vordergrund zu stellen. Nerses tritt das Erbe seines kürzlich verstorbenen Vaters an, übernimmt dessen autonome Besitzungen. Sie sind zwar erbliches, aber doch vom König einziehbares Lehen.

Nerses ist ein vitaler, bei den meisten seines Standes beliebter junger Mann. Aber er hat auch Neider. Mit seinen Umgangsformen weiß er zu beeindrucken und hat dadurch viel mehr Einfluß auf den ihm unterstehenden niederen Adel und sogar auch auf den König, als ihm seinem Vermögen entsprechend zukommt. Vor allem Stepan Akopjan aus Erebuni, sein westlicher Nachbar, sieht scheel auf ihn, obwohl er sich freundlich gibt. Was stellt denn Nerses dar, daß man ihn so hätschelt? Ein Nichts ist er gegen ihn! Er, Stepan Akopjan, hat aus seinen Hintersassen viertausend Reiter und Burgbesatzungen zu stellen. Nerses dagegen, weil das Vermögen der Maßstab ist, nur achthundert. Man bedenke!

Trotzdem setzt Stepan während des Treueids ein Lächeln freundschaftlichster Anteilnahme auf. Der junge Nacharar spricht mit lauter, fester Stimme: «... und verpflichte mich zum Stellen von achthundert Mann Reitertruppen, zum Unterhalt der Wachsoldaten auf den Burgen Dwin, Wedi und Tshimankend, zur Aufnahme und Versorgung von Kriegstruppen ... Die Treue zu meinem König und Land sei mir oberstes Gebot.»

Tiridates selbst setzt Nerses das prachtvolle Diadem auf, steckt ihm den goldenen Siegelring an den Finger und überreicht ihm das Banner: «Treue gegen Treue. Du gehörst in den Kreis der Fürsten.»

Nach der offiziellen Zeremonie Hochrufe für den Aufgenommenen, Händedruck, und von den engeren Freunden Schulterklopfen.

«Wir werden gute Nachbarn sein, Nerses, wie es unsere Väter schon waren. Glück und Wohlstand allezeit!»

«Danke, Stepan! Möchten auch dir die Götter weiterhin hold sein.»

Stepans Lächeln verlischt auf diesen Satz hin. Muß ihn der andere hier vor allen Noblen daran erinnern, daß das Geschlecht der Akopjan schon seit über zweihundert Jahren anstatt der alten Götter den Christengott erkoren hat? Seine Vorfahren waren bei den ersten im Lande, die der Lehre der Apostel folgten. Ihr Beispiel zog viele andere nach sich. Im Jahre 230 ging es ihnen deshalb schon einmal an die Existenz, als Tiridates II., der Vater des jetzigen Königs, die Christen blutig verfolgte. Stepans Großeltern mit zweien ihrer Kinder, darunter seinem Vater, konnten fliehen. Sechs Jahre später, als der Sturm sich gelegt hatte, kamen sie wieder. Die Tochter heiratete in Dalmatien. Hier in Armenien war inzwischen bekannt geworden, daß Vater Akopjan noch auf der Flucht der Schwester des Königs – desselben Königs, der ihm nach dem Leben trachtete – das Leben rettete: er fiel ihrem durchgehenden Pferd in die Zügel. Zum Dank bekam er schließlich sein Besitztum zurück, und er durfte ungeschoren als Christ leben. Stepan jedoch ist es oftmals eine Last, daß er durch die Tradition an diese Anschauung gebunden ist. Viel lieber wäre ihm, auch in religiöser Hinsicht des Königs Wohlgefallen zu genießen. Doch ein Ausbrechen ist für ihn unmöglich, es würde ihm nur Verachtung einbringen. Seine Schwester Gajaneh lebt auf einem der Akopjanschen Güter in Wagharschapat. Das hat der Vater so verfügt, obwohl er, der Sohn, nach dem Erbfolgerecht Alleinerbe ist. Sie hat ein Kloster eingerichtet, dem sie als Äbtissin vorsteht. Das drückt der Familie noch fester den Stempel der Zugehörigkeit zum Christentum auf. Ihm, Stepan, bedeutet die Kirche nichts, im Gegenteil. Doch er muß die Gegebenheiten ertragen. –

Unter den regierenden Beamten herrscht derzeit nicht die beste Stimmung, obwohl sie Freude heucheln. Sie stammen alle aus den drei Hochadelsgeschlechtern der Bagratuni, Mamikoni und Gruni und haben die erblichen Ämter der Vizekönige inne. Den Bagratuni steht zu, den König zu krönen. Dem Haus der Mamikonier fällt der Oberbefehl über das gesamte Heer von hundertzwanzigtausend Reitern zu, während die Gruni die Grenzkommandeure für alle vier Himmelsrichtungen stellen. Der *Harazapet* – der Minister für Ackerbau und Steuerwesen – ist auch ein Gruni. Der eigentlichen Regierung steht der *Mardpet* vor. Er leitet die Staatsverwaltung und ist zugleich Schatzmeister. Das alles legt die Thronliste genau fest.

Die Beamten, auch die kleineren aus den Reihen der Azats, haben während der Abwesenheit des Königs nach Gutdünken zu ihrem persönlichen Vorteil schalten und walten können. Keiner hinderte den anderen daran, weil er auch nicht gehindert sein wollte. Und die Zeit ohne König im Lande währte lange. Im Krieg, den der gewaltige Perser Schapur I. heraufbeschwor, wurde des jetzigen Königs Vater getötet – Tiridates II., auch Chosrau der Große genannt. Der Partherprinz Anak soll es gewesen sein, der ihn erschlug. Das war im Jahre 260. Daraufhin wurde Anaks ganzes Geschlecht ausgerottet. Ein kleiner Knabe jedoch soll entkommen und von einem christlichen Ehepaar auferzogen worden sein.

Obwohl Tiridates noch sehr jung war, versuchten einzelne treue Statthalter ihn sogleich auf den Thron zu bringen. Er fand Widerstand durch seine eigenen Onkel, die ihm sogar nach dem Leben trachteten. Einer, Artavazdes, wurde Schapurs Vasall und verwaltete Armenien. Im letzten Krieg kämpfte er auf persischer Seite gegen die Römer.

Tiridates, der Sohn des toten Königs, mußte damals fliehen. Er kam an den römischen Hof und blieb dort siebenundzwanzig Jahre, lehrreiche Jahre! 287 schickte Diokletian ihn in seine Heimat zurück und überließ es ihm, sich den Thron wieder zu erwerben. Der Kaiser wußte: gelang ihm dies, so mußte er von selbst die römische Unterstützung suchen.

Während dieser siebenundzwanzig Jahre fühlten sich die Adligen so sehr als «Könige», daß sie sich eine Rückkehr des Regenten weder wünschten noch überhaupt damit rechneten. Die Priesterschaft, der übrige Adel und das Volk empfingen Tiridates jedoch als Befreier von einer Fremdherrschaft, die die ureigensten Traditionen der Armenier angetastet hatte. Man wollte sie der Zarathustra-Religion unterwerfen, die seit Ardaschir, der bis 241 regierte, in Persien Staatsreligion war. Das rief die Empörung aller Bevölkerungsschichten gegen die Unterdrücker hervor und kam Tiridates zugute. Sogar die von den Persern in Armenien angesiedelten Tataren jubelten ihm zu. So war Tiridates ohne Schwierigkeiten die Rückkehr als König gelungen, und die Perser konnten infolge innerer Kämpfe zunächst nicht an die Rückeroberung Armeniens denken. Das galt acht Jahre lang. Dann wollte der inzwischen auf den persischen Thron gelangte Narses das Volk von dem endlich beendeten Bürgerkrieg ablenken. 295 überfiel er überraschend Armenien, und Tiridates mußte wieder auf römisches Gebiet fliehen.

Erneut kam eine Zeit, in der die Regierungsbeamten ohne König freies Spiel hatten, denn Narses hinterließ nur eine spärliche Besatzung im Land. Durch seinen Erfolg kühn gemacht, griff er gleich auch noch die Römer an. Dadurch kam es zu dem jüngst beendeten Krieg, in dem Narses erst siegte, dann aber von den Römern vernichtet wurde. Dabei erwarb Tiridates sich große Verdienste.

Im Römischen Reich sorgt zwar Galerius, der Schwiegersohn und Mitregent des Kaisers, dafür, daß er selbst als Sieger umjubelt wird. Er will und muß damit einen Schandfleck auf seiner Soldatenehre tilgen: Beim ersten Angriff durch Narses erlitt er eine verhängnisvolle, beschämende Niederlage, der fast das ganze Heer – und beinahe auch er selbst und Tiridates – zum Opfer fiel. Auch diesmal hätte er nicht gesiegt ohne den armenischen König. Der kannte die Region des Schlachtfeldes buchstäblich Meter für Meter, er war Stratege und Taktiker zugleich in diesem Krieg – er ist der Held! Seitdem trägt er sein von Lobeslorbeer umkränztes Haupt sehr stolz und ist selbstherrlich geworden. Eine bittere Zeit für die vordem eigenmächtig agierenden Beamten. Wie er im Umgang mit Rom, das ihm ja viel verdankt, nun etwas überheblich auftritt, will er auch bei ihnen seinen Willen um jeden Preis durchsetzen. Er fühlt sich erhaben über jede Art Schwäche, und man ist gespannt, ob er es gar Diokletian gleichtun und Göttlichkeit für sich in Anspruch nehmen will.

Seine Schwester Choslowanush, die während seiner letzten Abwesenheit die Rolle einer heimlichen Beobachterin spielte, ist stolz wie ein Pfau: sie traut ihrem Bruder alle Fähigkeiten zu und stachelt ihn zu festem Durchgreifen an.

Heute nun wird Tiridates in Anwesenheit des Adels endlich seinen Sieg gebührend begehen. Seit dem Frühjahr ist bereits überall bekannt: der Friede von Nisibis ist geschlossen – ein Friede, der von langer Dauer zu sein verspricht. Es ist bis in alle Einzelheiten Vorsorge getroffen, daß Persien nun in Schach gehalten wird. Für seinen Handel mit Rom ist nur eine einzige Straße offen – die über Nisibis.

Armenien hat für seine entscheidende Mithilfe Teile der persischen Provinz Atropetane, auch Aserbeidjane genannt, erhalten. Das Kastell Zintha an der medischen Grenze ist nun sein östlichstes. Und um die Pässe im Kaukasus unter Kontrolle zu haben, kam Iberien unter römische Oberaufsicht, die zum Teil durch armenische Truppen wahrgenommen wird. Das verwischt ein bißchen die Tatsache, daß Armenien trotz vieler Zugeständnisse Roms diesem auch weiterhin rechenschaftspflichtig bleibt. Auch wenn sich Tiridates im Einzelfall darüber hinwegsetzt, ist es Realität. Doch er hat immerhin das Bestmögliche für sein Land erreicht.

«Hoch! Stoßt an! Auf unseren unvergleichlichen König!»

Der Wachoffizier Isobek, ein Azat zwar, aber einer aus den ärmsten Familien dieses Standes, muß deshalb tun, was die anderen aus dem niederen Adel nicht mögen. Dabei hat man seinen Auftrag allerdings als Vertrauensbeweis hingestellt. Theater, weiter nichts! Aber nicht zu ändern.

Er steht auf Posten und gähnt. Es sieht ja niemand, er hält hier ganz allein Wache. Wie gern wäre er gerade heute auch am Hofe, um Glanz und Pracht mitzuerleben. Das Dasein ist grau, so daß man sich nach anderen Bildern sehnt. Vielleicht wäre es auch gut, den König einmal wieder als den Größten unter den Großen zu sehen und denken zu können: Diesem Herrn diene ich! Statt dessen steht man hier wie jeden zweiten Tag Stunde um Stunde neben einer Kloake, einem schmalen, tiefen Erdloch, in dem dieser Gefangene zu hüten ist. Isobek hat ihn noch nie gefragt, ob er wirklich der ist, für den man ihn hält: der Sohn jenes Partherprinzen, dessen Familie umgebracht wurde bis – angeblich – auf den Jüngsten. Dieser Gregor jedenfalls, der hier in Haft ist, wuchs eine Zeitlang bei einem älteren, kinderlosen Ehepaar, dem Zimmermann und Schnitzer Aharon und seiner Frau Jowana, auf, bis er mit seiner ehemaligen Amme nach Rom ging, um dort allseitige Bildung zu erlangen. Später studierte er in Caesarea in Kappadozien die Gottesgelehrtheit. Mit elf Jahren ging er fort, mit achtundzwanzig kam er wieder, um als Priester unter den Christen zu arbeiten. Da wollten Königstreue eine vollkommene

Ähnlichkeit mit Anak festgestellt haben, und der König ließ ihn einkerkern. Nach Tiridates' Flucht vor Narses wurde er frei, doch nur vorübergehend. Als es nämlich hieß, das Blatt habe sich gewendet, der König komme als Sieger heim, fahndeten die Vasallen plötzlich wieder nach ihm und faßten ihn erneut. Sein Argument, daß er als ein Schuldiger doch nicht hiergeblieben wäre, überhörten sie. Keiner wollte es auf sich nehmen, den Zorn des Königs seinetwegen zu erregen.

Isobek ist nicht sentimental, aber diesen Gregor hält er für einen bedauernswerten Mann, zumal keine Aussicht mehr auf Freilassung besteht. Wie will er denn beweisen, wer er wirklich ist? Merkwürdig, daß er trotzdem Mut und Hoffnung behält. Wenn Isobek das bedenkt, überkommt ihn statt des Mitleids manchmal Neid. Er als Offizier hat seine Freiheit, hat Kleidung, Essen und Trinken – dieser Gefangene besitzt außer seiner Ungebrochenheit noch etwas Kostbares: eine Frau, die zu ihm hält.

Da kommt sie wieder, wie fast jede zweite Nacht, wenn er Wache hat. Bis zur Unkenntlichkeit ist sie vermummt, wie eine alte Frau geht sie gebückt. Diese Minuten sind für den Wachhabenden stets voll prickelnder Angst wegen der Gefahr, entdeckt zu werden. Doch das Geschäft bringt für ihn genug ein, um es auf sich zu nehmen. Es ist die Tochter eines Kaufherrn, die Gregor heiraten wollte. Dazu ist es dann nicht mehr gekommen. Aber sie hat anfangs, als sie erste Kontakte mit ihm aufnahm, einmal gesagt, das Verlöbnis sei ihr heilig wie der Ehebund. Sie kommt ausschließlich zu Isobeks Wachzeiten. Ein Mitwisser ist nicht gut – für sie nicht, aber auch nicht für ihn. Wie schnell plappert einer, weinselig vielleicht, oder erpresserisch, oder er denkt, zu kurz zu kommen am Gewinn in barer Münze. Nein, Isobek wird mit niemandem diese Einnahme teilen. Im Laufe der Zeit ist es schon ein Sümmchen geworden. Nimmt er eines Tages den Abschied, kann er sich eine gute Existenz aufbauen.

Marjam heißt das Mädchen. Vor dem Liebsten da im Loch streift sie das Tuch zurück. Er sieht sie zwar ohnehin nur im Halbdunkel, aber den Umriß ihres Kopfes kann er wohl erkennen. Sie schiebt erst Essen durch das engmaschige Gitter, welches das Erdloch abdeckt und mit einem festen Schloß gesichert ist. Einmal hat er näher hingeschaut: sie muß eine spezielle Fertigkeit entwickelt haben, alles «gittergerecht» anzurichten. Heute läßt sie auch wieder sehr schmal zusammengewickelte, lange Rollen hindurch: «Weitere Kopien Heiliger Schriften», sagt sie, «einige Psalmen heute. Neues Schreibzeug auch, damit du arbeiten kannst ...»

Der Gefangene steckt anschließend eine Gerte, mit beschriebener Papyrusrolle umwickelt, von unten her hindurch: «Esra wird schon darauf warten, um es auszuwerten», sagt er. Und dann: «Ich danke dir, Marjam, Gott sei mit euch allen.»

«Er behüte auch dich, Gregor. Du bist nie allein. Der Herr ist bei dir, und auch ich weile ständig hier mit meinen Gedanken. Ich liebe dich.» Dabei läßt sie eine Strähne ihres langen, seidigen Haares durch das Gitter hinab, damit er es berühre. Es ist der einzige körperliche Kontakt, den die Tiefe der Grube zuläßt. –

Gregor ist überzeugt, daß ihm eines Tages der Sinn dieser furchtbaren Haft offenbar werden wird. Auf welche Weise das geschehen kann und welcher Sinn überhaupt, weiß er noch nicht. Es steht für ihn jedoch fest: Gott schenkt ihm Marjams unerschütterliche Liebe und Treue zum Zeichen, daß auch er ihn nicht vergessen oder gar verworfen hat. Mit der Ursache seiner Haft hat er sich lange auseinandergesetzt. Er *ist* der Sohn Anaks, als den man ihn erkannt hat. Ob sein Vater es war, durch dessen Hand der ältere Tiridates fiel, wird niemand widerlegen, aber auch niemand beweisen können. Er selbst war damals ein kleines Kind und kann das Geschehen in keiner Weise beurteilen. Aber er glaubt fest, daß sein Vater, wenn er tötete, keinen feigen Mord begangen hat. Jeder Krieg sieht Menschen sterben, Gott sei es geklagt. Kriege entspringen dem Haß, der Habgier, dem Neid, sind Saat des Bösen, das nur wieder Böses hervorbringt. Sollte aber Schuld auf ihm lasten vom Vater her, dann hat er dafür längst Vergebung erbeten und erlangt. Er wartet ohne jeden Zweifel auf Gottes Eingreifen in sein Leben.

Laut liest er einen der Psalmen, die Marjam mitgebracht hat. Er dankt Gott jeden Tag, daß er nicht stumpfsinnig vor sich hinstarren muß, sondern immer beschäftigt ist. Wenn der andere Wachposten da ist, verbirgt er die Rollen in einem Wandschlitz, den er mühevoll anlegte.

Seine Marjam! Er weiß, was sie seinetwegen auf sich nimmt! Und wie durchdacht sie in allem handelt! Die erste Denk- und Schreibarbeit brachte sie ihm, noch ehe er darum gebeten hatte. Er verbringt nun keine verlorene Zeit in der Grube, sondern eine Zeit konzentrierten Schriftstudiums und zugleich des Reifens.

Als Marjam heute wieder gegangen ist, muß er, wie so oft, an jenen Tag zurückdenken, als er sie zum erstenmal sah. Es war nach seiner Rückkehr aus Caesarea. Er legte einen Text aus Paulus' Brief an die Römer aus: Wir wissen aber, daß denen, die Gott lieben, alle Dinge zum Besten dienen, denen, die nach seinem Plan berufen sind ...

Damals ahnten sie nicht, daß ihnen gerade dieses Wort einmal über so lange Zeit eine besondere Stütze sein würde. Aber *einen* gemeinsamen Gedanken hatten sie an jenem Tage, doch das verrieten sie sich erst viel später: sie wußten, daß sie zusammengehörten. Für Gregor bestätigte sich in der darauffolgenden Zeit auf mancherlei Weise, daß Marjam die rechte Frau für ihn sei. Ging es beispielsweise im Kreis junger Leute darum, Gottes Wort aus der Sonntagspredigt im Gedankenaustausch zu vertiefen, zog sie Schlußfolgerungen daraus für die Umsetzung des Wortes ins praktische Leben, die ihre ganze Hingabe an Jesus Christus erkennen ließen. Er bestimmte ihr Handeln ebenso wie ihr Denken. Sie pflegte Kranke, besuchte Alte, sprang ein, wo es nötig war. Als ihre Mutter einmal zu Verwandten reiste, versorgte sie den Haushalt und den vierjährigen Bruder Anahid wie eine erfahrene Hausfrau. Dabei war sie erst sechzehn! Keine ihrer Altersgenossinnen war so reif wie sie. Was sollte ihn also hindern, um sie zu werben?

Nun herrschen in Armenien jedoch strenge Sitten. Einem Mädchen ist es verboten, dem Mann seines Wohlgefallens auch nur mit einem Blick seine Zuneigung zu zeigen. Einem Mann wiederum ist es nicht erlaubt, mit dem auserkorenen Mädchen zu reden, ehe er nicht mit ihrem Vater – meist sogar durch einen Brautwerber – in Verbindung getreten ist. So verfügt der Vater über sie wie über eine Ware. Das ist allerdings nicht nur in Armenien so. Gregor erschien es für Marjam einfach als unwürdig. Deshalb durchbrach er – er, als Priester! – die ungeschriebenen Gesetze des Volkes, die die Christen bisher als gegeben hinnahmen. Er war aber sicher, in Verantwortung vor Gott zu handeln. Als er Marjam einmal im Hause einer Kranken antraf, ergab sich ein Stück gemeinsamer Heimweg. Da offenbarte er ihr seine Gedanken und fragte, ob sie seine Gefährtin werden wolle. Und sie erhob kein Abwehrgeschrei, wie sie es nach der «Vorschrift» hätte tun müssen, sondern sagte schlicht ja, weil sie auch ohne äußere Zeichen längst in sein Inneres geschaut hatte und ihn liebte. Das war ihr Verlöbnis.

Er wollte nun sofort zu Chatschatur Rochkijan, ihrem Vater, gehen und um sie werben. Doch Artaschat hat über die Landessitten hinaus seine zusätzlichen Regeln. Um ein Mädchen unter achtzehn freit man hier nicht, wenigstens nicht in Kreisen des Adels. Das soll vorzeiten der Nacharar Nahabedjan verfügt haben. Sein Sohn wurde einer sehr jungen Frau vermählt, die gebar ihm debile Kinder. Seitdem hieß es, wer selbst noch fast ein Kind sei, könne den Nachkommen nicht weitergeben, was er an Geist und Verstand erst erlangen müsse. Marjam erzählte Gregor, daß ihr Vater stets bestrebt sei, sich streng an alle bestehenden Sitten zu halten, eine Ausnahme wäre wohl undenkbar für ihn. Wenn sie seine Zustimmung zur Heirat erlangen wollten, mußten sie also warten.

Es folgte eine schwere, aber auch schöne Zeit. Vor der Gemeinde und vor den Eltern durften sie weiterhin keinen verräterischen Blick, kein verdächtiges Wort wechseln. Alles schien wie vordem. Aber beide trugen das Glück des gegenseitigen Versprechens im Herzen.

Anfangs fühlte sich Gregor doch einmal schuldig. «Wir sind Heuchler», sagte er bei einer seltenen Gelegenheit des Alleinseins mit Marjam.

Sie antwortete: «Wir wollen dieses Anliegen vor den Herrn bringen. Diese ‹Gesetze› sind nicht seine Gebote. Wenn wir sie nicht durchbrechen, dann nur deshalb, weil wir keinen Anstoß und Ärgernis geben sollen.» –

Marjams Vater ist ein angesehener Kaufherr. Er und seine Frau Nuneh gehören zur Gemeinde. Während die Tochter im Wesen der Mutter sehr ähnelt, ist der Vater für Gregor immer undurchschaubar geblieben – freundlich, aber unverbindlich. Sie haben schon oft Gespräche miteinander geführt, ohne wirklichen Kontakt zu bekommen. Irgendwo war da eine Grenze. Er hatte auch zu keinem anderen ein brüderliches Verhältnis. Von Kind an hatten die Großeltern Chatschatur schon mit in die Versammlungen gebracht. Seitdem gehörte er zur Christengemeinde, aber Gregor konnte sich des Eindrucks nicht erwehren, daß er kein überzeugter Christ war. Doch solch ein Urteil zu fällen, hütete er sich.

Als Marjam endlich das entsprechende Alter erreicht hatte, ging Gregor zu ihrem Vater, und sein Besuch mit diesem Anliegen schien Chatschatur zu überraschen. Gregor spürte sofort, er war nicht sehr willkommen. Die Rede kam natürlich auch auf wirtschaftliche Fragen. Ein Azat mußte darauf sehen, seine Tochter – die schon nicht Miterbin seines Vermögens wird, wenn ein Sohn da ist – in gesicherte Verhältnisse zu geben. Dieses Bestreben hatte hier offensichtlich Vorrang vor Liebe und gemeinsamem Glauben. Gregor besaß kein Vermögen, und die Gemeinde bestand vorwiegend aus ärmeren Leuten, deren Gaben zwar Opfer, aber nicht hoch waren. Der Kaufherr hätte zweifellos einen wohlhabenden Schwiegersohn lieber gesehen. Trotzdem gab er schließlich sein Ja, denn wie hätte er die Ablehnung eines gebildeten Mannes wie Gregor begründen sollen! Nuneh hingegen war beglückt. Der Hochzeitstermin wurde vereinbart. Aber ehe es zur Verheiratung kam, wurde Gregor eingekerkert. Ein Schock für die junge Braut, und doch rief sie ihm erhobenen Hauptes nach: «Alle Dinge müssen uns zum Besten dienen, alle!»

Als er im Jahre fünfundneunzig freikam, hieß es, er solle sich zunächst erholen, man brauche ja nun nichts zu überstürzen. Dem mußte Gregor zustimmen, obwohl Marjam inzwischen Mitte der Zwanziger war. Letzten Endes jedoch war es wieder zu spät. Man warf ihn abermals in den Kerker.

... alle Dinge – zum Besten?

O ja, es war jetzt gut, daß Marjam noch nicht als seine Ehefrau an ihn gebunden ist, das sagt er sich immer wieder. Zum einen würde das Geschäft des Vaters darunter leiden. Wer einen «Verbrecher» zum Schwiegersohn hat, ist nicht sehr vertrauenswürdig. Viele glauben sicherlich, das Verhältnis sei mit der neuen Inhaftierung endgültig gelöst, zumal keiner der Rochkijans mehr darüber spricht. Diese Annahme kommt Marjam zugute, die als Ehefrau sicherlich scharf beobachtet würde und diese regelmäßigen Besuche nicht durchführen könnte. Also war Chatschaturs Hinauszögern doch zum Vorteil. Und Marjam hält zu ihm nicht aus Verpflichtung, sondern aus freien Stücken.

Gregor wartet zuversichtlich auf das Eingreifen von oben. Der bisher sein Geschick lenkte, wird es weiter tun und den Grund für diesen schweren Weg offenbar werden lassen. Es bleibt dabei: Denen, die Gott lieben, müssen alle Dinge zum Besten dienen.

Chatschatur Rochkijan hat sein Geschäft in der Hauptstraße von Artaschat. Er ist zwar keiner der reichsten Kaufleute, aber bisher doch stets kreditwürdig für Wechsler und geldgebende Nacharare.

Er handelt mit Erzen, Metallwaren und Stoffen. Dreierlei Branchen sind dreierlei Chancen. Geht eine Ware einmal nicht so gut, ist Nachfrage nach der anderen. So rechnen auch seine Gläubiger. Das letzte Jahr war jedoch flau wie noch nie, und Rochkijans Geschäft ist nicht das einzige, das zurückging. Das durchziehende Römerheer und die Beteiligung des Königs am Feldzug gegen Narses hat die Reichen bluten lassen und die Armen noch ärmer gemacht. Während diese vielfach als Bittsteller kommen und geborgt haben wollen, nutzen jene die schlechte Zeit zum Feilschen. –

Chatschatur will heute das Essen nicht recht schmecken. «Hast du Sorgen?» fragt Nuneh, als die Familie sich vom Mittagstisch erhoben hat.

«Eigentlich nichts für Weiber, meine Liebe.»

«Hieltest du mir nicht unlängst vor, ich solle mich mehr um die Probleme des Alltags kümmern?»

«Mehr um diese als um manches andere.»

«Wie kann ich mich um etwas kümmern, von dem ich nichts weiß?»

«Hör zu: Stepan Akopjan war bei mir. Er fordert höhere Zinsen, und diese *auf den Tag!* Er ist zu keiner Stundung bereit, will auch nicht Waren dafür nehmen, sondern bare Münze. Ich schilderte ihm meine Lage. Er zuckte die Schultern und sagte: ‹Ich bin kein Wohltäter, der sich geschmeichelt dünkt, dir Darlehen geben zu dürfen. Beweise, daß du der gute Geschäftsmann bist, für den ich dich halte.› –

Nun weißt du meine Sorgen. Weißt du etwa auch Rat?»

Chatschatur verschweigt, daß er diesmal durchaus noch Mittel hätte, um seinen Verpflichtungen nachzukommen. Aber wie lange noch? Er meint, es wäre falsch, darüber zu reden, noch dazu, wo Frau und Tochter ihn ständig um Bestechungsgelder für den Wachsoldaten angehen. Er wird heute die Gelegenheit nutzen abzubiegen, was er niemals hätte zusagen dürfen. Wie oft hat er seine Nachgiebigkeit schon bereut!

Nuneh ist nicht vorschnell mit ihrer Antwort. Sie sagt: «Ich weiß nur den einen: daß wir uns auf Gott verlassen. Er hat uns noch immer geholfen und wird es auch diesmal tun.»

«Gib dich keinen Illusionen hin. Die aussichtslose Sache mit Gregor hat mich längst zum Nachdenken gebracht. Ihm als seinem Diener müßte Gott doch helfen! – Wie gut nur, daß ich mit der Hochzeit zögerte! Gregor müßte auch Verständnis zeigen und Marjam freigeben. Bald wird sie dreißig, und seit fast zwölf Jahren ist sie ihm versprochen. Wer sein Wort nicht einlösen kann, eine Frau heimzuführen, darf nicht ihr ganzes Leben zerstören. Hätte er sie schon nach der ersten Einkerkerung nicht länger an sich gebunden und immer wieder Hoffnung vorgetäuscht, würde sie jetzt wahrscheinlich mit einem wohlsituierten Mann, einer Familie ein ruhiges, sorgenfreies Dasein führen, und auch wir wären ohne diese Belastung, die immer unerträglicher wird. Aber nein, sie versteift sich auf diesen Priester, der wahrscheinlich nie mehr freikommt und sowieso mittellos ist! Unsere jetzige schwierige Lage verdanken wir im Grunde ihm. Habt ihr schon einmal nachgerechnet, wieviel in all den Jahren dieser Wachhabende eingestrichen hat? – Bedenke ich dazu, daß Akopjan, der mich jetzt bedrängt, auch Christ ist, also dem ‹Gott der Liebe und des Guten› anhängt und sich mir eigentlich als ‹Bruder› erweisen müßte, dann ist der heutige Tag das Signal für mich, es endlich auszusprechen: Ich kann nicht mehr glauben!»

«Chatschatur!» hebt Nuneh entsetzt die Hände.

«Gleich noch eins, wenn ich einmal dabei bin, reinen Tisch zu machen: Für die Bestechung der Wache ab heute keinen Obolus mehr! Es ist sinnlos! Es war sowieso ein Unglückstag, der uns Gregor ins Haus oder überhaupt nach Artaschat brachte. Möge Marjams heimliches Handeln wenigstens nicht ans Licht kommen, damit sie nicht bestraft wird. – Wir wollen doch sehen, ob es uns ohne die verdammten Bindungen und Verpflichtungen nicht besser geht!»

«O Chatschatur, du irrst! Unglück wirst du vielmehr mit deinem Fluch über unser Haus bringen. Hast du denn vergessen, wie Gott sich uns auf so vielerlei Weise in unserem Leben als *die Liebe* gezeigt hat?»

«Ich sehe heute, daß die Akopjans, die dieser *Liebe* seit Jahrhunderten nachgehen, ihr alle Ehre machen!» höhnt er.

«Die Akopjans, sagst du? Stepans Schwester Gajaneh, die Äbtissin, dient mit ihren Klosterfrauen uneigennützig allen, die der Hilfe bedürfen. Wer kümmert sich denn, wenn irgendwo ausweglose Not ist? Wohin wendet man sich um Rat? An Gajaneh in Wagharschapat.»

«Vielleicht kannst du ihr dann auch einmal auftragen, ihren Bruder zur Menschlichkeit zu bewegen? – Genug jetzt! Du weißt nun jedenfalls, wie ich zu den Dingen stehe.» –

Als Nuneh der Tochter und dem Sohn vom Gespräch mit dem Vater erzählt, nehmen beide die Androhung, die er bestimmt wahrmachen wird, gelassen hin. Marjam ist durch das Leid um Gregor im Glauben gereift. Und für den jetzt achtzehnjährigen Anahid ist sein Schwager *das* Beispiel für Standhaftigkeit. Sehr ruhig sagt er: «Wir wollen es Gott hinlegen, zuallererst aber müssen wir für Vater bitten. Auch für die müssen wir beten, die er nun hart behandeln wird, weil er den Druck Akopjans weitergeben will.»

Marjam beschäftigt bei aller Zuversicht, woher sie künftig das Geld für Isobek nehmen soll. Sie würde einer Arbeit nachgehen, und wenn es die niedrigste wäre. Aber welcher? Wer hat in dieser angespannten Zeit Mittel, eine Frau zu beschäftigen?

«Wie soll ich nun Gregor weiter versorgen?» spricht sie ihre Erwägungen aus. «In der Gemeinde davon zu reden ist unmöglich. Viele würden zwar helfen, aber irgendeiner plauderte dann auch mit Sicherheit, und alles wäre verloren.»

«Schwesterchen, deine Aufgabe ist Treue, nicht die Konstruktion eines Hilfsplanes mit Für und Wider. Du solltest auch in der ausweglosesten Lage einfach Gott vertrauen, ohne zu wissen, wie er es machen wird. Du mußt von Gregor noch viel lernen!»

«Anahid, du hast trotz deiner Jugend schon mehr Lektionen gelernt und begriffen als ich. Wirst bestimmt einmal ein guter Prediger, der Mut zu machen versteht! Ja, ich will gegen allen Schein der Ausweglosigkeit *glauben*. – Danke, mein Bruder!»

2

Auf dem Weg durch das Land.

Während man in Artaschat Mittag ißt, sitzen auch die sechs Dalmatinerinnen und ihr Begleiter beim Mahl. Allerdings nicht an einer Tafel, sondern auf einem Rasenplatz, vor sich zwei große, flache Steine als Tisch. Sie haben gedankt für die Nahrung und für alle Bewahrung auf dem Wege. Nun lassen sie es sich schmecken. In Schenawan, wo sie gestern übernachteten, konnten sie einkaufen: Brot, Rauchfleisch und etwas Honig. Im Ledersack gluckert Kefir. Die Bauern haben dieses Jahr nicht etwa vom Überfluß abzugeben. Sie ernteten infolge der großen Dürre nur kärglich, so daß sie kaum genug für sich selbst haben. Dem Vieh fehlt es an Futter. Doch Hripsime bezahlt gut, so schätzen die Leute den Handel letztlich als Geschenk des Himmels. Gern würde sie noch mehr geben, aber sie muß dabei Weisheit walten lassen. Wie gern will ein Armer sein seltenes Glück anderen kundtun! Ein Gerücht jedoch, da seien Reiche auf dem Wege, wäre nicht gut. Es würde manche fragwürdige Gestalt, wie ihnen schon einige begegnet sind, in Versuchung führen.

Was Kapitän Cornelius Hripsime erzählt hat, bekommt sie nun täglich bestätigt: das Volk lebt in größter Armut. Und auch von ihren Gastgebern, bei denen sie zur Nacht unterkommen, hören sie immer wieder, wie sehr die Reichen ihre Untergebenen unter Druck setzen. Cornelius war wirklich gut unterrichtet!

Seit sie das Tal des Achurjanflusses erreichten, haben sie nur noch *einen* Beschützer bei sich. Von der Küste her über die Berge hat Paulus das Gepäck mitgeschleppt. Jetzt in der Ebene können sie von Ort zu Ort meist einen Wagen mieten. Paulus zog es wieder zurück aufs Meer, er ist ein Mensch, der auf dem Trockenen nicht überleben kann. So war er froh, daß auch Asatur seine Begleitung angeboten hatte. Mit dem Kapitän hatte man die baldige Rückkehr der «Orient» nach Kolchis vereinbart, um Paul wieder an Bord zu nehmen.

Für Asatur jedoch ist diese Reise in mancherlei Hinsicht der Höhepunkt seines bisherigen Lebens. Die Heimat nimmt ihn wieder gefangen. Ihm wird erst jetzt bewußt, daß er in der Fremde immer Sehnsucht hatte nach der Bergfestung Armenien, nach den Tälern und Steinhütten, nach den Liedern der Alten, die er nachzusingen versucht. Die Berge hier sehen denen an der Adriaküste so gar nicht ähnlich. Rund sind die Kuppen wie riesige Maulwurfhügel, weit hinauf ziehen sich Wiesen, die in diesem Jahr zwar eher braun als grün sind. Dennoch weiden Herden auf den Matten. Bricht die Sonne durch die Wolken, liegt ein warmer Glanz auf den Höhen. Hinter den sanften Bergen ragen die majestätischen Gipfel auf – der weiße Doppelkopf des Ararat, aus dessen ewigem Eis, für ein scharfes Auge erkennbar, das Gerippe einer Arche ragt. Auf der nördlichen Seite ihres Weges liegt der Aragaz, massig, gewaltig. Asatur ist glücklich, daß auch Damaris sein Land lieben lernt. Sie läßt sich bezaubern vom Duft der Kräuter, nimmt die Vielfalt der bunten

Schmetterlinge wahr und folgt mit ihren Blicken den kreisenden Adlern unter dem hohen Himmel. Und immer wieder will sie hören, was er von diesem Paradies, als das es ihr erscheint, zu erzählen hat.

Die drei beglückenden Worte sind zwischen ihnen noch nicht ausgesprochen, und doch haben beide sie in ihrem Innern längst gesagt. Sie wissen es aus jeder Geste, aus jedem Gespräch über die alltäglichsten Dinge.

Für dieses Paar haben die strengen armenischen Sitten bei der Werbung keine Bedeutung. Damaris kennt sie ohnehin nicht, und da sie keine Eltern hat, kann Asatur sich nur an sie selbst wenden. Er möchte mitunter laut aufjauchzen, doch er ist kein Junge mehr, der ungehemmt jedem Drang folgen kann. Dafür singt er aber seine Lieder. Mit Damaris allein zu sein, hat er kaum Gelegenheit, und das ist sicherlich gut. Er würde den Eindruck erwecken, als begleite er nur sie. Aber bis zum Ziel hat er für alle da zu sein.

Das dritte, was ihn auf dieser Reise begeistert, ist, daß er mit den Mädchen auf dem Wege weiter lernen kann. So lesen und besprechen sie jeden Morgen vor dem Aufbruch einen Abschnitt aus den Heiligen Schriften. Asatur gibt sich diesen Erlebnissen ungeteilt hin. Gedanken an die Zeit nach dem Erreichen des Zieles verdrängt er – bis auf den einen: Er will mit Damaris glücklich sein. Da er nun weiß, auch sie stammt von kleinen Bauern ab, glaubt er, daß sie sich problemlos einleben wird.

Hripsime betrachtet jeden Tag mit neuer Freude das Land, das ihre Großmutter ihr einst so anschaulich beschrieb. Berge sind ihr nicht fremd, aber Großmutter Gajaneh pflegte zu sagen: «Es ist eine ganze Bergfestung, mein Armenien, und nur wer es mit wachem Herzen erlebt, wird seinen Zauber wahrnehmen und es lieben ...»

Ja, Hripsimes Herz ist wach und dankbar. Nur dann wird es schwer, wenn sie an Salona denkt, an Lucia, an den Bischof, an Alexander. Und an Leona und ihr Kind – ob es wohl lebt? Und wenn, ob es die schwere Zeit übersteht? Was werden die Gemeinden auszuhalten haben? Und hoffentlich muß niemand ihre, der Mädchen Flucht büßen?

Auch Claudias Gedanken wandern täglich mehr zurück, als daß sie sich auf das Kommende richten. Wäre Markus doch erst da! Wann wird er wohl aufbrechen, wann? Der Gedanke an ihn überschattet für Claudia alles Erleben. Als Hripsime beispielsweise auf den heute über einer hohen Dunstschicht scheinbar schwebenden Ararat zeigt und sich nicht genug tun kann: «Sieh doch, sieh! So hat ihn Noah geschaut, als die Flut noch hoch stand!», da sagt sie: «Ja, schön ist das.» Aber ihr inneres Auge sieht den Mosor über Aspalathos, den vielleicht auch Markus gerade betrachtet. Meist sitzt sie still zwischen den anderen, den Blick in die Ferne gerichtet.

Julia nimmt alle Eindrücke und das Tagesgeschehen mit Sorge auf. Wie soll es hier weitergehen? Müssen sie auch in einem der primitiven Häuser aus Feldsteinen wohnen, wie sie sie entlang des ganzen Weges finden? Wenn Hripsime auch von fürstlichen Verwandten spricht – sie hat sie ja noch nie gesehen. Wer weiß, was man hier unter Fürsten versteht! Julia ärgert sich auch immer wieder an der strahlenden Damaris. Auf der Flucht, dem Tode kaum entgangen, jedem Wetter schutzlos ausgesetzt, heimatlos – was soll daran schön sein? Nun, man wird sehen, wie lange sie lacht!

Pia, die das Leben so liebt, freut sich unbändig, daß sie der Gefahr entronnen sind. Die Armut, die sie hier überall sieht, erinnert sie zwar an ihr armes Elternhaus. Aber jetzt liegen Not und Entbehrungen hinter ihr. Nicht mehr daran denken! Hripsime wird sorgen.

Phöbe findet Genüge in der Geborgenheit, die die Gegenwart der mütterlichen Freundin ihr gibt. Sie lebt dem Augenblick, denkt nicht an morgen. Was Hripsime schön findet, bewundert sie auch. Und sie läßt sich als Jüngste auch ein bißchen von den anderen verwöhnen. Unbekümmert sucht sie sich abends das beste Lager aus, wenn sie als erste schlafen geht. Aber sie hält durch, auch wenn es tagsüber einmal strapaziöser ist als erwartet. Asatur teilt die Strecken schon gut ein. Er läßt sich jeweils in einem Ort schon für den nächsten beraten. Fährt ein Bauer sie mit dem Wagen, sorgt der für Unterkunft bei Glaubensgenossen. So wissen sie immer gleich, wes Geistes Kinder sie antreffen.

Heute sind sie zu Fuß unterwegs. Es läuft sich gut, denn es ist angenehm warm, nicht drückend. Nachts jedoch wird es empfindlich kühl. Jetzt am Tage streicht ein leichter Wind wie eine linde Hand über Haar und Haut.

Bis Artaschat schaffen sie es nicht, aber sie wechseln aus der Araxes-Ebene schon ins Tal des Rasdan hinüber. Bis in den Ort Rasdan zu gehen, hat man ihnen vorgeschlagen, und so wollen sie es auch halten. Am folgenden Tag aber winkt die Hauptstadt, wo Hripsime erst einmal Kleidung für alle und andere nötige Dinge einkaufen will, ehe sie zu Gajaneh nach Wagharschapat gelangen. Bald ist es soweit, bald!

Das Dorf Rasdan liegt etwa vier Wegstunden nordwestlich von Artaschat. Am Dorfeingang steht die Schmiede des Thoros, der zugleich Ackerbauer ist. Obwohl er den ganzen Tag und bis spät in den Abend arbeitet, kann er mit seiner Familie kaum leben. Die Zeit ist hart. Aufträge hat er genug, aber die Bauern im Dorf und in der Umgebung, die Geräte oder Instandsetzungen von ihm wollen, können nur schleppend zahlen. Sie sind ebenso arm wie er. Der letzte Krieg hat sie vollends an den Rand des Verzweifelns gebracht. Beide Söhne des Thoros waren zum Fußvolk ausgehoben worden. Ein Glück nur, daß sie inzwischen gesund zurückkehrten. Sie werden mit ihren jungen, kräftigen Armen das Feld bestellen, werden nach der Ernte der einen Frucht schon die nächste aussäen. Der Boden gibt es her, er ist nicht verbraucht, denn dieses und jenes Stück Land blieb eine Zeitlang brach liegen. Die besten Felder und Wiesen hier am Fluß haben allerdings die Azats inne. Für die Ramiks ist auf jedem Gebiet nur da, was die Reichen übriglassen. Aber man darf den Mut nicht verlieren. –

Gordon und Awak, die Schmiedsöhne, haben heute tüchtig gearbeitet. Es dunkelt bereits, als sie heimgehen. Der Vater wird inzwischen zurück sein aus der Stadt, wird Eisen und Werkzeug, das er dringend brauchte, mitgebracht haben.

Ja, er sitzt bereits am Tisch, während die Mutter noch den Mehlbrei kocht. Aber beide sind so bedrückt, daß sie den Gruß der Söhne nur mit müdem Kopfnicken erwidern.

«Vater, war der Weg so anstrengend, die Last im Karren zu schwer, daß du so erschöpft hier hockst?»

Thoros winkt nur ab.

«Vater, so rede doch, ist etwas passiert?»

«Ach, fragt die Mutter, ihr habe ich's schon erzählt ...»

«Es ist – Rochkijan hat ihn höhnisch abgewiesen. Er gibt ihm nichts mehr auf Borg. Würde selbst auch bedrückt, hat er gesagt, und er sei kein Wohltäter, der sich gar schmeichele, für solche weiter anzuschreiben, die schon in der Kreide stehen. Vater solle beweisen, daß er als guter Handwerker auch rechnen könne. Mit Geld dürfe er wiederkommen – mit Geld jederzeit ...»

Stumm löffeln sie schließlich den Brei. Sie haben die Schüssel gerade leer, als es derb an die Tür pocht und diese auch gleich aufgerissen wird. Den ganzen Rahmen ausfüllend, steht da Martiros Manuchjan der Jüngere, der Sohn des Beauftragten für Straßen-, Brücken- und Festungsbau im ganzen Lande.

«Ich will keine lange Rede machen. Ihr zwei, Gordon und Awak, habt übermorgen am Hause meines Vaters zu erscheinen. In Richtung der neuen Grenze im Osten sind einige Brücken zu bauen. Ihr gehört zu denen, die dazu herangezogen werden, oder ihr müßt euch mit je fünfhundert Obolen loskaufen. – Vom Harazapet Wardan Gruni habe ich außerdem Auftrag, eure Steuerschuld einzumahnen. Wenn sie nicht bis Monatsende beglichen ist, wird gepfändet.»

Awak, der sich ebenso wie sein Vater und der Bruder beim Eintritt des Azats erhoben hat, tritt einen halben Schritt vor, so dicht vor Martiros, daß der zurückweicht. Sehr laut spricht er und betont jedes Wort: «Ich will Euch was sagen. Gordon und ich sind gerade erst aus dem Krieg heimgekommen. Wir haben gekämpft – ohne Sold, ohne Beuteanteile, weil wir nur Ramiks sind, arme Leute, die man ausnutzt, ausbeutet, aussaugt. Auch diesen Brückenbau sollen wir wieder umsonst verrichten, für ein bißchen mageres Essen ...»

«Awak!» hebt die Mutter beschwörend die Hände. Auch Thoros will seine Rechte beschwichtigend auf den Arm des Sohnes legen. Martiros Manuchjan indessen schaut Awak böse, aber sprachlos an. Ein Ramik, der widerspricht? Ist das zu glauben?

«Laßt mich reden!» schüttelt Awak die Eltern ab, «es ist ja letzten Endes gleichgültig, was mit uns geschieht. Ob sie uns aufs Schafott bringen oder uns zu Tode schinden, oder ob sie Steuern einziehen, bis wir verhungert sind, was macht den Unterschied? Ich werde nicht gehen, sagt das bei Hofe!»

Martiros rafft sich endlich auf: «Was fällt dir ein, erbärmlicher Wicht? Das ist Aufruhr gegen die Staatsgewalt!»

«Aber er hat recht!» fällt Gordon ihm ins Wort. «Ihr könnt uns nicht nur schinden. Wo sollen wir die Steuern hernehmen, wenn wir nicht mitarbeiten können? *Wir sind am Ende*, das richtet aus!»

Thoros zittert. «Herr, Ihr müßt verstehen, sie sind doch beide erst für den König im fremden Land gewesen, haben ihr Leben eingesetzt. Willig sind sie gegangen. Aber daß Ihr nach so kurzer Zeit gleich wieder beide fordert ...»

Martiros war auf eine solche Debatte nicht gefaßt. Wenn er hier einen überlegenen Abgang haben will, bleibt ihm nur eins: mit einer Drohung die Tür von außen zuschlagen. «Ihr werdet diesen Auftritt bitter bereuen!» keift er. «Seid ihr nicht pünktlich zur Stelle, auch im Steueramt, wird es böse Folgen haben, merkt euch das!» –

Während die Söhne ihrem Zorn weiter Luft machen, weint die Mutter, und Thoros ringt die Hände. «Warum läßt Gott, der Herr, das zu? Will er uns denn zugrunde gehen lassen? Hat er sich von uns abgewandt?»

Martiros geht auch zu Maruk, dem Schafzüchter. Bei ihm hat er nur die Steuermahnung anzubringen. Er trifft ihn beim Aussondern eines Hammels, den er morgen zur Opferung in den Tempel bringen will.

«... vielleicht, daß mir dann die Götter wieder gnädig sind. Wißt, ich würde gern die Steuer bezahlen. Aber wir hatten einen so trockenen Sommer, daß die Tiere ganz ausgemergelt sind. Selbst die Imkerei, die mir immer noch ein bißchen zusätzlichen Verdienst brachte, war diesmal eine vergebliche Hoffnung. Die Blüten boten kein bißchen Nektar, er vertrocknete einfach.»

Maruk trägt seine Lage wehleidig und bittend vor, doch Martiros nimmt kaum Kenntnis. «Ich habe bestellt, was mir aufgetragen war; nun seht zu, wie Ihr das Geld beschafft!» –

Nachdem der verhaßte Besucher wieder in Richtung Stadt davongeritten ist, schaut ein junger, bärtiger Mann in Maruks Stall, weil er dort das brennende Talglicht sah.

«Oh, wie habt Ihr mich erschreckt!» legt der Schäfer seine Hand aufs Herz. «Ich glaubte, es sei noch einmal der Steuereintreiber.»

«So, der war da?»

«Ja. Und wer seid Ihr?»

«Ein Wandersmann, der bei einem Trunk Milch kurze Rast machen möchte. Wie sieht's damit aus?»

«Ach, die Schafe stehen fast trocken, und das jetzt im Sommer! Es ist zum Heulen. Kein Futter. Und natürlich kein Geld für die Steuern, die immer höher geschraubt werden. Seht, ich suche gerade einen Hammel aus, um ihn morgen im Tempel zu opfern. Der Priester meint, der trockene Sommer sei eine Folge unserer geringen Opferwilligkeit. – Hier, ein Becher Milch. Wenn Ihr damit zufrieden seid?»

«Ja, das reicht. Nehmt zwei Obolen. Dazu die Versicherung, daß Ihr Euren Hammel umsonst opfert, wenn Ihr meint, damit das Wetter zu ändern. Ich sage Euch, daß der wahre Gott selbst ein Opferlamm geworden ist zur Tilgung unserer Sünden. Jesus Christus hat unsere Schlachtopfer überflüssig und nutzlos gemacht. Glaubt an *ihn*, dann habt Ihr ewiges Leben. Mehr könnt Ihr in der nächsten Gemeinde hören. Vielleicht habt Ihr gar eine am Ort.»

«O schweigt! Ich habe Angst. Nehmt mir nicht das letzte bißchen Hoffnung auf die Wirkung meines Opfers. Die an das *Lamm* glauben, von dem Ihr spracht, entgehen der Not doch auch nicht, wie man sieht. Also – gehabt Euch wohl!» –

Während Asatur zu den Mädchen zurückgeht, ist ihm zum Heulen. Er wollte den Schafzüchter auf den Weg zum ewigen Leben hinweisen, und er zweifelt nicht, daß dort ein Ende haben wird, was den Menschen hier Not macht. Aber zunächst muß er sich mit dem irdischen Leben auseinandersetzen, und das bleibt für die Armen eben ein mühseliges. Überall, wo sie auch hingekommen sind, herrschte die Armut unerbittlich, und jeder knebelt den nächstniederen Stand. Den letzten, den Ramik, «beißen die Hunde». Muß das so sein? Die christliche Religion ist hauptsächlich von den Armen mit solcher Genugtuung aufgenommen worden, weil sie verspricht, daß in der Ewigkeit vor Gott alle gleich sein werden. Was ändert sie aber hier im Alltag? Im Hause des Maruk ist Asatur schmerzlich bewußt geworden, daß er schließlich auch nur so ein armer Armenier ist, der sich künftig abplacken muß, um den Reichen das meiste von seinem bißchen Ertrag zu geben. Er besitzt nichts als die ersparte Heuer, die nicht einmal für den kleinsten Hof reichen wird, geschweige denn für Vieh. Für ihn bedeutet Seßhaftmachen Schulden – und damit Zinsen, Steuern, Drohungen, Ängste.

Die ganze Zeit hat er diesen Gedanken weit von sich geschoben. Er war ein Reisender. Die Kargheit, die er sah, betraf ihn nicht. Morgen jedoch sind sie am Ziel. Was dann?

Er hat sich schon hundertmal ausgemalt, wie er Damaris als seine Frau «auf Händen tragen» wird. Aber ein Zuhause hat er nicht für sie. Welch ein Hohn! Er hat sich blind gestellt. Wäre Armenien ein Land an der Küste mit Hafenstädten, wo die Frau wohnen und er mit seinem Schiff öfter anlegen könnte, bliebe er Seemann. Aber er kann nicht auf See fahren und sie hier allein lassen. So zerrinnt sein ganzer

Traum in nichts. Wie er Damaris inzwischen kennt, würde sie sagen, Armut könne sie ertragen. Er weiß jedoch aus den Erfahrungen, erst während seiner Kindheit und nun bei der Seefahrt, den Unterschied: den Begriff *arm* in seiner ganzen niederdrückenden Grausamkeit zu erleben oder ihn nur als ein Wort zu betrachten, sind *zwei* Dinge. Wie kann ein Mensch glücklich sein, wenn er sich nur mit Sorgen herumzuschlagen hat und manchmal nicht weiß, wie die Familie überleben soll? Nein, in solch ein Dasein darf er Damaris nicht hineinziehen! Er muß verzichten, wenn auch mit blutendem Herzen. –

Die Sechs sitzen wartend auf einer Feldsteinmauer, als er zurückkommt. Bei ihrer Ankunft im Dorf waren sie nicht sicher, welches Haus das empfohlene war.

«Nun, Asatur, können wir dort bleiben?» fragt Hripsime deshalb.

«Es war gut, daß ich allein hinging», antwortet er, «der Mann bereitete grade ein Schlachtopfer für den Tempel vor. Es war also nicht das Haus, das uns bezeichnet worden ist. Wartet nur einen Augenblick, ich finde es.»

Das Anwesen, auf das er jetzt zugeht, ist die Schmiede. Als er an die Tür klopfen will, hört er drinnen sprechen: Thoros betet mit bewegenden Worten zu Gott um Hilfe aus der Not.

Mit weit ausholender Gebärde winkt Asatur die Mädchen heran. Es ist Gordon, der auf ihr Klopfen dann öffnet und nicht wenig staunt, als er sieben Leute vor der Tür sieht.

Hripsime grüßt: «Friede sei mit euch!» Da weiß man sofort, wer sie sind. «Wir schaffen heute den Weg bis zur Stadt nicht mehr», fügt sie hinzu, «wir brauchen ein Nachtlager.»

«In Christi Namen, kommt herein!» sagt Thoros, und die Mutter springt auf: «Wenn ihr vorliebnehmen wollt mit unserem Lager – wir können im Heu schlafen.»

Awak ist wie benommen. Welch eine Veränderung: die Welt ist plötzlich nicht mehr so schwarz und drohend wie zuvor. Man kann sich nicht mehr ausschließlich mit der Not beschäftigen, die Bewältigung des Augenblicks hat den Vorrang. Mutter setzt schon einen großen Topf für den Mehlbrei auf. Ein paar Eier sind auch noch da, ein Stück Fleisch zum Brot. Kein Wort werden sie von dem reden, was sie bedrückt. Die Gäste sollen nicht meinen, sie dürften sich nicht satt essen. Sind sie erst wieder fort, wird man weitersehen.

Zu elf sitzen sie dann auf Schemeln und der Eckbank um den Tisch, die Gastgeber etwas beklommen, weil sie erkennen, daß vor allem Hripsime zu den Gebildeten gehört. Außerdem macht ihre Schönheit und ihre Würde, durch die sie sich von dem Hübschsein der jüngeren Mädchen unterscheidet, die Schmiedfamilie unsicher. Aber Hripsime ist so aufgeschlossen, daß sie bald ihre Scheu überwinden.

Trotz Müdigkeit wird noch erzählt, wie schon in jedem Quartier. Ein paar Worte über das Woher und Wohin ist man Gastfreien schon schuldig. Nicht an jedem Ort berichten sie alle Einzelheiten. Die Leute fragen meist nach dem, was sie besonders interessiert. Thoros zum Beispiel will wissen, ob die Dürre und der Krieg und die Steuern sich überall so belastend auswirken. Immerhin sind die Dalmatiner eine weite Strecke durch Armenien gewandert. Ungewollt kommen Gordon und Awak dadurch aber auf das zu sprechen, was sie heute erlebten. Der Vater runzelt erst die Stirn. Wiederum tut es gut, sich auszutauschen und eine neutrale Meinung, zum Beispiel zu der abermaligen Aufforderung zu Staatsdiensten, zu hören.

Als einmal der Name Akopjan fällt, horcht Hripsime auf. Sie läßt sich erzählen, wie dieser Nacharar sich in der Gemeinde verhält. Nun gehört er zwar nach Erebuni, aber so entfernt ist das nicht, daß man sich nicht kennen würde. Ahnungslos, daß es sich um ihren Verwandten handelt, berichten die Schmiedsleute die für ihn wenig schmeichelhafte Wahrheit. Um so vorteilhafter hebt sich die Beschreibung Gajanehs von der seinen ab. Da erzählt Hripsime schließlich von ihrer Großmutter, die auch eine Gajaneh war, und als die Gastgeber das Staunen über diese Neuigkeit überwunden haben, lehrt Hripsime sie das Lied, das sie dann mit verhaltenen Stimmen zusammen singen:

«Im Leben und Sterben folgen wir Jesus nach,
ihm, dem wir uns geweiht ...»

«Das müßt ihr morgen unbedingt auch der Gemeinde vortragen!» ruft Gordon spontan aus. «Morgen gehen wir zur Versammlung nach Artaschat. Vielleicht können wir zur gleichen Zeit aufbrechen, dann helfen wir euch tragen, ja?» – Über den Vorbereitungen für den morgigen Tag rückt dieser heran. Mitternacht ist längst vorbei, als sie sich niederlegen. Für zwei der Weitgereisten ist es trotz Müdigkeit eine unruhige Nacht. Erst erhebt Hripsime sich ganz leise, nimmt die wärmende Tunika um den Körper und setzt sich auf die Bank neben der Haustür. Sie muß sich innerlich auf die Begegnung mit den Verwandten einstellen. Aber auch eine Erwägung treibt sie um: wie sie dieser Familie hier am besten helfen könnte. Daß sie es tun wird, ist gewiß. Aber können ihre Gastgeber einen Gegenstand von hohem Wert umsetzen, ohne dabei betrogen zu werden? Man darf auch nicht die Gefahr heraufbeschwören, daß sie, als arm bekannt, in den Verdacht der Unlauterkeit geraten. Sie wird Asatur um Rat fragen. Wahrscheinlich wird sie die Hilfe als Darlehen anbieten, um ihnen jegliche Peinlichkeit zu ersparen. Daß sie nicht an Zinsen oder Rückzahlung denkt, kann sie später einmal sagen.

Asatur, der mit den Männern in der Scheune nächtigt, hat Hripsime aus der Tür kommen und sich niedersetzen sehen. Es ist für ihn eine Chance, mit ihr allein zu reden. Er offenbart ihr seinen Kummer und bittet sie, Damaris zu gelegener Zeit zu sagen, warum er sie nicht freien kann. Anders müßte sie ihn nach all dem, was unausgesprochen zwischen ihnen vorgegangen ist, für einen Scharlatan halten.

Hripsime hört ihm zu, ohne ihn zu unterbrechen. Als er geendet hat, lächelt sie: «Wenn du keine schlimmeren Sorgen hast, bin ich froh.»

«Keine schlimmeren – ? Hast du nicht verstanden, daß es um mein und Damaris' Leben geht?»

«Ich habe dich sehr gut verstanden. Nur – hast du nie daran gedacht, wieviel Gold wir aus den Tonnen in die Bündel gepackt haben, von denen du jetzt die meisten und schwersten trägst? Was ich mitgebracht habe, gehört uns allen. Hebe nicht abwehrend die Hände. *Du* bekommst gar nichts, hörst du? Aber Damaris eine Mitgift zu überlassen, kannst du mir nicht verwehren. Ob ihr nun als Händler anfangen oder einen anderen Erwerb wählen wollt, müßt ihr gemeinsam überlegen. Ihr könnt euch auch in der Stadt schon umhören, solange wir dort sind, oder später in Wagharschapat.»

«O Hripsime!» Asatur schlägt die Hände vor seine Augen. Nach einer Weile sagt er: «Herr, ich danke dir!»

«Ja, Asatur, das war richtig. Was wir besitzen, haben wir von Gott zu Lehen. Ich will noch ein Lehen weitergeben, ein Darlehen an den Schmied und seine Söhne. Er braucht die Steuern und die tausend Obolen, um sie diesmal vom Frondienst loszukaufen. Ob das gerecht ist oder ungerecht, dürfen wir dabei nicht in Betracht ziehen. Er braucht die Söhne zu Hause. Auch einen Betrag zum Einkauf und zur Tilgung der Schulden, dazu Mittel zum Wirtschaften bis zur nächsten Ernte. Ich bitte dich, daß *du* diesen Vertrag mit ihm perfekt machst.»

«Aber das Schreiben?»

«Dabei mag Damaris dir helfen. Schade, daß sie nicht auch wach ist und du gleich mit ihr reden kannst.»

«Morgen, Hripsime, morgen! Ich werde die beste Gelegenheit finden.»

3

Fest der Rosen. –
Ganz Artaschat ist ein Meer duftender Blüten. Der Monat August bringt stets das beliebte Rosenfest für die Göttin Anahita mit sich, die hier ihren großen Tempel hat. Das ganze Jahr über werden auch ihre Altäre in Erez und Achtischat und Garni zahlreich besucht. In diesen Tagen aber kommen die Anbeter Anahitas nach Artaschat: ganz Armenien trifft sich hier, sagt man.

Rosen, Rosen ...

Die Hunderte von Tempeltänzern und -sängern, die auftreten, sind reich geschmückt wie der ganze Tempel. Auf den Straßen und Plätzen tanzen Menschen, jung und alt, Rosen in der Hand. Die Mädchen tragen Knospen im Haar. Alle Gärten weit und breit müssen geplündert worden sein!

Aus den Wirtshäusern hört man Gesang und Tanzmusik. Auch in den Gassen und auf den Märkten wird aufgespielt, Burschen schwenken die Mädchen im Reigen. Anahita ist ja die Hüterin der Liebe und der Fruchtbarkeit.

Die reichen Leute feiern das Fest sehr üppig. Sie tragen auch ihre prunkvollsten Kleider, und die Tempelschätze funkeln wetteifernd mit dem kostbaren Schmuck der Edelfrauen. Die Armen ergötzen sich mit den Augen an der Pracht. Es kümmert sie nicht, daß ihre Gewänder einfach sind. Rosen haben sie in gleicher Fülle, und Anahita schenkt ihnen zeitweiliges Vergessen ihrer Sorgen.

Für die Armenier von weit her ist es gleichzeitig das Erlebnis der Hauptstadt, das sie aus den einsamen Bergen herlockt. Sie scheuen keine noch so weiten Märsche, um dabeizusein. Anahita wird es ihnen lohnen. Man darf sich das Fest nicht entgehen lassen, denn bis zum nächsten verstreicht ein ganzes Jahr! –

Die Dalmatinerinnen, Asatur, Thoros und seine Söhne sind miteinander auf dem Weg zum Gottesdienst. Die Mutter ist nicht dabei, immer einer aus der Familie bleibt daheim wegen des Viehs. Aber viele andere Gleichgesinnte sind mit ihnen unterwegs. Awak erzählt den Mädchen, warum. Obwohl die Christen das Fest einer heidnischen Göttin natürlich nicht feiern, hat sich der Zeitpunkt als Tag der Begegnungen in der Gemeinde eingebürgert. Der Versammlungsraum ist dann ebenso überfüllt wie der Anahitatempel.

«Ich bin fast sicher, daß wir Gajaneh heute im Gottesdienst antreffen», sagt Thoros. Er erzählt, daß sie stets die Gelegenheit nutzt, vielen «Rosenträgern» auf der Straße im Gespräch die frohe Botschaft weiterzusagen. Die Priester sind ihr deshalb gram. Sie ist ja keine Fremde, die die Leute etwa ungebeten anspricht, sondern überall bekannt als die Frau, die jedermann Hilfe gewährt, ohne Ansehen der Person und ohne nach ihrem Glauben zu fragen.

Gajaneh versteht zudem aber auch, mit Gebildeten über religiöse Fragen zu diskutieren. Ebensogut wie die Lehrer in der Gemeinde weiß sie sowohl über das Evangelium als auch über die verschiedenen Götter der alten Glaubensrichtung Bescheid. Die wenigsten Tempelbesucher kennen sich über diese so umfassend aus wie sie, denn es ist kompliziert, die Vielfalt zu beherrschen. Um nur ein paar Beispiele zu nennen: In Ani und Alaschkert verehrt man den «Vater aller Götter», Aramazd. Mithra, mit der Sonne und dem Mond verbunden, hat seinen Haupttempel in Armawir, der alten Hauptstadt. Seine Priester werden nahe bei Artaschat ausgebildet. In Zela und Comana befinden sich die Kultorte der Ma, der großen Muttergottheit, als deren Partner der Schöne Ara verehrt wird. Eine große Zahl Tempelsklaven, Hierodulen genannt, dienen vor ihrem Altar. – Vahagn, der Kriegsgott, hat seinen Haupttempel am Sewansee, doch auch in der Hauptstadt besitzt er eine Reihe Verehrer. Anahita gilt als seine Frau. –

Auf dem Gänsemarkt sitzt Missak, ein alter Volkssänger, und preist heute selbstverständlich insonderheit die liebliche Anahita. Aber als Chronist besingt er auch des Königs Heimkehr aus dem letzten Krieg, wobei er geschickt einflicht, daß Ruhm das Volk nicht satt macht. Die Aufmerksamen zollen ihm Extrabeifall. Wer kann, gibt ihm ein paar Obolen.

Asatur ist gefesselt, weniger vom Inhalt als überhaupt von dem erzählenden Gesang, der ihn durch seine ganze Kindheit begleitete. Weil er bei Missak zurückbleibt, hören auch die anderen dem Mann im grobgewebten, bunten Gewand zu, der seine Erzählung auf einer selbstgebauten Gusla begleitet.

«... Tiridates, hehrer Recke,
führt' das Heer durch manche Felsschlucht,
überfiel den Feind, den grimm'gen,
schlug bei Nacht ihn in die Eilflucht.
Narses barg sein nacktes Leben,
ließ den Harem selbst im Felde,
ließ dem Sieger alle Krieger
und die Lade mit dem Gelde.
Heim kam Tiridat mit Lorbeer,
fiel zu Fuß das ganze Volk ihm,
schrie: Wir haben Hunger, König,
nähr uns aus dem Fleischtopf Persien.
Doch weil den der Sieger leer fand,
zehrt vom *Ruhm* nur unser Bergland.
Dennoch: Frieden ist ein süß Wort,
lange währ' er, daure lang fort. –
Vahagn, Dank für deine Güte,
sollst mit deiner Frau geehrt sein.
Anahita, uns behüte,
uns're Opfer seien stets dein.
Was wär'n wir ohn' Anahita!
Stürb' die Liebe, stürb' die Welt.
Für die Fruchtbarkeit auf Erden
ist ihr Tempel schützend' Zelt ...»

Noch während des Gesanges kommt ein Reiter angetrabt, dessen Roß plötzlich vor der Menschenmenge scheut. Man weicht zwar aus, aber der Schimmel tänzelt und will nicht vorwärts.

«Der Nacharar», murmelt es, «der Nacharar ...»

Ein Händler packt blitzschnell die Gelegenheit: «Edler Herr, ich bin Hagop Buniatuni. Ihr laßt mich nicht mehr vor Euer Angesicht, sooft ich auch vorsprach. Eure Diener heißt Ihr mich fortjagen. Jetzt weicht mir nicht aus: seid barmherzig, stundet mir das Geld! Es ist nicht meine Schuld, daß ...»

Da knallt der Fürst böse mit der Peitsche. Das Ende des Riemens trifft den Bittsteller. Wild bäumt das Roß sich auf. «Laß mich in Frieden!» schreit der Wütende. «Morgen läuft deine Frist ab, und du weißt, was dann geschieht!»

Er gibt dem Pferd die Sporen, daß es einen Satz macht – auf die Menschenmenge zu, die kreischend auseinanderstiebt. Er schaut sich nicht um, ob jemand Schaden genommen hat, er prescht davon.

Für alle Zeugen des Geschehens liegt ein Schatten auf dem Fest, die frohe Stimmung ist getrübt. Betroffen gehen auch Asatur, die Mädchen und die Schmiede weiter.

«Wie hieß dieser Nacharar eigentlich?» fragt Hripsime.

Die Männer schweigen.

«Wißt ihr es nicht?»

«Doch. – Es war Stepan Akopjan.»

Eine Attraktion, die die Leute am Rosenfest erwarten, ist der Zug des Königs mit seinem Hofstaat. Für ihn findet im Tempel eine besondere Opferzeremonie statt. Tiridates genießt es, durch die von Menschen dichtgesäumten Straßen zu reiten. Er erinnert sich an das Rosenfest vor elf Jahren, als das Volk rein närrisch war, daß es wieder einen König hatte. Wie sie ihm zujubelten! Auch heute heben sich viele Hände und schwenken ihm Rosen entgegen: «Es lebe der König!» Aber er sieht auch stumme, mürrische Gesichter. Das sind die Hungerleider, die über die Steuern schimpfen. Doch was kann er für die Dürre? Die königlichen Ländereien haben ja auch darunter gelitten, und deshalb kann er natürlich die Abgaben nicht herabsetzen oder gar erlassen. Mögen sie nur sehen, wie und wo sie Reserven flüssig machen! Wer zwei Kühe hat, soll eine verkaufen und vorerst mit der anderen auskommen. Er, der König, darf nicht nur an Essen und Trinken für das Volk denken, sondern vor allem an die Sicherung der Grenzen. Er braucht Geld für Waffen, um den Nachbarn schon durch ihr Vorhandensein Respekt abzunötigen. Wieder hat sich das Land vergrößert, und je ausgedehnter das Territorium, desto mehr Wachsamkeit ist geboten.

Während er so reitet, streift sein Blick die Menge. Da fällt ihm plötzlich ein junges Frauengesicht auf, das kein bißchen Bewunderung für den Königszug ausdrückt, aber das ihn in seinem Ernst fasziniert und so über die Maßen schön erscheint, wie er noch keines vorher gesehen zu haben meint. Begehren flammt in ihm auf, daß er auf der Stelle vom Roß springen und sie in seinen Sattel heben möchte. Leider ist er sich Würde schuldig. Ein Sieger seines Formats kann sich nicht gehenlassen, noch dazu vor dieser Menschenansammlung. Aber er ist entschlossen, dieses Mädchen an seinen Hof zu befehlen und es zu besitzen. Seine Schwester Choslowanush, mit der er lebt, wird protestieren. Sie will keine Frau neben sich dulden. Doch nachdem er als Heerführer so erfolgreich war, nachdem Rom ihm danken mußte, hat er auch ein Recht auf die Erfüllung jedes persönlichen Wunsches – jedes!

Dem Mädchen ist sein begehrlicher Blick nicht entgangen. Sie errötet jäh, blickt ihn aber stolz und abweisend an. Das schürt sein Verlangen erst recht. Kein Gedanke bleibt mehr für Anahita übrig, er hat eine andere Göttin gesehen! Obwohl er ihr Gesicht nur so kurz wahrnahm, ist ihm, als könne er es nachzeichnen: die Augen, die Lippen ... Wie Seide glänzte ihr dunkles, volles Haar. Er *muß* sie haben! Noch heute wird er Order geben, sie ihm zu bringen. –

Hripsime hat der Blick des Königs beunruhigt, doch sie redet nicht darüber, froh, daß die Mädchen ihn offensichtlich nicht bemerkt haben. Einer aber, der Seidenraupenzüchter Sahak, hat das lüsterne Aufblitzen in Tiridates' Augen beobachtet und sofort festgestellt, daß es nur der wirklich außergewöhnlichen Erscheinung dicht neben ihm gelten konnte. «*Mir* müßte er seine Aufmerksamkeit einmal zuwenden», murmelt er seufzend. Sahak ist dem Stande nach ein Ramik, aber ein ganz kleines bißchen wohlhabender als das andere arbeitende Volk, über das er sich deshalb erhaben fühlt. Er gibt sich kaum mit seinesgleichen ab, doch an die Azats kommt er natürlich auch nicht heran. So steht der Ehrgeizige zwischen den Stufen. «Man müßte einmal etwas Entscheidendes für den König tun können», denkt er, «damit er einen erhebt, vielleicht adelt. Eine große Tat müßte es sein: vielleicht ihn vor einem Unglück bewahren oder einen wichtigen Auftrag für ihn ausführen ...» Er versteigt sich in kühne Pläne, seine Ehrsucht beflügelt die Phantasie. Da hört er hinter sich, wie jemand nach dem Verbleib Gregors fragt. Ist das nicht jener Sohn des Anak, der dem Tiridates bei der Vernichtung dieser Familie entwischte? Was der König wohl von ihm weiß?

Er, Sahak, wird jedenfalls die Ohren offenhalten, auch für andere Dinge, die er womöglich einmal für seine Ziele gebrauchen kann!

Martiros Manuchjan der Vater geht erregt in seinem Zimmer auf und ab. Was soll er in diesem Falle nur tun? Berichtet ihm doch gestern der Sohn von der Aufsässigkeit dieser Leute in Rasdan. Unglaublich, wie das Volk sich aufspielt! Daß sie die Steuern nicht zahlen wollen oder können, soll ihn, den Straßenbauminister, nicht kratzen, das ist Wardan Grunis Ressort. Aber daß nun wegen des verlangten Arbeitseinsatzes für den Staat rebelliert wird, ist der Gipfel! So etwas kann man nicht hinnehmen. Mag ja sein, daß die beiden kaum erst aus dem Krieg heimgekommen sind. Was geht ihn das an! Er braucht sie. Gerade Gordon und Awak sind geschickt und tüchtig – für den Brückenbau *die* Leute! Sollten sie sich unterstehen, nicht zu erscheinen, wird er sie zwangsweise ausheben lassen. Welche Strafe für sie am geeignetsten ist, muß er noch überlegen, denn mit Einsperren gewinnt er nichts. Er muß sie kirre machen, ohne ihre Arbeitsfähigkeit einzuschränken. Es geht nämlich nicht allein um den Brückenbau, er selbst hat auch einige Arbeiten für sie.

Wenn er sich recht erinnert, waren es schon einmal diese beiden, die er wegen Widersetzlichkeit züchtigen mußte. Genau weiß er es nicht mehr. Aber mit Sicherheit waren es zwei von diesen Christen, zu denen sich – zu Martiros' Leidwesen – auch seine Frau und seine einzige Tochter halten. Agath und Rebik versuchen ihn immer wieder zur Nachsicht gegen solche Leute zu erweichen. Längst hätte er den beiden Frauen diesen Umgang verboten, doch es ist eine bewegende Geschichte, die sie dazu gebracht hat. Er selbst wäre dadurch beinahe auch zu einem Anhänger dieser Sekte geworden, aber er war klug genug, sich rechtzeitig zu besinnen. Das Ganze kam so: Rebik war als Kind anfallskrank. Die Eltern gaben viel Geld aus an Bader und andere Heilkünstler, zumal diese stets Erfolg versprachen. Aber keiner von ihnen erzielte auch nur eine Besserung.

Agath hörte schließlich von einem Prediger erzählen, der auf medizinischem Gebiet geschickt sein sollte. Martiros mochte jedoch nach all den Enttäuschungen nicht daran glauben. Er dachte eher, daß Rebik am Ende noch mehr Schaden davontragen könne, wenn sie ständig zwischen Hoffen und Sich-genarrt-Sehen hin- und hergerissen würde. So untersagte er seiner Frau, sich an diesen Prediger zu wenden. Sie tat es heimlich, und zu des Vaters sprachlosem Staunen war das Kind von Stund an gesund. In der ersten Zeit nach diesem Ereignis wäre er bereit gewesen, sich aus Dankbarkeit die Verkündigung dieses Mannes anzuhören. Es kränkte ihn jedoch, daß er kein Geld nahm für die Behandlung. Martiros wollte ihm nicht verpflichtet sein. So sagte er Agath, er wolle erst abwarten, ob die Heilung von Dauer sei. Nun findet er bereits jahrelang die Gesundheit seiner Tochter bestätigt, Rebik wird inzwischen fünfundzwanzig Jahre alt. Doch des Vaters Dankbarkeit ist verflogen. Er sagt: «Wer weiß, ob es nicht gerade der Zeitpunkt war, von dem an durch die körperliche Entwicklung die Anfälle sowieso weggeblieben wären.» Doch Frau und Tochter die Anhänglichkeit an diese Kirche zu verwehren, wagt er nicht. Jener Prediger ist allerdings längst nicht mehr da. Er sei seit Jahren eingekerkert, hat Agath ihm berichtet. *Unschuldig* eingekerkert, versteht sich! Auf einen Wohltäter läßt man nichts kommen. Rebik wollte sogar, der Vater solle sich für ihn einsetzen. Doch die Geschichte seiner fürstlichen Herkunft ist sicherlich eine Mär. Wer weiß, was er verbrochen hat! Und sollte er wirklich der Sohn jenes Anak sein, wäre es um so gefährlicher, sich einzumischen. Im Gegenteil muß Martiros immer bestrebt sein, daß der König beides nie erfährt: erstens, *wer* Rebik geheilt hat, und zweitens, daß sie und ihre Mutter sich zu denen halten, die man bei Hofe Sektierer nennt.

Während Martiros noch immer auf und ab geht, werden ihm zwei Besucher gemeldet. Zu seiner Überraschung sind es – Gordon und Awak aus Rasdan.

«Nun, sogar vorzeitig? Das ist recht!» empfängt er sie mit Genugtuung.

«Nicht vorzeitig», antwortet Awak, «wir bringen die Auslösung. Es ist wirklich nötig, daß wir uns nach der langen Abwesenheit daheim um die Felder kümmern. Der Vater schafft es nicht allein.»

«Besitzt ihr denn tausend Obolen?»

«Was wir Euch bringen, ist mehr wert. Ein Smaragd – hier.»

Martiros' Augen leuchten auf, als er den erlesenen, funkelnden Edelstein sieht. Er greift danach und hält ihn gegen das Licht. Sogleich besinnt er sich aber, das Lächeln verwandelt sich in Stirnrunzeln. «Tausend Obolen? Nein, für die Hälfte will ich ihn nehmen. Einer von euch kann also nur frei sein, oder ihr müßt einen weiteren solchen Stein bringen.»

Die Brüder haben mit Hripsime und Asatur besprochen, wie sie sich verhalten sollen. So sagt Gordon sehr bestimmt: «Entweder er reicht für uns beide, oder wir nehmen ihn wieder mit.» Damit nimmt er den Smaragd Martiros aus den Fingern.

Der macht eine hastige Handbewegung: «Nein, er gehört mir – als Anzahlung.» Aber er greift ins Leere.

«Wir sagten es: entweder als Auslösung für beide, oder gar nicht. Wir wissen über den Wert Bescheid.»

Da wird Martiros herrisch: «Ihr seid dreist!» Aber seine Augen hängen begierig an dem Stück, das er von Anfang an als Kleinod erkannt hat. Er hascht abermals danach: «Gebt her!» Aber Gordon hält ihn fest: «Ihr bekommt ihn nicht eher ausgehändigt», sagt er nachdrücklich, «bis wir schriftlich und besiegelt Eure Bestätigung haben, daß wir frei sind.»

«Ja, was ist denn mit euch Ramiks los? Seid ihr von allen guten Geistern verlassen? Könnt nicht lesen, und verlangt eine Bestätigung! Was wollt ihr also damit?»

«Wir können schreiben und lesen.»

«Das ist Bluff! Wo wollt ihr es denn gelernt haben?»

«In der Gemeinde bei Esra Petrosjan, der auch Eure Tochter unterrichtet.»

«Das wird ja immer schöner! Bauern haben sich um Acker und Vieh zu kümmern. Kein Wunder, wenn ihr damit nicht mehr zurechtkommt!» Martiros könnte platzen vor Ärger, er spürt seine Galle. Es wird gut sein, dieses zähe Pack so schnell wie möglich loszuwerden. «Obwohl ihr für eure Unverschämtheit keine Nachsicht verdient, will ich euch entgegenkommen. Ich schreibe euch auf, daß ihr für diesmal von der Staatsarbeit befreit seid. Dann trollt euch aber!»

«Für diesmal? Nein, Herr, es soll daraufstehen: für die nächsten sechs Jahre.»

Martiros kommt der Zorn an, doch er sieht abermals auf den Edelstein, den Gordon noch immer entschlossen festhält.

«Man sollte euch fortjagen und von Soldaten einziehen lassen», knirscht er.

«Wenn Ihr meint? Dann gehen wir ...» Awak fällt es nicht gerade leicht, gegen einen Azat aufzutreten. Immer haben sie nur gelernt, sich zu ducken. Doch die offensichtliche Gier des anderen macht ihm Mut, sich durchzusetzen. Während er und Gordon sich zur Tür wenden, tritt ein, was Asatur voraussagte: Martiros Manuchjan hält sie.

«Wir wollen einen Kompromiß finden. Ihr arbeitet jedes Jahr eine Woche auf meinem Grundstück.»

Die Brüder tauschen einen Blick.

«Höchstens einer von uns», sagt Gordon, «damit der andere zu Hause sorgt, daß es weitergeht und der Vater in der Schmiede arbeiten kann.»

«Dafür dann die Abmachung für nur vier Jahre. Danach habt ihr euch dann erneut auszulösen.»

«Das können wir nicht, deshalb müssen wir auf den sechs Jahren bestehen.»

«Ach – warum wollt ihr dann nicht können, was euch diesmal offenbar nicht schwergefallen ist? Ein Ramik, der so wertvolle Dinge besitzt, muß doch eine bestimmte Quelle dafür haben. Sollte man da vielleicht einmal nachforschen?»

Martiros spricht lauernd und will die beiden einschüchtern, zugleich ärgert er sich aber, daß er sich diese Fragen nicht verkniff. Stellt sich heraus, daß sie den Stein auf unlautere Weise erwarben, wird *er* ihn damit auch los. So lenkt er ein: «Ich will hoffen, daß der Erwerb seine Richtigkeit hat.»

«Darauf dürft Ihr Euch verlassen. Wir erkaufen uns die Auslösung ehrlich.»

«Fünf Jahre also.»

«Wir müssen bei sechs bleiben. Geben wir doch schon zu, daß Euch ein Mann pro Jahr eine Woche lang zur Verfügung steht.»

«Dann merkt euch aber: ich hoffe, der eine arbeitet dann für zwei, damit ich den Kompromiß nicht bereuen muß.»

Als schließlich das gesiegelte Dokument und der Smaragd die Besitzer tauschen, ist den Brüdern fast unheimlich zumute. Sie haben im nachhinein Respekt vor ihrem eigenen Mut. Schließlich gehen sie glücklich, aber auch nachdenklich davon. Das erstemal, daß sie erlebten, was Geld oder Geldeswert vermögen.

«Gott hat uns geholfen», sagt Gordon bewegt, «du siehst, was Gebet ausrichtet. Unser Problem löste sich auf eine Art, die wir niemals hätten erahnen können.»

»Mich beschäftigt aber, daß es nur einzelne sind, die wie wir ein

Wunder erleben. Müßte nicht jeder, der sich an Gott wendet, solch eine Helferin ins Haus geschickt bekommen?»

«Ich weiß nicht, Awak. Die Aussicht auf ein sorgenfreies goldenes Dasein, in dem der Herr wie ein Zauberer unsere Wünsche ausnahmslos erfüllt, würde jedermann verlocken, sich sofort der christlichen Kirche zuzuwenden. Es gibt jedoch nur einen einzigen gültigen Beweggrund, Jesus Christus unser Leben bedingungslos auszuliefern: sein Erlösungstod für uns.»

«Ja, Gordon. Daß er darüber hinaus auf Bitten in unser Leben eingreift, ist ein zusätzliches Geschenk. – Nun laß uns eilen, der Gottesdienst hat vielleicht schon begonnen.»

Ein einfacher Bau aus Feldsteinen, die Wände auch innen roh, das ist der Versammlungsraum. Aber er ist so groß wie fast sechs Wohnhäuser. Säulen tragen das Dach. Die Stirnseite schmückt ein hölzernes Kreuz. Bretter auf Holzklötzen bilden die Bänke. Die Gemeinde in Artaschat umfaßt einige hundert Menschen. Es finden meist mehrere Gottesdienste nacheinander statt. Heute sind die Bänke entfernt bis auf zwei für sehr Alte und Gebrechliche. Alle anderen Besucher nehmen den Stehplatz gern in Kauf für die vielseitigen Begegnungen.

Gajaneh muß ringsum Hände schütteln. Da sind einige Leute, die krank waren und in ihrem Hause gesund gepflegt wurden. Sie bringen ihr Dankbarkeit entgegen, wo immer sie ihnen begegnet. Denn solche Hilfe, wie sie sie gewährt, ist für die Ramiks sonst unerreichbar, weil unerschwinglich. Gajaneh aber fragt nicht nach Geld.

Da sind auch Vero, der Bäcker, und seine gelähmte junge Tochter, denen sie beistand, als die Mutter starb. Neben Mairiks Tragestuhl trifft sie Sara und Susan, die Frau und die Tochter des Kleinhändlers Howhannes, die sie oft betreuen.

Besonders ehrerbietig wird Gajaneh von Hapeth Terhan begrüßt. Er ist einer der Wohlhabenden in der Gemeinde, ein Kaufherr für Getreide. Sein Lächeln läßt ihn auf den ersten Blick als Menschenfreund erscheinen. Schade, daß viele erfahren mußten, dieser Schein trügt. Die Äbtissin hat Hapeths Einstellung bereits richtig erkannt, noch ehe sie Einzelheiten erfuhr. Durch Sara weiß sie nun zum Beispiel, wie hartherzig und demütigend er ärmere Glaubensgenossen, auch Howhannes, behandelt, wenn einer ihn um Stundung geliehenen Geldes oder der Zinsen bittet, vielleicht weil er mit noch Ärmeren Geduld übt hinsichtlich der Bezahlung von Waren.

Am schwersten aber haben es wohl Hapeths Frau, Zabel, und sein Sohn Mikel, denn er verfährt geradezu diktatorisch mit ihnen. Nur gezwungen kommen sie mit in die Versammlungen. Er aber brüstet sich gegenüber solchen, die ihre Angehörigen noch nicht für den Glauben gewonnen haben. Doch Zabel und Mikel werden innerlich nie zur Gemeinde finden, wenn sie nur des Vaters Knute folgen müssen. Er ist ein stolzer, hochmütiger Mann. Man fragt sich, was Gottes Wort an ihm ausrichtet, ja warum er sich überhaupt zur Christengemeinde hält. Nun, früher im Tempel hatte er oft Reibereien mit dem Priester. Der Übertritt war ein Racheakt. Das wissen aber die wenigsten. Man ist eher stolz, daß auch namhafte Azats der Stadt wie er dazugehören. Hapeth spielt eine führende Rolle unter den Ältesten, wo er seine Meinung immer durchzusetzen versucht. Sein Sohn haßt ihn für seine Selbstherrlichkeit. Die Frau versucht noch zu vermitteln. Wenn Mikel einmal ein eigenes Geschäft eröffnen will, braucht er des Vaters Geld. Manchmal ist er allerdings eher geneigt zu verzichten, als sich zu beugen.

Gajaneh geht das alles durch den Kopf, während Hapeth sie so ausgesucht freundlich bewillkommnet. Sie erwägt, einmal mit ihm zu reden, aber heute ist der Zeitpunkt natürlich nicht geeignet. –

Auch Mikael, den Schuhmacher, kann sie hier nicht fragen, ob und wie sich sein Problem mit dem Wechsler Nahabed gelöst hat. Der ist Heide und hatte erfahren, daß sein Schuldner der «Sekte» anhängt, wie er es nannte. Und da man davon sprach, diese Christen hätten in Nikomedien den Kaiserpalast angezündet und sollen dafür nun ausgerottet werden, ist das für ihn ein Alarmzeichen. Nikomedien ist Teil des Römischen Reiches, und Rom hat nun einmal die Vorherrschaft über Armenien, auch wenn hier ein eigener König regiert. Der ist so abhängig von Rom, daß man nie weiß, wie schnell solche Flammen von dort hierher überspringen. «... und dann sehe ich mein Geld nicht wieder!» fürchtete Nahabed. «Nein, nein, Mikael», sagte er, «solange du zu den Sektierern gehörst, kannst du nicht mit mir rechnen.»

Mikaels sorgenvoller Blick heute läßt darauf schließen, daß sich die Lage für ihn noch nicht gebessert hat. Gajaneh drückt ihm besonders fest die Hand. Das bedeutet: «Behalte den Kopf oben, wir sprechen noch miteinander!» – Auch Aharon und Jowana Sarjan fragt sie hier nicht nach ihrem Kummer. Was sollten sie auch sagen, wie es Gregor geht? Sie hatten so sehr gehofft, der siegestrunkene König würde nun endlich von seinen Rachegelüsten gegen den Sohn Anaks ablassen.

Das alte Ehepaar leidet sehr unter dem Schicksal des Pflegesohns, obwohl sie durch Marjam wissen, daß er innerlich ungebrochen ist. Werden sie nach ihm gefragt, antworten sie stets ausweichend: «Wir wissen uns im Gebet mit ihm verbunden.» Nur Gajaneh vertrauen sie sich an. Die weiß auch um Marjams neue Sorge, daß der Vater nun seine Hand zurückziehen will.

Die Äbtissin hat schon oft bedauert, daß sie nicht genug Mittel hat, um alle Geldprobleme der Freunde zu lösen. Was sie besitzt, verschlingt ihre Arbeit. Um den Wachsoldaten zufriedenzustellen, wird sich zunächst Aharon mit seinen Ersparnissen einschalten. Aber wie lange reichen die schon! Doch er und Jowana haben sich, ebenso wie Marjam, Gregors unbeugsame Hoffnung so fest zu eigen gemacht, daß sie nicht an Gottes Einschreiten zweifeln. –

Unter der Vielzahl der Besucher werden auch die Mädchen und Asatur begrüßt. Thoros stellt sie vor.

Hripsime hat Stepan Akopjan entdeckt. Sie nutzt die Gelegenheit, ihn noch vor Beginn des Gottesdienstes anzusprechen. «Wir sind sieben von weither», sagt sie. «Ich hörte, du bist mit Häusern und Gütern reich gesegnet, Bruder. Hast du Raum für uns?»

Stepan macht ein saures Gesicht. Es ist schon unangenehm für ihn, daß er als Fürst sich hier zwischen dem einfachen Volk aufhalten muß, bloß weil die Familientradition ihn dazu zwingt. Aber auch noch von den Armen um alles mögliche gebeten zu werden, hat er nachgerade satt. Er wird sich das durch entsprechende Reaktionen vom Hals schaffen. Auch den Fremden muß man von vornherein Zurückhaltung beibringen.

«Ich würde empfehlen, sich hier in der Stadt nach einer Kammer umzusehen», erwidert er kühl, «für ein, zwei Nächte findet man etwas.»

«Es bedarf bei uns eines längeren Aufenthaltes. Wir kommen aus Dalmatien, sind dem Wüten Diokletians entronnen. Wir brauchen eine Bleibe, bis wir wieder heimkönnen.»

«Von so weit her kommt ihr? Und das Gerücht von den Verfolgungen dort sollte wahr sein? Davon müßt ihr mir noch erzählen. Aber zunächst zu dem Anliegen: Für einen ausgedehnten Aufenthalt ist bei mir erst recht keine Gelegenheit. Wir wollen den Bäcker Vero fragen, er ist Witwer und hat eine gelähmte Tochter. Vielleicht nimmt er eine oder zwei von euch als Arbeitskräfte ins Haus. Alle beisammen werdet ihr ja ohnehin nicht bleiben können.»

«Das wollen wir aber, und deshalb fragte ich eigens bei dir, Bruder.»

Mißmutig blickt er drein.

«Ist es dir unangenehm, wenn ich dich Bruder nenne?» fragt sie.

«Nein, nein, das nicht. – Gajaneh! Gajaneh, komm bitte einmal her!»

Da sieht sich Hripsime nun ihr gegenüber – ihr, einer kräftigen, mütterlichen Frau in den Vierzigern, dem Bruder in keiner Weise ähnlich.

«Das ist meine Schwester», stellt der Nacharar sie vor, «und diese Frau», er weist auf Hripsime, «diese Frau ist mit noch anderen aus Dalmatien hierher geflohen. Sie brauchen Unterkunft ...»

Hripsime lächelt und reicht Gajaneh die Hand: «Ich habe dir noch nicht gedankt für deinen letzten Brief, meine Base. Als ich ihn bekam, ahnte ich nicht, daß ich es würde persönlich tun können. Ich bin –»

Da hat Gajaneh sie schon in die Arme geschlossen, und weinend und lachend zugleich schluchzt sie auf. «Hripsime, du! Du bist in die Heimat gekommen ... Oh, sei willkommen!»

Dann nimmt sie Hripsimes Gesicht in beide Hände und betrachtet es liebevoll. «Nie hätte ich gedacht, dich auf diese Weise kennenzulernen! Geflohen bist du. Also waren es nicht nur Gerüchte, die man hörte. Doch bei aller Tragik, die dich herführte – gesegnet sei dieser Tag! Natürlich bleibst du mit allen, die zu dir gehören, bei mir in Wagharschapat. Ihr seid bei mir zu Hause ...»

Stepan hat mit wachsendem Staunen zugehört. «Was soll das bedeuten – du wärest unsere Base?»

Hripsime nimmt das Medaillon aus der Tasche und zeigt es ihm: das Lamm mit einer Krone – Erkennungszeichen der Akopjans. «Ja, Stepan, ich bin eure Base. Deshalb habe ich gerade dich angesprochen.»

Die Längsfalte auf seiner Stirn vertieft sich. «Woher wolltest du wissen, daß ich –?»

«Sehr einfach. Ich habe dich bereits auf dem Gänsemarkt gesehen, als dein Pferd scheute und dann ein Bittsteller an dich herantrat ... Da fragte ich nach deinem Namen.»

Um die Mädchen hat sich ein Kreis hauptsächlich junger Leute geschart, die etwas erfahren möchten aus dem fernen Land, von der weiten Reise und den Erlebnissen unterwegs. Die meisten, die da wißbegierig fragen, sind kaum je aus der Stadt hinausgekommen, und wenn, dann nur ein, zwei Tagereisen weit. Dalmatien aber – Dalmatien ... Das ist doch fast auf einem anderen Stern!

Eine Gruppe steht dichtgedrängt um Julia, Pia und Phöbe. Abwechselnd berichten die drei, wie es zu ihrer Flucht kam, welche Ereignisse plötzlich die gespannte Lage heraufbeschworen.

«... Wie, Diokletian wollte ein Gott sein? – Was geschah, wenn einer sein Bild nicht anbetete? – Und ihr wurdet also gewarnt! – Erzählt, erzählt! ...» So reden die Artaschater durcheinander. Aber bald heißt einer den anderen still sein, damit ihnen kein Wort entgeht.

Julia, die immer Ernste und Sorgenvolle, malt ein anschauliches Bild von Bedrohung und Ängsten, daß viele ein Schaudern überläuft. Pia hingegen erzählt in ihrer hellen Tonart vom Wagnis der Fahrt auf Nachbars Wagen, der tatsächlich von einer Wache kontrolliert wurde. Ein Wunder, daß die Soldaten ihr Herzklopfen nicht hörten! Dann das Aufatmen, als es weiterging und sie in ihrem Versteck unter den umgestülpten Weinfässern wieder durchgerüttelt wurden. Im Hafen aber ein neuer Schreck: jedes Faß wurde umgeworfen und ruckzuck, die Öffnung nach oben, wieder aufgerichtet. Sie purzelten darin herum, ohne zu wissen, ob sie nun etwa doch entdeckt waren. Aber mit «Fracht» geht man nun einmal nicht sanft um: sie wurden – kopfüber zwischen Himmel und Erde schwebend – an Bord, in den Laderaum des Schiffes gespillt ...

Beim bloßen Hinhören bekommt man da Bauchkrabbeln! Und jeder Zuhörer meint auch persönlich mitzuerleben, wie den Matrosen vor Staunen der Mund offenstehen bleibt, als sie die Mädchen zum erstenmal sehen; sie schauen hinein in die engen Kajüten, ja, sie spüren, wie das Schiff schlingert, wenn die Brise zunimmt. Schließlich sind sie dabei, als Phöbe mit dem Bootsmann angelt und viele schillernd bunte Fische fürs Mittagessen am Haken hat. Pia weiß dann auch den Weg vom Schwarzen Meer über die Berge spannend zu schildern – wie sie Sis und Masis, die Gipfel des Ararat, vor sich haben und Asatur ihnen den Punkt weist, wo sie die Reste der Arche Noahs ausmachen ...

Dann aber führen Fragen sie wieder zurück nach Dalmatien: «Berge – habt ihr dort auch welche? Und was wächst in diesem Land? Sehen die Häuser wie unsere aus? ...»

Hunderterlei müssen sie beantworten, Pflanzen und Bäume beschreiben, deren Namen hier kein Begriff sind. Sie stellen auch das wunderschöne Salona vor, dazu den riesigen Kaiserpalast, der in Aspalathos entsteht. Dabei vermeiden sie aber Vergleiche, denn wie primitiv die hiesige Bauweise gegenüber der daheim ist, wollen sie nicht noch hervorheben. Am meisten berichten sie von ihrer Gemeinde, da ist der Stoff schier unerschöpflich. –

Unter denen, die am gespanntesten lauschen, ist Mikel Terhan. Erst gesellte er sich mißmutig hinzu, er war ärgerlich auf den Vater, daß er so auffällig um Gajaneh herumdienerte und daß er sich vor Awetis Arakeljan wieder mit der Anwesenheit seiner ganzen Familie brüstete, weil dessen Angehörige nicht mitkommen. Aber über dem Zuhören vergaß Mikel bald seine deprimierende Rolle als «Paradepferd» des Vaters.

Seine Mutter, die sich sonst den anderen Frauen gegenüber sehr reserviert verhält, steht heute bei Nuneh Rochkijan, Marjams Mutter. Spürt sie, daß die auch Sorgen hat mit dem Ehemann, wenn auch mit umgekehrtem Vorzeichen? Er hat sein Fernbleiben heute vor ihr und den Kindern mit Unwohlsein erklärt, so sollen sie es also den anderen erklären, wenn jemand nach ihm fragt. Früher oder später wird seine innere Haltung aber doch offenbar werden.

Agath Manuchjan gesellt sich ebenfalls zu Zabel und Nuneh. Zwischendurch schaut sie sich immer wieder einmal um, ob Rebik nun wohl da ist. Sie beobachtet sie immer noch auf Schritt und Tritt wie ehemals das kranke Kind. Sie möchte die Tochter nie an ihrer Seite missen, zumal sie zu Mann und Sohn keine wirkliche innere Bindung hat. Daß Rebik längst stabil genug ist, um selbständig zu sein, will Agath nicht wahrhaben. –

Marjam hört gespannt auf jedes Wort der Mädchen, damit sie Gregor weitergeben kann, was sie aus der Fremde berichten. Nebenher beobachtet sie ihren Bruder Anahid. Er hängt besonders einer an den Lippen: Pia. Sie ist aber auch ein nettes Mädchen mit einer gewinnenden Art! Anahid ist jetzt achtzehn. Wäre es ein Wunder, wenn eine Zuneigung in ihm aufkeimen würde? Eins ist gewiß: Was ihn heute bewegt, wird früher oder später zuerst sie, die «große Schwester», erfahren. –

Die Zeit für den Gottesdienstbeginn ist schon heran, aber Esra ist klug, er bricht diese seltene Gelegenheit des Austausches seiner Gemeinde mit so vielen Gästen nicht jäh ab. Dort steht zum Beispiel auch Claudia mit Mairik, der Bäckerstochter, und Sara und Susan und ein paar anderen zusammen. Claudia fühlt sich zu dem gelähmten Mädchen besonders hingezogen, weil sie trotz ihrer Behinderung Frohsinn und Lebensbejahung ausstrahlt. Ein Zeichen, daß sie von großem, innerem Reichtum zehrt. Claudia ist sicher, daß ihre Beziehungen über diesen Tag hinausreichen werden. Irgendwie erinnert Mairiks Art an Lucia. Deshalb erzählt Claudia auch zuerst, daß sie eigentlich zu sechst bei Hripsime lebten, eine aber nun nicht bei ihnen ist, sondern im Kerker sitzt. Aber sie wird nachkommen, ganz gewiß, Markus muß sie nur erst befreien.

Die zierliche Susan denkt weiter: ob die beiden sie denn hier auch gleich finden werden? Vielleicht sollte man im Geschäft aufpassen, wenn einmal zwei fremde Kunden nach Claudias Beschreibung auftauchen? O ja, das wäre schon gut. Auch im Bäckerladen könnten sie erscheinen. Dann brauchten sie nicht anderswo nach Gajaneh und dem Weg dorthin zu fragen.

«Namen und Ort wissen sie aber genau?» vergewissert sich Susan.

Ja, das hat Claudia schriftlich hinterlassen. Sie erzählt von der nächtlichen Jagd über Stock und Stein zu jenem Baumloch.

«Oh, wie abenteuerlich das ist!» begeistert sich Mairik. «Du müßtest uns noch oft erzählen, Claudia. Ob du uns einmal besuchst? Sara und Susan müßten dann natürlich auch da sein.»

«Noch schöner wäre, wenn du dableiben könntest», meint Sara. «Weißt du, Susan und ich müssen viel im Geschäft arbeiten, so haben wir nicht genug Zeit für Mairik.»

«Das müßte Hripsime entscheiden. Ich will sie fragen, will ihr auch sagen, wie gern ich hier bliebe. Doch zunächst ist sicherlich ein Besuch möglich. Wagharschapat ist ja nicht allzuweit entfernt, nicht wahr?»

In Gedanken aber wird das Bild Markus' und Lucias immer greifbarer, wie sie zum Bäcker kommen und, statt nach Brot zu fragen, die Freundin in die Arme schließen. –

Damaris und Asatur haben sich unauffällig aus dem Saal geschlichen. Sie wissen seit heute – seit sie auf dem Weg zur Stadt hinter den anderen zurückblieben und Asatur von dem nächtlichen Gespräch mit Hripsime erzählte –, daß die Aussicht auf eine gemeinsame Zukunft kein unerfüllbarer Traum mehr ist. Nun mischen sie sich unter die bunte Menge auf der Straße, wo niemand sie kennt, und sagen sich, was sie so lange schon hatten sagen wollen: «Ich liebe dich!» Sie nehmen nicht wahr, daß sie anderen im Wege stehen und manch einer, der um sie herumgehen muß, schmunzelt. Sie halten sich mitten im Gedränge fest in den Armen. Damaris nimmt voll Wonne wahr, wie zart dieser starke Mann mit den eisernen Muskeln auch sein kann – ihr Asatur! Ja, sie wird glücklich sein in seinem Heimatland, an seiner Seite.

Während sie zur Gemeinde zurückgehen, besprechen sie, wie sich die nächste Zeit für sie gestalten soll: Asatur wird sie alle noch bis zum endgültigen Ziel nach Wagharschapat begleiten. Dann soll Damaris dort auf ihn warten, während er in seinem Dorf Goschawank in den Bergen hinter dem Sewansee ein Haus baut und alles vorbereitet, sie als seine Frau heimzuholen. Daß sie als Bauern leben wollen, darüber sind sie sich einig. Mit dem Geld von Hripsime, das Asatur gleich mitnimmt, kann er alles Nötige kaufen, vor allem auch eine große Schafherde. Bis er aufbricht, wollen sie sich aber jede Stunde nahe sein – auf «Vorrat» sozusagen für die Zeit der Trennung, die aber auch Vorfreude sein wird. –

Zur gleichen Zeit gibt es noch zwei Menschen, die vor Überraschung gar nicht sofort erfassen, welches Glück ihnen der Tag in den Schoß wirft.

Da kommen Gordon und Awak beschwingten Schrittes aus der Hauptstraße, als sie vor sich ein Mädchen sehen.

«Kennst du sie?» fragt Awak den Bruder. «Sie gehört auch zur Gemeinde.»

«Ja, sie heißt Rebik. Sonst weiß ich von ihr jedoch nur, daß sie die Tochter eines Azats ist.»

«Dabei hättest du dir gewünscht, sie würde von Ramiks abstammen wie wir, stimmt's?» Awak sieht Gordon lächelnd von der Seite an.

«Was du nicht weißt! Aber ehrlich – sie gefiel mir. Doch was nützt das! Ich will mich gar nicht in solche Gedanken hineinsteigern.»

Da sieht er plötzlich, wie Rebik fehltritt, umknickt und hinfällt. Mit ein paar Sprüngen ist er bei ihr: «Hast du dir wehgetan?»

Schmerzvoll verzieht sie ihr Gesicht. «Mein Fuß –»

Gordon hilft ihr auf, aber sie kann nicht stehen.

«Wenn wir dich zwischen uns nehmen?» schlägt Awak vor.

Aber da hat Gordon sie schon auf seine kräftigen Arme genommen. «Ich bringe dich heim, Mädchen, sag mir, wo du wohnst.»

«Nicht weit von hier, in der Hauptstraße.»

«Ich gehe inzwischen weiter», schmunzelt Awak verständnisvoll, «oder brauchst du mich?»

«Nein, nein, ich komme gleich nach.»

Und während Gordon mit ihr davongeht, wird ihm erst richtig bewußt, daß er das Mädchen in den Armen hält, auf das er sich niemals Hoffnungen machen durfte. Er verlangsamt seinen Schritt. Und Rebik vergißt ihren schmerzenden Fuß. Was gibt es doch für Überraschungen! Ohne die Sitten zu verletzen, darf sie sich an einen so liebenswerten jungen Mann schmiegen! Warum nur mag die Mutter sie bisher so ängstlich gehütet haben, daß ja niemand auf den Gedanken kommen sollte, um sie zu werben?

«Welches Haus ist's?» fragt Gordon, nachdem er sich inzwischen ein paarmal bestätigen ließ, daß sie auch bequem in seinem Arm liege.

«Dort!» zeigt sie auf ein doppelstöckiges Gebäude.

«Dort – ? Aber das ist doch das Haus von Martiros Manuchjan?»

«Ja, er ist mein Vater.»

Gordon bleibt ruckartig stehen. Es fehlte nicht viel, bald hätte er Rebik fallenlassen. «Dein – Vater?» stammelt er. Aber indem er sich ausmalt, wer nun wahrscheinlich den herrlichen Smaragd tragen wird, faßt er sich. «Ich wußte nur, daß du Rebik heißt. In der Gemeinde habe ich dich gesehen. Vielleicht kennst du mich auch? Ich bin Gordon Thorosjan aus Rasdan. Wir haben eine eigene Gemeinde im Ort, aber ein- oder zweimal im Jahr kommen wir hierher zum Gottesdienst.»

«Ich erinnere mich, daß ich dich schon gesehen habe.»

Trotz kleinster Schrittchen stehen sie schließlich doch vor der Haustür. Rebik klopft. Jetzt sollte sie versuchen, ob sie nicht doch stehen kann. Aber Gordon hält sie fest.

Der aufregendste Augenblick ist, als Martiros, der Vater, die Tür öffnet. Er bringt zunächst kein Wort hervor und ist so blaß, daß man fürchten muß, *er* falle nun um. Gordon genießt diesen Augenblick mit Genugtuung.

«Ich bringe Eure Tochter heim», sagt er sehr freundlich, «sie hat sich auf der Straße den Fuß verletzt und kann nicht laufen.»

«Ja, aber – das ist – man kann doch nicht –»

Doch er macht schließlich Platz, daß Gordon mit seiner lieblichen Last hereinkann, und geht vor ihm die Treppe hinauf. Im Wohngemach des oberen Stockwerkes weist er auf die Liegestatt und murmelt dabei Unverständliches. Als Gordon davorsteht, läßt er Rebik trotzdem nicht sogleich nieder, erst als der Vater ungeduldig wird: «Worauf wartest du?»

Da schmiegt Rebik sich noch einmal fest an ihn, kostbare Sekunden lang. Wird sie einen so traumschönen Moment überhaupt noch einmal erleben?

Mit fester, zugleich aber auch zärtlicher Stimme sagt Gordon: «Auf Wiedersehen!»

«Du hast mit meiner Tochter nichts zu schaffen, verstanden?»

«Aber es könnte sein, daß ich sie in Eurem Hause bald wiedersehe – wenn Ihr mich zur Arbeit ruft. So ist es doch vereinbart, nicht wahr?» –

Als Esra Petrosjan den Aufschub nicht länger ausdehnen kann, tritt er vor die Versammelten. Die Gespräche verstummen. Der Achtundsiebzigjährige ist ein Patriarch, der die Gemeinde mit gütiger, aber fester Hand leitet und der im Ältestenrat auch Charaktere wie Hapeth Terhan steuert.

Früher war er Lehrer und unterrichtete die Kinder von Nachararen, einige Jahre hindurch sogar die junge Generation der Bagratuni. Nach seiner Hinwendung zu Jesus aber ist er ein Glaubenslehrer geworden.

Nach dem Lob Gottes und Gebet nimmt der Weißbärtige eine pergamentene Schriftrolle zur Hand und entfaltet sie. Es ist die Abschrift eines Briefes des Apostels Paulus an die Römer. Esra legt der Predigt einen bestimmten Abschnitt zugrunde: «... Wer will uns scheiden von der Liebe Christi? Trübsal oder Angst oder Verfolgung oder Hunger oder Blöße oder Gefahr oder Schwert? ... In diesem allen überwinden wir weit durch den, der uns geliebt hat. Denn ich bin dessen gewiß, daß weder Tod noch Leben, weder Engel noch Gewalten, weder Gegenwärtiges noch Zukünftiges ... weder Hohes noch Tiefes noch irgendein anderes Geschöpf uns zu scheiden vermag von der Liebe Gottes, die in Christus Jesus ist, unserem Herrn.» Esra legt die Rolle beiseite und hebt seinen Blick. Viele bewundern seine Ausstrahlung, die er sich bis ins hohe Alter bewahrt hat, ja, die ihm vielleicht bis heute nie bewußt geworden ist. Mit Vollmacht, die seiner bedingungslosen Hingabe entspringt, legt er die Schrift aus. Klar und verständlich, daß jeder ihm folgen kann, ist die Predigt aufgebaut, und selbst seine Sprechweise ist Mittel zum tieferen Eindringen in die Botschaft.

«... wir dürfen uns glücklich preisen», sagt er schließlich, «nichts im Leben brauchen wir mehr zu fürchten, gar nichts, wenn wir uns unbeirrbar auf Gottes nie wankende Liebe zu uns verlassen. Die frohmachende Nachricht GOTT IST FÜR UNS begegnet uns in der Heilsgeschichte immer wieder. Da ist der Bund mit Abraham, die Offenbarung im Dornbusch, die Immanuel-Botschaft der Propheten, und da ist – das Wirken Jesu. Niemand kann uns das Bekenntnis Gottes zu uns, seinen Menschenkindern, streitig machen. Deutlicher als mit dem Opfer seines Sohnes konnte er uns seine Liebe nicht zeigen. Sie gilt für uns in jeder Lebenslage, sie ist unsere Hoffnung, unsere Zuversicht als Gottes Kinder ...»

Hat Esra von den Gästen aus Dalmatien schon gewußt, als er diese Predigt vorbereitete? So fragt sich manch einer unter den Zuhörern. Vor *Verfolgung* mußten sie fliehen – und gerade über diesen Text predigt er heute.

Verfolgung – mit diesem Begriff muß man sich erst vertraut machen. Bisher hielt man für Übertreibung oder gar nur für ein Gerücht, was man von den angeblichen Geschehnissen in Nikomedien und aus anderen Herrschaftsbereichen des römischen Kaisers hörte: Maßregelungen, Schikanen, Strafen bis zur Folter sollten gegen Anhänger des christlichen Glaubens verhängt worden sein. Doch diese Zeiten wähnte man längst vorüber, zumal gerade dieser Kaiser viele Christen unter seiner Dienerschaft am Hofe hatte. Wer weiß, wer da Unruhe stiften wollte durch die Verbreitung von Greuelgeschichten! So tat man die Sache bisher ab. Nun aber hatte man heute die fremden Gäste nach dem Woher und dem Grund ihrer Reise gefragt – damit waren Begriffe wie Trübsal, Angst und Gefahr, von denen Paulus in seinem Brief sprach, plötzlich erschreckend nahegerückt. Das Römische Reich ist schließlich nicht weit genug entfernt, daß nicht ein Funke sehr rasch überspringen könnte, zumal Tiridates sich in Rom gern einkratzt – warum nicht einmal mit parallellaufenden politischen Maßnahmen?

Daher nehmen die Gläubigen heute die Predigt in besonderer Weise an, gleichsam wie einen Schild, hinter dem man sich bergen kann: Nichts, absolut nichts auf der Welt vermag uns etwas anzuhaben, vermag uns zu trennen von Gottes Liebe, die unser Leben ist, hier und in Ewigkeit.

Nachdem Esra geendet hat, erinnert Awak Hripsime: «Das Lied – ?»

«Ja», sagt sie, flüstert kurz mit Gajaneh, und die gibt Esra einen Wink. Dann singen beide Frauen, was ihre Großmutter wie ein Vermächtnis hinterließ:

«Im Leben und Sterben folgen wir Jesus nach,
ihm, dem wir uns geweiht ...»

und sie erzählen, daß dieses Lied anno 230 jene Christen begleitete, die damals von hier um des Glaubens willen fortgehen mußten. Hripsime fügt an, daß sie es auch in Dalmatien gesungen haben – das «Lied der Gajaneh». Denn jene Großmutter trug den gleichen Namen wie jetzt ihre Enkelin in Wagharschapat.

Gajaneh sagt dann den zweiten Vers an, und zögernd erst, bald aber immer sicherer, stimmt die Gemeinde ein:

«Uns reißt nicht Verfolgung aus seiner starken Hand,
ihm allein dienen wir,
ihm, der uns aus Fesseln der Sünde entband,
gehören wir für und für.»

Vor fast fünfhundert Jahren ist Artaschat auf acht Hügeln im grünen Vorland der Gegam-Gebirgskette erbaut worden, jeder Stadtteil von einer eigenen Mauer umgeben, aber mit den benachbarten durch Brücken verbunden. Die Königsburg liegt auf der höchsten dieser Erhebungen, dort, wo der längste Ausläufer des Gegam nach Südwesten vorstößt. Von der Burg aus übersieht man die schöne Stadt.

Eine Zeitlang hat sie in Trümmern gelegen, vor etwa dreihundert Jahren, als römische Legionen sie zerstörten. Aber als Tiridates I. im Jahre sechsundsechzig von Nero in Rom gekrönt wurde, gab der ihm –

gewissermaßen als Patengeschenk – fünfzig Millionen Drachmen. Damit wurde Artaschat in alter Schönheit wieder aufgebaut und außerdem etwa sechzig Kilometer nördlich, dort wo der Asat in den Garnifluß einmündet, ein prächtiger griechisch-römischer Säulentempel für Mithra und Anahita errichtet. Dazu kam am selben Ort, den man nach dem Fluß *Garni* benannte, eine starke Festung und ein Sommersitz für die Königsfamilie. Tiridates III., der jetzige König, liebt ihn. Man sagt, er halte sich dort lieber auf als in der Hauptstadt; denn Artaschat wird durch die besonderen Umstände ihrer Wiedererbauung immer die Stadt des *ersten* Tiridates bleiben. In letzter Zeit hat er des öfteren erwogen, eine Metropole zu hinterlassen, die seine Handschrift tragen soll. Darauf hat er wohl Anspruch! Ausersehen ist *Dwin* dafür, die heutige Burg könnte der Mittelpunkt werden. Und vor seinem inneren Auge ersteht sie bereits, die Stadt, Stück für Stück – mit Gold und Silber auf Türmen und Zinnen. Sein Vater hatte schon vor, eine neue Hauptstadt zu gründen. Als er im Jahre 217 gekrönt wurde, sah Rom sich zwar nicht zu einer Gabe veranlaßt, doch er hätte das Geld selbst aus Steuern aufgebracht. Er starb zu früh, als daß er an ein solches Projekt hätte herangehen können.

Jedesmal, wenn Tiridates sich aus irgendeinem Anlaß des Vaters erinnert, plagt ihn ein schlechtes Gewissen: er hat ihn noch nicht vollkommen gerächt. Doch lange kann dieser Gregor trotz seiner offensichtlichen Zähigkeit gewiß nicht mehr leben! Wieviel Jahre ist er eigentlich nun schon in diesem Kerker? Es ist jetzt angeordnet, seine Essenration weiter zu kürzen, dann muß zwangsläufig sein Ende kommen. Danach wird er, Tiridates, endlich Ruhe haben, wird rein dastehen vor dem toten Vater und in Angriff nehmen, was der nicht mehr vermochte. Und Dwin ist der geeignete Ort für die Stadt, die unvergleichlich sein wird.

An Dwin hat er in den letzten Tagen öfter gedacht, aber aus einem anderen Grunde. Burg Dwin soll der Platz sein, wo er mit der Frau, nach der er sich sehnt, ungestört sein will. Hätte er sie doch erst wiedergefunden!

In anderen Jahren hat er sich stets gleich nach dem Rosenfest zusammen mit seiner Schwester Choslowanush wieder nach dem Sommersitz Garni aufgemacht. Diesmal mag sie allein vorausgehen. Er wird nicht eher aufbrechen, bis sein Verlangen gestillt ist, das in jenem Augenblick so mächtig in ihm aufbrach.

Es sind Berittene, die vom Königshof in alle Richtungen ausschwärmen, jeden Tag aufs neue. Sie haben auch immer wieder den gleichen Auftrag: Eine über alle Maßen Schöne ist in die Stadt gekommen, und der König begehrt, sie zu empfangen. Sie *müssen* sie finden, dafür ist sogar eine hohe Belohnung ausgesetzt. Wahrscheinlich hat sie Artaschat schon wieder verlassen und sich zu einem anderen Ort aufgemacht, deshalb müssen alle Straßen kontrolliert werden.

«He, Wanderer, hast du eine schöne Frau gesehen, eine auffallend Schöne?»

«Du willst sie wohl rauben, Reitersmann?»

«Sei nicht frech, ich frage auf Befehl des Königs!»

«Ich habe nicht nur *eine* gesehen inmitten der Scharen zum Rosenfest. Dort hättest du nachschauen sollen.» –

An anderer Stelle meint ein Befragter zu wissen, wer da gesucht wird. «Auffallend, ja, das war sie. Aber wohin sie sich gewendet hat? Fragt mich was Leichteres!» –

Als Gajaneh heimfährt nach Wagharschapat, holt auch sie ein Reiter ein. «Auf Befehl des Königs suchen wir eine ungewöhnlich schöne Fremde, die er an den Hof begehrt. Habt Ihr sie gesehen?»

Gajaneh horcht auf, aber sie weiß ihre Züge zu beherrschen. «In der Menschenmenge sich nach einzelnen Gesichtern umzusehen, ist ein Unding. Außerdem ist sehr verschieden, was einer unter *schön* versteht. Weiß man denn keinen Namen?»

«Das ist es ja – außer der Schönheit, nach der sich allerdings jedermann umgedreht haben soll, wissen wir gar nichts.»

«Dann kann man Euch nur das Glück des Zufalls wünschen, nicht wahr?» –

Einer vom Suchkommando fragt auch in der Stadt hier und da. Die Belohnung reizt, nichts unversucht zu lassen. Ein Befragter macht sogar ein Gesicht, als wisse er etwas. Ihm allein spricht der Berittene von Belohnung. Danach aber ist der Mann merkwürdig zugeknöpft. Kenne sich einer unter den Menschen aus!

Der anscheinend Wissende ist Sahak, der Seidenraupenzüchter, der am Rosenfest des Königs vielsagenden Blick beobachtete. Und Belohnung? Diese Chance wird er mit niemandem teilen, sondern nun auf eigene Faust suchen und dem König selbst Mitteilung machen, falls er ihr noch einmal begegnet – ihr, der einen, die da nur in Betracht kommt. Vielleicht ist das seine große Gelegenheit, endlich auf sich aufmerksam zu machen und von den unteren Leitersprossen des Daseins aufzusteigen? Von Stund an ist Sahak in der Stadt unterwegs, und seine Augen lassen keinen Winkel aus. In welchem Hause sie sich auch aufhalten mag – einmal kommt sie auf die Straße ...

Und wirklich: sie kommt! Aus dem Geschäft eines Stoffhändlers sieht er sie treten – unverwechselbar. Sie ist nicht allein, weitere Mädchen und ein Mann begleiten sie. Der Mann gehört aber mit Sicherheit zu einer der anderen. Sie haben eingekauft. Wie kann er sie nur festhalten, oder wie die Meldung an den Hof bringen, ohne sie aus den Augen zu verlieren? Einen anderen Menschen einweihen, ihn mit der Beobachtung betrauen? Nein, o nein! Er wird ihnen folgen, wohin sie gehen.

Lange braucht er da nicht hinterdreinzulaufen, sie gehen ins städtische Bad. Hier hat er sie für eine Weile sicher. Meint er. Denn bei Hofe ist man nicht so rasch, einem Fremden in dieser Sache Glauben zu schenken. Als man Sahak endlich einen Beauftragten mitgibt, ist so viel Zeit verstrichen, daß im Bad niemand mehr zu finden ist.

«Was erlaubst du dir?» herrscht der Königliche den enttäuschten Sahak an. «Das ist Irreführung der Staatsgewalt! Weißt du, wie strafbar das ist?»

«Aber sie waren hier, ich schwöre es!»

«Waren! Waren! Was nützt das?» Der Reiter versetzt Sahak einen empfindlichen Hieb, ehe er wieder davonprescht.

Sahak schickt ihm einen langen Fluch hinterdrein, aber er läßt sich nicht abschrecken. Seine Chance! Es muß ihm noch gelingen. *Sie* ist in der Stadt. Und wenn er Tag und Nacht auf Posten sein muß – sobald er sie bringt, kann man ihm die Belohnung nicht versagen!

III. Kapitel

LEIDENSNACHT

1

Juni 299, Wagharschapat.
Das ist der größte Ort inmitten der Ebene, die sich – von fernen, hohen Bergen in weitem Kreis umsäumt – zwischen den Flüssen Araxes, Kasach und Rasdan breitet. Die beiden Gipfel des majestätischen Ararat recken ihre schneeweißen, tief herabgezogenen Hauben über die Kette grauer Kuppen hinaus in den silberblauen Himmel.

Juni – eine angenehme Jahreszeit; die beißende Winterkälte ist vergessen und der glutheiße Sommer noch nicht da.

Die extremen klimatischen Bedingungen erschweren das Leben. Da wachsen zum Beispiel viele Sorten lieblich süßer Trauben. Aber so begehrt der Wein ist, soviel mehr Arbeit macht er hier im Vergleich zu anderen Anbaugegenden: Die Winzer müssen über Winter jede Rebe dick mit Erde bedecken, um sie vor dem starken Frost zu schützen. Trotzdem wünscht sich kein gebürtiger Wagharschapater fort von hier. Die Ebene besitze Anziehungskraft, sagen die Bewohner, und besondere Reize verleihe ihr zudem *die* Stadt.

«... soso, auch ihr beide wollt dorthin?» Der Fuhrmann Lewon hat mit seinem holzbeladenen Wagen einen Mann eingeholt, der sein etwa fünfjähriges Kind auf dem Rücken trägt.

«Ja, mir ist gesagt worden, in Wagharschapat kann auch der Allerärmste Hilfe bekommen. Nasani hat kranke Augen, du siehst, sie sind ganz verkrustet. Wir kommen von weit her, aus dem Gebirge noch nördlich des Sewansees. Die Kleine ist tapfer mit ausgeschritten, aber ab und zu lasse ich sie auf meinem Rücken ausruhen. Heute werden wir endlich das Ziel erreichen.»

«Das wohl. Aber eine Strecke haben wir doch noch vor uns. Komm, wir legen das Kind in die Mulde vorn am Wagen. Ich brauche keinen Kutschbock.»

Varteres läßt das Töchterchen zu Boden gleiten. «Bedanke dich, Nasani, du darfst fahren», sagt er und bekreuzigt sich.

Das Mädchen streckt die Hand ins Leere, sie kann die Augenlider gar nicht mehr öffnen. Lewon ergreift ihre Fingerchen und streicht mit seiner Linken über das braune, etwas wirre Haar.

«Ich fahre direkt bis zu dem Haus, in das ihr wollt», sagt er, «denn wenn jemand Hilfe sucht, will er zu Gajaneh und den anderen Frauen, die ihr Leben dem Dienst am Menschen verschrieben haben. – Was *ich* dort will, fragt ihr? Ich bin nicht krank, nein. Ich bringe dieses Brennholz hin, die einundzwanzigste Fuhre schon.»

«Wenn man sich hier umschaut, meint man, in dieser lieblichen Landschaft der Weingärten braucht ihr euch vor dem Winter nicht zu fürchten. Doch ich hörte schon, die Kälte kann hier so beißend sein wie bei uns. Dennoch spricht man bei uns von der Gegend hier als vom Paradies. Und das hätte ich vielleicht nie gesehen, wenn ich nicht den Hinweis auf die heilkundigen Frauen bekommen hätte.»

«Wer gab ihn dir denn?»

«Meines Nachbars Sohn ist einige Jahre zur See gefahren und jetzt zurückgekommen. Er baut ein Haus, will eine Frau heimholen, die jetzt noch hier wohnt. Sie und ein paar andere hat er herbegleitet, als sie aus Dalmatien fliehen mußten. Du weißt gewiß: Diokletian – man hört jetzt so manches aus dem Römischen Reich ... Der junge Mann nun hat mir auch Nachricht an die Anverlobte aufgetragen.»

«Heißt dein Nachbarssohn Asatur?»

«Kennst du ihn?»

«Aber ja! Ich gehe in Gajanehs Hause aus und ein. In ihrem Auftrag habe ich die Flüchtlinge in Artaschat abgeholt. Und Asatur hat hier verschiedene Handwerksarbeiten verrichtet, ehe er sich auf den Weg nach Hause machte.»

«So ist das also! – Ach, Lewon, wenn du so gut Bescheid weißt, dann erzähle mir noch, was Asatur nicht genau sagen konnte: Wie ist Gajaneh dazu gekommen, sich gerade einer solchen Aufgabe anzunehmen?»

«Nun, soviel weißt du vielleicht, daß sie aus dem fürstlichen Geschlecht der Akopjans stammt. Das gehört zu den ältesten Christenfamilien im Lande. Obwohl – Stepan, ihr Bruder ... Doch danach hast du mich nicht gefragt. Gajaneh jedenfalls sah die Not ringsum, und es traf sie ein Wort Heiliger Schrift. Unser Herr hat gesagt, die

Welt solle an *einem* Zeichen allein schon erkennen, daß wir seine Jünger sind, nämlich wenn wir Liebe untereinander haben. So gelobte sie daraufhin sogar Ehelosigkeit, um sich ungeteilt der Nächstenliebe zu widmen. Andere Frauen mit der gleichen Absicht schlossen sich an, so entstand diese Abtei. Die Heilerfolge sprachen sich schnell herum und zogen immer mehr Leute an, die behandelt sein wollten. Einige der Klosterfrauen gingen, nachdem sie genügend Erfahrungen gesammelt hatten, in andere Gegenden und arbeiten nun dort. Letzten Herbst konnte Gajaneh sechs vom alten Stamm nach Syrien schicken. Von dort war ein Hilferuf gekommen, daß eine Hautkrankheit erschreckend um sich griff. Sie konnten abkommen, weil jetzt die Dalmatinerinnen hier mitarbeiten. Sobald jene aber wiederkommen, wird Gajaneh wahrscheinlich noch ein neues Haus bauen. –

Hripsime, Gajanehs Base, war in der Kräuterheilkunde auch nicht unerfahren, und beide haben ihr Wissen den vier anderen inzwischen weitergegeben.»

«Asatur sprach stets von fünf außer jener Hripsime.»

«Stimmt. Aber eine ist vor einem halben Jahr nach Artaschat zurückgegangen, wo sie für ein gelähmtes Mädchen sorgt. Sie wartet, daß ihr Verlobter nachkommt, und sicherlich wird er sich zuerst in die Hauptstadt wenden. Das hat sie vermutlich bei ihrem Entschluß mit erwogen, denke ich ...»

«Noch etwas anderes, Lewon. Ich habe auf dem ganzen Weg überlegt: ist die Behandlung wirklich kostenlos, wie Asatur sagte? Oder wird doch eine gewisse Bezahlung, Vergütung in Naturalien vielleicht, erwartet? Wenn das so wäre, müßte ich gleich wieder umkehren. Ich konnte ja nicht noch einen Hammel mitschleppen.»

«Keine Sorge, Bruder, du hast deinen Weg nicht vergeblich gemacht.»

«Die Akopjans sind reich, nicht wahr?»

«Sicherlich, ja. Aber Gajaneh ist's ebenso gewiß *nicht*. Du kennst wohl das Erbrecht – keine Tochter erbt, wenn ein Sohn da ist. Hätte der Vater Gajaneh nicht zu Lebzeiten für ihr Werk bedacht, sähe es schlimm aus für sie. Stepan hält ihren Einsatz für übertrieben, er würde ihr kaum einen Obolus geben. Wenn sie Reiche behandelt, bekommt sie gewiß Geld. Sonst schöpft sie jedoch nicht aus dem vollen, sondern kann nur auf Gott vertrauen. Seit Hripsime hier ist, scheint's, daß sie nicht mehr so zu rechnen braucht. Ich habe manches gesehen, als ich sie abholte. Aber für dich ist nur wichtig, daß du dir keine solchen Sorgen zu machen brauchst.»

In Gajanehs Hause ist stets Betrieb. Die Arbeit erfordert Einsatzbereitschaft und Konzentration. Es werden immer mehr, die mit ihren verschiedenen Gebrechen herkommen. Wie gut, daß die schöne Jahreszeit jetzt manches erleichtert. Das Leben spielt sich überwiegend im Freien ab.

Das stattliche Haus, hell verputzt und mit schönen Fensterläden versehen, ist von einem parkähnlichen Gelände umgeben. Pinien, Zypressen, Eichen, Pappeln, Walnuß- und Weidenbäume spenden Schatten, und auf weichen Rasenflächen warten heute wie jeden Tag Hilfesuchende auf Betreuung.

Pia ist zuständig für das Verbinden von Wunden und Schwären. «Komm, Großmutter Mirahel, laß dein Bein sehen! Hat dir die Salbe gutgetan?»

«Du wirst staunen, mein Engelchen, die Wunde ist schon fast zugeheilt. Wieviel Geschick du hast! Bist ein guter Doktor!»

Pia wird unter solchem Lob verlegen und überspielt es mit Geschäftigkeit. Gerade heute hat Gajaneh in der Morgenandacht, an der auch die Patienten teilnehmen, vom Hochmut gesprochen, der «die Tür zum Himmelreich verbauen könnte». So bedeutet Erfolg in ihren Augen Gefahr. Aber sollte man deshalb etwa die Leute ungeschickt behandeln, um zum Ausgleich Tadel einzustecken? Das wäre gewiß nicht richtig. Pia entscheidet verantwortungsbewußt, welche Kräuter oder Substanzen in diesem oder jenem Fall die besten sein könnten. Mit der Zeit gewinnt sie Erfahrung. So stellt sie selbst Salben zusammen, und gemeinsam mit Gajaneh hat sie auch schon neue Mixturen und ihre Wirkung auf Magenkrämpfe, Hautausschläge und Augenkrankheiten erprobt. Hripsime sprach einmal davon, daß sie, Pia, geradezu zu diesem Fach berufen sei. Die Arbeit füllt sie jedenfalls so vollkommen aus, daß sie ihr auch später, wenn sie erst wieder nach Dalmatien heimgekehrt sein werden, weiter nachgehen möchte. Vorerst aber kann sie hier zur Genüge tätig sein.

Drüben unter dem Nußbaum ist Phöbe emsig am Werk. Sie befaßt sich besonders gern mit Kindern. Weil sie lustig ist, wird den Kleinen kaum eine Behandlung zur quälenden Prozedur, sondern macht eher

Vergnügen. Wie traurig war es um Nasani bestellt, als sie hier ankam! Stündlich hat ihr Phöbe anfangs die Augen ausgewaschen. Jetzt ist es noch viermal am Tage nötig. Voll Bewunderung schaut die Kleine zur ihrer Pflegerin auf, und sie versucht sie nachzuahmen. Sie hilft mit, den kleinen Aram zu behandeln. Seine Mutter, die daheim noch sechs Kinder hat, ließ ihn allein hier. Er leidet an einem schlimmen, juckenden Hautausschlag und war vollkommen zerkratzt. Jetzt wird er mehrmals am Tage gebadet, und es ist Besserung eingetreten. Phöbe hat die Mutterstelle übernommen, und Nasani ist das besorgte Schwesterchen.

Phöbe trifft keine eigenen Entscheidungen hinsichtlich der Art und Mittel der Behandlung. Aber was ihr aufgetragen wird, tut sie gewissenhaft. Sie ist nicht ehrgeizig, etwa Pias Fähigkeiten zu erlangen. Wenn Varteres, der sich inzwischen im Garten nützlich macht, seinem Kinde die Blumenbeete zeigt und sagt: «Danke Gott, du kannst sie wieder sehen», ist sie froh und zufrieden. –

Wagharschapat hat auch einen Chirurgen, den Gajaneh und Hripsime neuerdings einschalten, wo es nötig ist. Er hält sich zur christlichen Gemeinde, lehnt aber unentgeltliche Behandlungen prinzipiell ab. Seine Begründung: Wenn mehr als neunzig Prozent Arme zu behandeln sind, ist er in kurzer Zeit wirtschaftlich am Ende. Ein Händler kann den Glaubensgenossen unter den Kunden auch nicht ständig die Ware kostenlos geben. Und wem nützt, wenn er sein Geschäft schließen müßte? Also bitte! Hripsime ist jedoch froh, überhaupt einen Arzt zur Hand zu haben, und bezahlt ihn gern, zumal er sie manches lehrt, was sie dann selbst durchführen kann. –

Auch Damaris ist gelehrig in Kräuterheilkunde und anderen Behandlungsmethoden und hat schon Übung darin erlangt. Varteres hat ihr bestätigt, wie schlimm es in Goschawank und der ganzen Umgebung um die Behandlung Kranker bestellt ist. Wäre er sonst bis hierher gekommen? So wartet auf sie als Frau Asaturs nicht nur bäuerliche Tätigkeit.

Nebenher ist sie hier aber fleißig mit Näharbeiten beschäftigt, die ihr leicht von der Hand gehen. Dabei sorgt sie auf Hripsimes Geheiß gleichzeitig für ihren künftigen Hausstand. Lewon wird ohnehin seinen Wagen anspannen müssen, wenn sie von hier weggeht. –

Julia hat in Küche und Haus vollauf zu tun, zumal Tanjik, die alte Köchin, immer gebrechlicher wird. Die preist am meisten Gottes

Fürsorge, daß er zur rechten Zeit die Mädchen herschickte. Überhaupt redet jedermann von ihnen als von einem Segen. Ohne sie wären die anderen nicht abkömmlich geworden für den Einsatz in Syrien, und es kam Nachricht, daß sie dort viel Not lindern.

«Alles hat sich für uns zum Guten gewendet», denkt Pia, «wenn nur *das eine* nicht wäre!»

Das eine – daß der König mit allen Mitteln versucht, Hripsime von hier wegzuholen. In einen Palast eigens für sie will er sie bringen – als seine Königin. Er meint aber: als seine Geliebte. Überall ist bekannt, daß Choslowanush keine Frau neben sich dulden wird. Aber Hripsime würde auch die Aussicht auf wahre königliche Ehren nicht verführen.

Wie oft war er eigentlich schon hier? Als er das erstemal kam, wußte sich keiner recht zu verhalten. Schließlich ist es eine besondere Auszeichnung, wenn der König persönlich ein Haus besucht. Er erschien zunächst unter dem Vorwand, Gajanehs Abtei besehen zu wollen, von der er gehört habe. Er bot sogar an, ihre Dienste an den Armen zu unterstützen. Sehr bald aber rückte er mit dem wahren Grund heraus: er verlangte alle Bewohner des Hauses vorgestellt zu bekommen. Mit anderen Worten: er wollte sich überzeugen, ob er dem Reiteroffizier Nahum die hohe Belohnung auch nicht umsonst gab. Der hatte den ehrsüchtigen Sahak als Spürhund benutzt und ihn dann fortgejagt. Nun, Nahums Angaben wurden hier bestätigt, der König erblickte mit aufleuchtenden Augen Hripsime. Er erbat zunächst Berichte über Dalmatien von ihr, hielt aber sein eigentliches Anliegen nicht lange zurück. Sein ganzes Gebaren war nichts als Begierde. Die nächsten Male warb er dann offen um sie, und ihre Ablehnung stellte er zunächst lächelnd als Bescheidenheit hin, um wiederkommen zu können, ohne sein Gesicht zu verlieren.

Dieser Antrag hat alle in Unruhe versetzt. Pia würde gern einmal über die Dinge reden. Aber mit wem? Julia malt alles schwarz, sie sieht Unheil kommen, sieht Hripsime schon entführt. Tiridates selbst soll aber gesagt haben, er möchte eine Frau, die ihm *folgt*, nicht eine, der er nur Gewalt antun muß.

Nein, Julias Pessimismus mag sie nicht, dann macht das Leben keine Freude mehr. Weil Phöbe wiederum die Geschehnisse allzu kindlich ansieht, hält Pia sich in letzter Zeit fast nur an Damaris. Die hat oft ein Lied auf den Lippen, wenn nicht laut, dann summt sie es. Immer wieder einmal ist es auch die Melodie, die sie alle hierher begleitet hat: Im Leben und Sterben folgen wir Jesus nach ...

Damaris denkt natürlich ebensowenig wie Pia daran, daß sie dem Sterben nahe sein könnten. Zunächst wollen sie beide Jesus in diesem Leben dienen, tatkräftig und bewußt. Aber mit Damaris sich zu unterhalten, ist eine einseitige Sache. Sie weilt mit ihren Gedanken schon mehr in der Zukunft und bei ihrem Asatur als hier. Wagharschapat wird bald hinter ihr liegen als eine Station in ihrem Leben. Freilich, schon von ihrem Frohsinn sich anstecken zu lassen ist gut. Doch einmal über das reden zu können, was einen beschäftigt, wäre besser.

Sie weiß nicht, daß schon ein Gesprächspartner für sie auf dem Wege hierher ist und daß auch er kaum erwarten kann, sich mit ihr auszutauschen – Anahid. Schon zweimal hat Marjam ihn mit einem Brief zu Gajaneh geschickt, einmal vor Wintereinbruch, das anderemal im zeitigen Frühjahr. Heute hat er außerdem auch wieder einen Brief von Claudia bei sich.

Natürlich wird er mit Freuden empfangen, und zuerst muß er in großer Runde berichten – von der Gemeinde, vom Leben im Hause des Bäckers Vero, von Marjam und Gregor und was man vom Königshofe hört. Dann aber hat er Zeit, mit Pia durch den Garten zu spazieren, und ihr erzählt er, was er in Julias Beisein verschwiegen hat: daß man besorgt vom absonderlichen Verhalten des Königs spricht. Seine Reaktionen seien mitunter konfus, auch jähzornig, unberechenbar. Rebik Manuchjan hat da manches von ihrem Vater gehört.

«Weißt du, dieser Tiridates beschäftigt mich auch mehr, als ich eigentlich will», sagt Pia. «Früher hätte ich mir nie träumen lassen, einmal einen König so aus der Nähe zu erleben. Aber er war dann eine große Enttäuschung, ja, ich finde ihn abscheulich. Auch die prunkvolle Kleidung und die herausgeputzte Eskorte machen da nichts wett. Wie gut, daß er nun wohl die Aussichtslosigkeit seines Werbens eingesehen hat.»

«Meinst du?»

«Sein letzter Besuch liegt längere Zeit zurück, sonst kam er häufiger hierher. Du weißt, ich bin immer hoffnungsvoll.»

«Das ist das Schöne an dir. Es muß bedrückend sein, immer mit so großer Furcht wie Julia zu leben. Vorhin sagte sie mir, welche Angst sie um Hripsime hat. Ich antwortete: Ihr seid Diokletian entkommen, warum nicht auch Tiridates?»

«Und was erwiderte sie?»

«Sie sagte: Wohin sollte man sich von hier aus wenden? Überall im Lande wird er zu finden wissen, wen er sucht. Manchmal denke ich, seinem Schicksal entgeht man nicht.»

«Sie sieht auch schwarz für Markus und Lucia, wenn sie schon in Armenien sein sollten.»

«Daß die beiden endlich wohlbehalten hier wären, wünscht sich allerdings nicht allein Claudia. – Vielleicht wissen wir mehr, wenn ich das nächstemal komme, Pia.»

«Ja, komm bald wieder, Anahid!» –

Zur selben Zeit sprechen auch Hripsime und Gajaneh über Lucia. Sie tun es oft, doch diesmal war Claudias Brief der Anlaß. Sie schreibt, sie habe erfahren, ein junger Mann namens Markus soll von Erez her auf dem Wege nach Artaschat sein. Ob es jedoch ihr Markus sei, scheint ungewiß. Ihr Informant wußte nichts Näheres zu sagen. Und er sei auch allein unterwegs ...

«Mir drängt sich mehr und mehr ein Schuldgefühl auf, ich hätte nicht ohne Lucia fortgehen dürfen», sagt Hripsime.

Gajaneh schüttelt den Kopf. «Als Gefangene – die du unzweifelhaft geworden wärst – hättest du ebensowenig für sie tun können wie von hier aus. Zudem hattest du des Markus Versprechen.»

«Du hast ja recht, aber sie war mir anvertraut. Wie diese Entführung nur geschehen konnte! Je länger der Tag auf sich warten läßt, daß sie hier eintrifft, desto inbrünstiger bete ich darum. Dabei weiß ich natürlich, daß sie in Gottes Hand ist, sie und alle, die um des Glaubens willen leiden, in besonderer Weise. Daß wir entkommen sind, ist wahrlich Gnade.»

Gajaneh schweigt erst, dann sagt sie sehr bedacht: «Dort seid ihr entkommen, aber in Sicherheit sind wir alle nicht. Als ich Tiridates das letztemal davonreiten sah, nachdem du ihn abermals abgewiesen hattest, erschrak ich. Er hatte den Blick eines wilden Tieres, wie man ihn seinem Vater in jener Schreckenszeit vor siebzig Jahren nachsagt. Du weißt, der hat damals, als unsere Großeltern flohen, unmenschlich gegen die Christen gewütet. Ich meine, wir dürfen uns durchaus nicht einbilden, daß Tiridates, der Sohn, dazu nicht auch fähig wäre. Seit er als Sieger vom Schlachtfeld heimkam, will er alles und jedermann ihm ohne Zögern gefügig sehen. Er wird deine Ablehnung so leicht nicht verwinden.»

«Selbst wenn ich nicht Ehelosigkeit um des Dienens willen gelobt hätte wie du, könnte ich niemals einem Mann angehören, der meinen Erlöser beschimpft und mir angst machen will vor der Rache seiner steinernen Götzen. Du weißt, ich habe ihm mit dem Liedvers geantwortet: Im Leben und Sterben folgen wir Jesus nach ... Ihm allein! Der Weg mit Jesus hat kein Doppelgleis.»

«Nein, Hripsime, glücklicherweise nicht. Aber immer wieder kommen wir auf das Lied. Manchmal schaue ich in die Gesichter, wenn wir es singen: Denken wir wirklich ebenso ans Sterben wie an das Leben, wo es Nachfolge gilt? Sterben – nun, wenn es das natürliche Ableben eines Betagten ist, der sich lebensgesättigt nach der Ewigkeit sehnt, ist der Tod eher ein Freund. In jungen Jahren jedoch –? Wenn unser Weg also einmal anders als friedvoll zu Ende gehen sollte, wenn er abrupt abgebrochen würde? Mich überlief es kalt bei dieser Überlegung, vor allem als ich an die ganz Jungen wie etwa Phöbe dachte. Aber dann sah ich vor mir in Gedanken klar und deutlich das Bild, wie Jesus mit ausgebreiteten Armen auf die Seinen wartet. Was auch kommen mag, er ist da. Deshalb bin ich bei aller Sorge getrost, und du darfst es auch sein.»

2

Garni.

«Du willst wirklich noch einmal reiten?» fragt Choslowanush. Sie wählt einen einschmeichelnden Ton, obwohl sie lieber sehr scharf gesprochen hätte. Was denkt sich Tiridates, so einem Christenweib nachzulaufen und es herholen zu wollen! Sie, seine Schwester, ist und bleibt *die* Repräsentantin bei Hofe. Mag er sich sein Vergnügen bei Frauen suchen, die sich bezahlen lassen, dagegen hat sie nichts einzuwenden. Aber um eine, die ihn schon mehrfach abgewiesen hat, abermals betteln? Nein, das darf nicht geschehen! –

Garni, des Königs geliebter Sommersitz in wahrhaft grandioser, zerklüfteter Landschaft mit einem wunderbar ausgeglichenen Klima in fünfzehnhundert Meter Höhe, hat sich noch immer beruhigend auf sein Gemüt ausgewirkt. Diese Hoffnung hegte sie auch diesmal. Sie versprach sich Ablenkung von seiner fixen Idee.

Als er sie vorigen Sommer gleich nach dem Rosenfest hierher vorausschickte und ihr dann doch nicht folgte, hat sie die Zeit genutzt. Sie ließ eins von den zehn Zimmern des Palastes mit neuen, wertvollen Gemälden ausstatten, und die Therme bekam einen Mosaikfußboden, der ein Kunstwerk ist. Ja, und die königliche Weinkelterei hier am Ort wies sie an, den besten alten Jahrgang seiner Lieblingsmarke «Arminia» in größerer Menge bereitzuhalten. So enttäuscht sie im Vorjahr war – diesmal kamen ihr die Vorbereitungen zugute. Vor einer Woche sind sie miteinander hier eingetroffen. Sie hat Komödianten bestellt, gestern trat eine Tanzgruppe auf, und morgen soll ein Konzert stattfinden. Aber wer weiß, wo er morgen womöglich ist! Dabei hat sie nicht versäumt, ihn in dem grandiosen Säulentempel nachdrücklich darauf hinzuweisen, daß er seinen Ruhm allein Mithra, dem starken Gott, verdankt, der alle Nichtachtung mit seiner ganzen Kraft rächt.

Was muß das für eine Frau sein, die ihn *dennoch* betört! Tiridates scheint tatsächlich ernsthaft vorzuhaben, sich mit ihr in aller Öffentlichkeit zu verbinden. Choslowanush meint zu wissen, daß sie zunächst nur ablehnt, um seine Begierde weiter anzustacheln. Wie könnte sie im Ernst nein sagen, wenn sie Königin werden soll! Dafür wird sie mit Sicherheit auf ihren Gott pfeifen. Wie nur kann sie, des Königs Schwester, eingreifen? Soll sie einen Boten losjagen, der mit einer *Drohung* noch vor Tiridates bei dieser listigen Schlange eintrifft, damit sie verschwindet? Choslowanush weiß allerdings nicht, wo jene sich aufhält, und zum Forschen bleibt keine Zeit.

«Morgen in aller Frühe ist mein Pferd gesattelt und die Eskorte bereit», sagt Tiridates.

Die Schwester spürt, daß er sich nicht aufhalten läßt, und verbirgt ihre Bitterkeit hinter einem Lächeln. «Wie hieß doch der Ort, den du aufsuchen willst?» fragt sie. «Ich vergaß den Namen ...»

«Wir reiten zunächst nach Erebuni. Vielleicht werde ich auch in Artaschat nach dem Rechten sehen. Es sind allerhand Geschäfte, die ich zu erledigen habe ...»

«Du weichst mir aus!» rügt sie ihn.

«Ich mag nicht über Dinge reden, ehe sie reif sind. Laß dich überraschen!»

«Ich fürchte eine böse Überraschung. Jemand hat mir zugetragen, sie sei schöner als ich, viel jünger auch, und du liebtest sie mehr als mich.»

«Schwesterherz, das hast du dir ausgedacht, denn wer sollte das beurteilen können? Es stimmt nur, daß sie viel jünger ist, zwanzig Jahre jünger als du. Aber du wirst immer meine große Liebe, meine unentbehrliche Ratgeberin, die schönste Frau auf Erden und die am meisten verehrte für mich sein – bei Anahita!»

«Schmeichler! Wozu dann der Bittgang?»

«Kein Bittgang. Ich bin König, und man hat meinen Befehlen zu gehorchen. Verstehst du endlich?»

«Dann reite. Aber hierher bringst du sie nicht!»

Obwohl er ohnehin Dwin als Aufenthaltsort für Hripsime vorgesehen hat, ohne daß Choslowanush davon weiß, verfinstert sich seine Miene: «Du gehst zu weit! Ich habe dir gesagt, was du mir bedeutest, aber – der König bin ich!» –

An diesem Abend steht Choslowanush lange vor dem Spiegel. Sie hat sich immer für eine Schönheit gehalten. Allein das Bewußtsein, die erste Frau im Staat darzustellen, mußte sie ja zu einer außergewöhnlichen Erscheinung machen! Heute ist sie sich dessen nicht mehr so sicher. Zumindest gesteht sie sich ein, daß ihre zunehmende Körperfülle und Falten im Gesicht sie wahrlich nicht vorteilhaft verändert haben. Manch andere Frau in ihrem Alter, Ende der Vierziger, mag frischer aussehen. Und diese Hripsime ist also erheblich jünger! Findet der König hauptsächlich ihre Jugend anziehend? Oder sind es noch andere Vorzüge? Vielleicht meint er auch, das eigene Altern an der Seite eines blühenden Mädchens aufzuhalten? Dabei sagt ihm Choslowanush dann und wann, daß man ihm seine fünfundfünfzig Lebensjahre durchaus nicht ansieht. Auffallend groß und stattlich, erblickt sie in ihm die verkörperte Kraft und Männlichkeit. Sie aber wird sich von heute an sorgfältiger pflegen als je. Das wird die beste Verteidigung ihrer Stellung an seiner Seite sein. –

Tiridates bricht am nächsten Morgen lange vor Sonnenaufgang auf. Ein Geleit von vier Reitern hat er bei sich, sie tragen doppelt soviel Waffen wie gewöhnlich. Ein Zeichen der Stärke dürfte immer am Platze sein.

In Erebuni, der über tausend Jahre alten Festung, machen sie Rast. Tiridates imponieren die ausgedehnten trutzigen Wehranlagen hier auf dem Berge Arindberd. Inmitten des Terrains erhebt sich der große Palast mit dem Säulensaal, an dessen Wandmalereien man sich nicht satt sehen kann. Jedesmal, wenn Tiridates hier seinen Weg unterbricht, zieht er mit dem Finger auch die Steininschrift nach, die da auf einer Stele angebracht ist. Der Erbauer des gigantischen Forts hinterließ sie:

«Durch die Gnade des Gottes Chald hat Argischti, der Sohn des Menua, diese gewaltige Festung erbaut und sie Erebuni genannt zur Verherrlichung des Landes Biayna-Urartu.»

Vor tausendvierundachtzig Jahren kam Argischti I. an die Regierung. Drei Jahre später begann er hier zu bauen. Erebuni ...

Der Rundblick von der Höhe weit, weit ins Land hinein und hinüber zum Ararat ist faszinierend. «Mein Land!» sagt der König laut, «meines!» Er ist unbändig stolz. Und er nimmt sich vor, es den Römern auf vielerlei Weise immer wieder zu zeigen, wer er ist. Er braucht keine Bevormundung!

Einen besonderen Trumpf wird er sehr bald gegen Diokletian ausspielen. Er wird ihm beweisen, daß er, Tiridates, bekommt, was dem Kaiser versagt ist. Doch dazu *muß* er Hripsime haben. Die Sache ist so: Unlängst erfuhr einer seiner Boten, die in den Nachbarländern und ein bißchen darüber hinaus unauffällig herumhorchen, daß Diokletian vor zwei Jahren von den schönsten Mädchen Salonas Bilder malen ließ, um sich dann für seinen Aufenthalt dort die allerschönste auszusuchen. Eine einzige namens Hripsime habe sich nicht porträtieren lassen, sagt man, und so habe sie ein Künstler aus dem Gedächtnis, aber naturgetreu gemalt. Diokletian habe gerade diese ausgewählt und der Stadtverwaltung befohlen, sie für ihn bereitzuhalten. Als der Kaiser jedoch eintraf, war sie geflohen. Die Beschreibung und alle Angaben stimmen überein, so daß kein Zweifel besteht, wer diese Hripsime nur sein kann. Es gibt ja auch keine schönere als sie. Wenn er vergleicht: Choslowanush ist nicht häßlich, aber gegen Hripsime nur ein Schatten. Das wird er seiner Schwester natürlich niemals sagen. Sie wird es selbst feststellen.

Aber zu Hripsime: sie hätte sich Diokletian gewiß mit denselben Argumenten verweigert wie jetzt ihm. Sein, des Königs Triumph wird sein, dem Kaiser zu hinterbringen: seine auserwählte Schöne aus Salona sei in Tiridates' Arme geflohen. Das ist inzwischen zum Hauptanliegen seines Kampfes um Hripsime geworden. Eine Entführung paßt nicht in dieses Konzept. Heute wird sich alles entscheiden, heute! –

Die noch ältere Festung der Urartäer, nach deren Kriegsgott Tejshe bay genannt, lassen sie am Wege liegen. In Tiridates drängt alles nach Wagharschapat, aber ein anderer Aufenthalt ist doch noch nötig. Für den äußersten Fall, daß er mit seinem Anliegen bei Hripsime wieder scheitern sollte – was Anahita verhüte! –, ist ihm noch eine Möglichkeit in den Sinn gekommen, sie ohne eigene Gewaltanwendung nach Dwin zu bringen. Hier im Tal unterhalb der Festung liegt der Nacharar-Palast Stepan Akopjans, des Bruders jener Gajaneh. Den muß er für seine Zwecke einsetzen und sich heute seiner Unterwürfigkeit versichern. –

Stepan sitzt allein bei einem ausgiebigen zweiten Frühstück. Er, der ohnehin von untersetzter Statur ist, wirkt schon recht füllig, aber er langt trotzdem kräftig zu. Essen tröstet, und Trost hat er in letzter Zeit nötig. Wenn seine Schwester und die zur Unzeit aufgetauchte Base ihm nur keinen Ärger machen! Man hört von den Beamten bei Hofe dies und jenes. Keiner weiß zwar Genaues, aber er nimmt es trotzdem als Warnung, sich fernzuhalten. Wochenlang war er nicht in Wagharschapat, und es ist glücklicherweise auch niemand von dort zu Besuch gekommen. Nur Abstand! Niemand soll sagen können, er stecke mit den Frauen unter einer Decke. Nein, nein, er hat es ohnehin schwer genug, vor Tiridates nicht in einem schlechten Licht zu erscheinen. Wie unbeschwert kann dagegen zum Beispiel Nerses Nersesjan sein, sein Nachbar. Der braucht weder Sticheleien noch Mißtrauen zu fürchten, er fährt in gleicher Spur wie der König. Man kann nur hoffen, daß bald wieder alles im gewohnten, trägen Alltag läuft.

Stepan reckt gerade seine Arme und gähnt, als die Wache ihm überstürzt fünf stark bewaffnete Reiter meldet – ohne Namen. Er ist völlig verwirrt, springt auf und schreit nach seinem Diener, daß er ihm sein Wams bringe. Da stehen sie bereits vor ihm. Er will sich schon über die Unverschämtheit solchen Eindringens beschweren, als er den König erkennt. Seine Verblüffung ist so vollkommen, wie Tiridates sie sich vorgestellt hat. So verunsichert braucht er seinen Untertan! Statt eines Vorwurfs bittet Stepan den hohen Gast artig herein. Und der staunt über den Reichtum und Prunk, den der Nacharar da angehäuft hat. Wie lange war er wohl nicht in

Erebuni, daß ihm das alles neu erscheint? Oder hatte er das Anwesen so unvollkommen in Erinnerung? Nebensache heute! –

Stepan müht sich gar nicht mehr zu verbergen, daß dieser unverhoffte Besuch ihn beunruhigt. Um so länger läßt der König sich Zeit, mit seinem Anliegen herauszurücken. Trotz seiner Ungeduld weiterzukommen läßt er sich umständlich bewirten. Sie reden von diesem und jenem, von Soldaten, Waffen, von den Erträgen der Felder. Bis der König endlich unvermittelt sagt: «Ich muß mich deiner Treue vergewissern: Bist du in jedem auch noch so harten Fall bereit, deinen gelobten Verpflichtungen nachzukommen?»

«Ganz selbstverständlich. Habe ich etwas versäumt, daß es der Frage bedarf?»

«Manchmal ist es gut, rechtzeitig daran zu erinnern. Du weißt, daß deine eigenen Interessen nötigenfalls zurückzustehen haben.»

«Ich habe noch nie anders gehandelt und werde auch künftig meinen König zufriedenstellen», dienert Stepan.

«Vielleicht wirst du in nächster Zeit Gelegenheit haben, es zu beweisen.»

«Wenn ich erfahren dürfte, in welcher Sache?»

«Ich lasse es dich rechtzeitig wissen.»

In dieser Ungewißheit läßt er den Nacharar schlotternd und grübelnd zurück.

Tiridates ist so eine Rückversicherung viel wert, obwohl er zuversichtlich hofft, dieser äußerste Schritt werde nicht nötig sein. Er stellt sich eher vor, Hripsime werde sich nun alle Folgen ausgemalt haben und ja sagen. Wenn sie nicht gleich die Arme ausbreitet, will er warten. Er wird sie so lieben, daß er nicht nur ihre Person, sondern ihr Herz gewinnt. Seine unbändige Sehnsucht macht ihn zu allem bereit. Er läßt sein Pferd wieder in scharfen Trab fallen, die vier Begleiter passen sich an. Mit schnaubenden Rossen erreichen sie die Stadt und den Eingang zu Gajanehs Grundstück. Erschrockene Kranke begegnen ihm auf dem Weg. Sie verneigen sich – ängstlich die einen, ehrfurchtsvoll, staunend und wohl auch neugierig die anderen. Nicht jeder weiß sogleich, um wen es sich handelt, aber schon das Äußere, die Waffen flößen furchtsame Bewunderung ein.

Tiridates verzieht angeekelt sein Gesicht, als er Schorf und eiternde Wunden an den Menschen entdeckt, die sich auch nicht gerade in der besten Kleidung präsentieren. Dreck und Gestank meint er wahrzunehmen, sicherlich mehr eingebildet als in Wirklichkeit. Pfui, das ist nichts für seine Königin. Sie muß weg von hier – zu ihm, in Glanz und Pracht und Sauberkeit. Er war nie so voll Hoffnung wie in diesem Augenblick. Er redet es sich förmlich ein: Sie hat nachgedacht und sich besonnen, es kann nicht anders sein!

Niemand braucht aber zu merken, wie nachgiebig er gesonnen ist. Als erster begegnet er Julia und fragt barsch:

«Wo ist Hripsime? Ich muß sie sprechen!»

Mit schreckweiten Augen, als habe sie ein Gespenst gesehen, stürzt Julia ins Haus und ruft laut nach Gajaneh. «Schick ihn fort! Schick ihn fort!»

Gajaneh weiß sofort, um wen es geht, und ein Blick aus dem Fenster bestätigt ihre Annahme. Ehe sie aber hinausgehen kann, steht Tiridates schon vor ihr: «Ich muß sie sprechen. Wo ist sie?»

«Sie liegt krank zu Bett.» Das ist nicht gelogen. Als Hripsime die herantrabenden Pferde hörte, wurde ihr so übel, daß sie sich sofort hinlegte, sicherlich auch in der Hoffnung, dadurch geschützt zu sein. Aber des Königs für einen Augenblick geheuchelte friedliche Miene verwandelt sich sofort und wird wild und zornig. Was erlaubt man sich gegen ihn! Er reißt jede Tür auf, und im mittleren Raum des oberen Stockwerks findet er sie, die tatsächlich totenbleich daliegt, das Laken bis ans Kinn gezogen. Als er hereinkommt und die Tür hinter sich schließt, richtet sie sich entsetzt halb auf.

Mit ihrem Anblick ist sein Zorn zunächst wieder verflogen. Weich lächelnd tritt er an ihr Lager, ja, er kniet davor nieder und hebt bittend die Hände: «Hripsime, du solltest inzwischen wissen, daß ich nichts Böses will. Warum also hast du Angst? Laß mich noch einmal in Ruhe mit dir reden. Sieh, ich suche kein Abenteuer mit dir. Ich will dich lieben und ehren, und niemand soll neben dir stehen. Noch niemals habe ich eine Frau so sehr geliebt und begehrt wie jetzt dich. Ich will dir entgegenkommen, will dir deinen Gott, auch wenn es eigentlich nur einer für die Armen ist, nicht streitig machen. Du kannst dir einen Lehrer an den Hof bestellen. – Hripsime, ich habe dich wahrgenommen unter der großen Menge der Feiernden am Rosenfest. Anahita war es, die Beschützerin der Liebe, die Spenderin der Fruchtbarkeit, die meine Augen lenkte. Ein Sohn von dir und mir müßte doch ein König sein, den das Volk liebt. Hripsime, sag nur ein Wort ...»

«Du glaubst mich zwingen zu können, König, auf welche Weise auch immer, weil du gewohnt bist, daß jedermann dir gehorchen muß. Mir aber hat im Leben noch niemand befohlen, und gehorchen kann und werde ich einzig und allein meinem Gott, dessen Eigentum ich bin.»

«Du sagst wieder nein?» Er springt auf, daß die Sporen klirren. Sein Gesicht verzerrt sich, die Augen treten gräßlich hervor: «Dann muß ich dir zeigen, wer mehr Macht hat: dein armseliger Gott, der den Verbrechertod starb – wie kann so einer je Gott sein! –, oder ich, der König des Landes Armenien. Bist du dir der Tragweite deiner Entscheidung bewußt?»

«Was du auch tun magst, König, ich kann nicht anders.»

Voller Würde hält sie seinem wüsten Blick stand.

Da stürmt er wutschnaubend, Schaum in den Mundwinkeln, hinaus und schlägt die Tür zu, daß das Haus erzittert. «Wehe euch!» schreit er gurgelnd, als er in den Sattel springt und die drei Offiziere ihm verstört folgen. «Wehe euch! Wehe!» Es ist der Schrei eines Irren, der sich vor Raserei selbst nicht mehr kennt.

Als Gajaneh sogleich in Hripsimes Zimmer kommt, hat die ihren Schrank geöffnet, in dem sie einen großen Teil der mitgebrachten Wertsachen aufbewahrt. Sie ist sehr gefaßt.

«Es kommt sicherlich Schlimmes auf mich zu, du hast es bereits geahnt, Gajaneh. Ich hätte es nur mit Verrat an Jesus Christus abwenden können, und das hätte uns allen zum Unsegen gereicht. Also werde ich die Folgen tragen.»

«Du mußt fliehen, Hripsime. Laß uns überlegen, wohin du dich am besten wendest!»

«Ich soll mich verstecken, damit seine Wut euch und vielleicht noch andere trifft? Nein, Gajaneh, niemand soll an meiner Statt leiden. Ich selbst stehe ein für mein Tun. Versuche mich nicht umzustimmen. Ich will zuvor noch ordnen, was ich kann.» Sie entnimmt dem Schrank eine Reihe der wertvollen Gegenstände: «Hier hast du mehrere goldene Vasen und Gefäße. Gib sie Doktor Minasjan bereits heute, hörst du: heute. Es ist eine Vorauszahlung für seine Arbeit. Ihm können wir Wertsachen geben, er wird sich nicht betrügen lassen, wenn er sie veräußert. All den Armen aber gib Münzen.»

«Du solltest nichts unüberlegt tun, du wirst für euch noch viel brauchen ...»

«Armen zu geben, hat noch immer die meisten ‹Zinsen› gebracht. *Du* bekommst, was du nimmst, als Darlehen. So habe ich es bei Asatur gehalten, bei Marjam, bei Mairik, bei Thoros und wem immer ich etwas abgegeben habe. Du hattest mir geraten, Stepan den Reichtum nie sehen zu lassen. Es gibt viele gierige Menschen, deshalb ist zuviel Wertvolles in einem Hause, in dem nur Frauen leben, immer Gefahr. Was ich als ‹Darlehen› gegeben habe, ist somit gut verwahrt. Du wirst bald sehen, daß es richtig war.»

3

Goschawank.
Der kleine Ort hat seinen großen Tag.

«Habt ihr schon gehört –? Varteres ist zurück! Gestern am späten Abend ist er gekommen ... Und Nasanis Augen sind fast heil ...»

Wie ein Lauffeuer ist die Nachricht von Haus zu Haus gegangen. Man lebt hier abgeschieden, nur zwischen Berghängen mit Schafherden. Der Weg eines Fremden, den man etwas fragen könnte, führt selten vorbei. Da steht natürlich ein Mann mit Neuigkeiten aus der «weiten Welt» im Mittelpunkt, auch wenn seine Reise nur eine im eigenen Lande war.

Varteres genießt es für den Augenblick. Aber nach seinen zahlreichen Eindrücken unterwegs, seit er vor etwas mehr als vier Wochen hier aufbrach, ist der Empfang jetzt nur ein Erlebnis von vielen. Er weiß außerdem nicht recht, womit er anfangen soll zu berichten, und der Wortgewandteste ist er auch nicht. Was ihn am meisten beschäftigt, will er nicht ziellos wie einen Pfeil in die Menge abschießen. So holt er sehr weit aus.

Auf seinem Weg nach Wagharschapat hat er gesehen, daß bei weitem nicht jeder Ort so gut dran ist wie gerade Goschawank, wo die Bewohner ausnahmslos Christen sind und es dadurch keine Meinungsstreitigkeiten auf religiösem Gebiet geben kann. Aber in fast jedem Dorf, das an seiner Strecke lag, fand er eine Christengemeinde vor, größer oder auch kleiner. Und wo immer er dort Menschen mit dem Kreuzeszeichen grüßte, gewährte man ihm und Nasani gastliche Aufnahme.

Auf dem Heimweg hielt er sich meistens an die schon bekannten Familien, so daß niemand mißtrauisch war, ob er vielleicht ein Horcher sei ...

«Mißtrauisch? Warum das?»

Nun, er wird noch darauf kommen. – Jeder wußte also, warum er unterwegs war, wußte, wie schlimm Nasani auf dem Hinweg litt. Nun bestaunte man sie, genau wie jetzt hier. Sie scheint ein ganz anderes Kind zu sein als vordem. Ihr früher meist verkniffenes Gesichtchen strahlt. Sie kann wieder richtig sehen und hat keine Schmerzen mehr. Trotz ihrer erst fünf Jahre empfindet sie offensichtlich bewußt ihr Glück. Als man sie fragt, spricht sie zuerst von Phöbe, die ihr immer wieder die Augen ausgewaschen hat. Als sie dann nicht mehr verklebt waren, machte Phöbe sie auf viele schöne Dinge aufmerksam, die sie vorher kaum wahrgenommen hatte. Sie hieß sie Vögel und Schmetterlinge, Käfer und Blumen betrachten und beobachten. Das andere Mädchen, das in Nasanis Erinnerung gleich neben Phöbe steht, ist Damaris. Sie nähte ihr zwei neue Kleidchen und bestickte sie. Nasani wäre gern noch dort geblieben, sagt sie.

«Ja, wir hätten eigentlich noch zehn oder vierzehn Tage in Wagharschapat verweilen müssen», ergänzt der Vater, «Phöbe wollte die Behandlung gern zu Ende führen. Aber nun packte sie mir so viel Mixtur ein, daß ich die Spülungen fortsetzen kann. Ich kenne auch die Kräuter, die man dafür verwendet, und werde selbst welche sammeln.»

«So wirst du jetzt unser Heilkundiger im Dorf?» will einer wissen.

Varteres winkt ab. «Für diese Augentinktur reicht es, weiter nicht. Dazu war die Zeit wirklich zu kurz. Aber ich will euch was verraten: Asaturs künftige Frau wird ein Segen sein für unser Dorf. Sie kennt sich in der Heilkunde aus, sie kann nähen, lesen und schreiben. Ich habe schon mit ihr gesprochen, ob sie vielleicht unsere Kinder lehren will, und wir nehmen ihr dafür Arbeit auf dem Feld und mit dem Vieh ab. Laßt sie aber erst einmal hier sein. Ich habe ihr schon viel erzählt von Goschawank und von euch allen. Noch am letzten Tag saßen wir bis in die späten Abendstunden beisammen und fanden kein Ende ...»

«Warum nun in aller Welt bist du nicht wenigstens geblieben, bis Nasani ganz geheilt war?» drängt Asatur, dem Varteres schon Grüße von Damaris bestellt hat. «Hatten sie nicht länger Platz für euch?»

«Platz schon. Zwar kommen immer mehr Kranke, auch solche, die eine Zeitlang dableiben. Aber ich habe noch in den letzten beiden Tagen geholfen, ein Nebengebäude – du kennst es, linkerhand – einzurichten. Ich bin einfach vorzeitig gegangen wegen der Gefahr. Sie haben mich auch verstanden, unser Weg war schließlich weit.»

«Du redest konfus!» schüttelt Varteres' Vater den Kopf, «erst sprichst du von guter Aufnahme, nun von Gefahr – ?»

«Laßt mich nur ausreden. Es gibt so viel zu berichten, daß man leicht von einem ins andere gerät und ihr vielleicht hier und da rückfragen müßt. – Ich will euch zunächst vom Besuch des Königs erzählen, damit fing es an. Als ich erfuhr, daß *er* es war, der da mit einer prächtigen Eskorte auf edlen Pferden vor dem Haus hielt und dann hereinkam, in dasselbe Haus, in dem ich auch wohnte, dachte ich, es sei das Größte in meinem Leben, das mir je begegnete. Ganz benommen war ich und stellte mir schon vor, wie begeistert ich euch von diesem Ereignis erzählen würde ...»

«Der König selbst? – Wirklich, Tiridates? – Du hast ihn gesehen? – Das kann ja nicht sein ...»

Varteres muß warten, bis die Leute sich beruhigt haben, erst dann kann er weitersprechen.

«Ihr dürft es glauben, es war Tiridates, er wollte doch Hripsime, die Base Gajanehs, an seinen Hof holen. Sie ist aber auch schön wie die Morgensonne – fragt Asatur, er kennt sie.»

«Und er hat sie mitgenommen?»

«Nein. Das ist es ja – sie weigerte sich. Sie ist Christin und hat, um Gott uneingeschränkt zu dienen, Ehelosigkeit gelobt, ebenso wie Gajaneh. Doch sie hätte ohnedies auch keinen Abergläubischen wie den König zum Mann genommen. Das vereinbart sich nun einmal nicht, wenn er gleich ein hochgestellter Mann, der höchste im Lande ist. Ihre Absage hat ihn zutiefst beleidigt. Wutschnaubend ritt er davon. Wir alle waren zwar beunruhigt, aber keiner hätte gedacht, daß sich sein Zorn sogleich auf die gesamte Christenheit im Lande ausdehnen würde. In den nächsten Tagen hörten wir davon durch Leute, die wie immer zur Behandlung in Gajanehs Haus kamen. Ich wußte zunächst nichts Genaues, aber es trieb mich heim. Erst unterwegs habe ich erfahren, welche Not bereits in verschiedenen Gemeinden herrscht. Und sie ahnen nicht, was der direkte Grund für die Maßregelungen und Bedrängnisse sein könnte, sie tappen ganz im dunkeln. – Nach den Erfahrungen der letzten Tage würden sie einen Fremden wohl nur mit Furcht aufgenommen haben. Da hatte sich beispielsweise in Erebuni einer mit dem Kreuzeszeichen in die Gemeinde eingeschlichen, dann stellte sich heraus, daß er ein Horcher war. Er hieß Sahak, ein Seidenraupenzüchter. Wie gut, daß einer ihn kannte! Natürlich kann sich durch solche Begebenheiten Mißtrauen breitmachen. –

Es war auch auf der Straße nicht ungefährlich. Ein paarmal haben mich Reiter angehalten und befragt. Nasani war für mich wie ein Alibi. Bei wem ich sie behandeln ließ, habe ich allerdings nicht gesagt. –

In Erebuni wohnte ich abends einer Versammlung bei, die bei meinem Wirt, einem Gemeindeältesten, heimlich abgehalten wurde. Sie meinten, daß das Lied der Gajaneh, das in letzter Zeit mehr und mehr gesungen wurde, nun über Nacht eine andere Tonart bekommen habe. Wenn wieder eine Zeit wie damals, 230, einsetze, bedeute das Bekenntnis zu Jesus dann *mehr*, als nur ein paar Nachteile in Kauf zu nehmen. Dann sei es wieder Zeugnis auf Leben und Tod. Im Leben *und Sterben* folgen wir Jesus nach ... –

Dies ist die Lage der Gemeinden bis etwa nach Abowjan und Arsni. Von dort nach Norden zu ist noch nichts spürbar. So wollen wir nur hoffen, daß sich die neue Verfolgung nicht ausweitet ...»

«Du hast recht, Varteres, wir wollen hoffen und Gott vertrauen. Aber wir wollen auch mehr denn je zu ihm beten – für sein ganzes Volk und insonderheit jetzt für die, von deren Not wir hörten.» Das sagt Asaturs Bruder, der der Gemeinde hier vorsteht. Er ist es auch, der jetzt noch ein Gebet spricht, ehe alle nach Hause gehen. –

Asatur nimmt Varteres noch mit in sein neues Haus, das fast fertig ist. «Warum hast du unter diesen Umständen Damaris nicht gleich mitgebracht?» fragt er, und es klingt ein bißchen vorwurfsvoll.

«Ich wollte sie dazu überreden, sie wird es dir bestätigen. Aber sie meinte, man könne dem nicht entfliehen, was einem von Gott bestimmt sei. Sie erleben hier nun ähnliche Gefahr wie in Dalmatien. Sie werde bei den anderen bleiben, bis du sie holst, sagte sie. Damaris fürchtet auch nichts für sich, nur für Hripsime sind alle in Sorge.»

«Ich packe mein Bündel und breche noch in dieser Nacht auf nach Wagharschapat», sagt Asatur.

«Das würde ich an deiner Stelle auch tun. – Geh mit Gott!»

4

Abermals Artaschat.

Marjam hat Isobek, dem Wachhabenden, heute wieder einen wunderbaren, leuchtend blauen Saphir gebracht – einen der Edelsteine von Hripsime –, damit er sie mit Gregor reden lasse. Der Soldat hat jetzt doppelt Angst, von einer Streife ertappt zu werden. Aber Marjam bringt immer wertvollere, buchstäblich «bestechendere» Juwelen. Sein Leben nach den Dienstjahren ist gesichert, o ja! Er muß nur alles an einem sicheren Ort aufbewahren. –

«Gregor», flüstert Marjam durch die Gitterstäbe, «Gregor, ich bringe heute böse Nachricht. Aber du mußt sie wissen, damit du für uns beten kannst: In verschiedenen Orten haben Königliche die zum Gottesdienst Versammelten auseinandergetrieben – mit Schimpfworten, mit Waffen und mit der Peitsche. Mehrere Gläubige haben sich widersetzt, sie sind gefangengenommen worden. Von Esra hat man die Heiligen Schriften verlangt und sie verbrannt. Glücklicherweise hatte er nur einen Teil in seinem Hause, die anderen haben wir sogleich verborgen. Es sieht aus, als kämen schlimme Zeiten auf uns zu. Vater will einen sicheren Ort suchen und uns dorthin bringen, aber er wird keinen finden. Ich habe nur Angst um dich, Liebster...»

«Das solltest du nicht, Marjam. Hast du mir nicht das Lied gebracht: Im Leben und Sterben folgen wir Jesus nach? Was können sie uns tun? Sie werden uns das Leben nicht nehmen, auch das diesseitige nicht, wenn Gott es nicht zuläßt. Und erleiden wir hier den Tod, so wissen wir aus allen Verfolgungen, die schon über die Christenheit hinweggingen, daß die blutige Saat nur immer mehr Glaubende hervorbrachte. Das dürfte auch unseren Häschern nicht entgangen sein.»

«Gregor, ich habe gebetet, mit dir noch hier auf Erden leben und dienen zu dürfen...»

«Darum beten darfst du, mein Lieb, und ich hoffe darauf wie du. Sei nur getrost und übertrage deine Zuversicht auf die anderen, das ist deine Aufgabe. Ich bin so gewiß wie nie zuvor, daß der Herr mit unserem Armenien etwas vorhat. Du weißt, wieviel Zeit ich hier in der Zwiesprache mit Gott verbringe. Ich erflehe die Erweckung unseres Volkes, und Gott erhört unsere Anliegen, wenn es um sein Reich geht. Du sollst sehen, wir werden bald Großes erleben.»

«Ich bin viel zu gering für dich, Gregor ...»

«Du? Gering? – O Marjam, ohne deinen Mut, zu mir zu kommen und mich zu versorgen, wäre mein Geist längst abgestumpft, wüßte ich auch nicht, was draußen vorgeht. Ich würde gar nicht mehr leben. Der Herr wird dich segnen für deine Liebe und Treue. Ich kann dich nicht in die Arme nehmen, aber mit meinen Gedanken umhülle ich dich, Marjam. Du bist unvergleichlich. Es wird alles gut, wenn du nur Geduld hast und vertraust.»

Claudia hat die Backstube gefegt, Wäsche aufgehängt, die Strohsäcke frisch gefüllt und das Abendessen bereitet. Nachdem sie gegessen haben, geht sie erneut an die Arbeit.

«Du tust, als sei morgen nicht auch noch ein Tag», sagt Mairik, die sonst gewohnt ist, daß Claudia sich abends nur für sie Zeit nimmt.

«Morgen werde ich nicht da sein, Mairik, ein paar Tage lang bleibe ich wohl weg. Deshalb will ich ein bißchen vorarbeiten. Du hast gehört, jeder, der sich als Christ bekennt, soll künftig als Freiwild behandelt werden. Das haben die Königlichen bei Esra gesagt ...»

«Dann darfst du erst recht nicht fortgehen, bist im Hause am sichersten.»

«Ich muß aber über Land, muß nach den Mädchen und Hripsime sehen. Du weißt, was ich ihr verdanke. Wir gehören zusammen, ich muß schauen, ob ich sie warnen kann, ob sie mich brauchen. Verstehst du das? Deinen Vater werde ich fragen, ob ich noch ein oder zwei der Mädchen mitbringen kann, wenn es nötig sein sollte. Wir wollen sehen, was Hripsime und Gajaneh wissen, wie sie die Lage einschätzen.»

«Ich bin traurig, wenn du gehst, Claudia. Vor allem habe ich Angst um dich.»

«Ich komme wieder, bestimmt. Und wenn Markus und Lucia inzwischen eintreffen sollten, dann bist du da, sie zu empfangen, ja? Laß sie aber bitte nicht nachkommen, sie mögen hier warten.»

«Meinst du, daß sie hierherfinden?»

«Ich hatte immer gehofft, sie würden nach der Gemeinde fragen und uns dort einmal antreffen. Jetzt werden sie hören, daß man die Versammlungen besser nicht erwähnt. Aber Brot braucht jeder, und wir sind die erste Bäckerei, die am Wege liegt. Gib nur gut acht, ich habe dir die beiden oft genug beschrieben.»

In aller Frühe des hellen Sommertages erscheinen wiederum Bewaffnete vor Stepan Akopjans Palast, diesmal Gesandte vom Hofe. Der Nacharar selbst nimmt die kurze Botschaft entgegen:

«... Ihr habt die Jungfrau Hripsime, die bei Eurer Schwester festgehalten wird, unverzüglich an den König persönlich auszuliefern. Bei Androhung des Einzugs aller Eurer Güter fordert er Vollzug des Befehls bis übermorgen mittag. Es ist Eile geboten!»

Das also war es, weshalb Tiridates sich unlängst zu ihm bemühte!

Er spricht zu niemandem davon, was ihm soeben aufgetragen wurde. Nur seinem Vertrauten, dem alten Diener Arowek, sagt er, er «verreise». Der weiß damit Bescheid. Als einzig Eingeweihter hat er schon seit geraumer Zeit nachts heimlich Vorräte in den unterirdischen Gang gebracht, der vom Keller des Akopjanschen Hauses auf die Erebuni-Festung führt. Im ersten Drittel verbreitert er sich an zwei Stellen zu einem größeren und einem kleineren Raum, die als sicheres Versteck gelten können, zumal kaum jemand vom Vorhandensein des Ganges weiß.

«Wenn dich jemand fragen sollte, Arowek – du weißt zu antworten?»

«Ja, Herr. Ihr seid auf königlichen Befehl nach Wagharschapat geritten.»

«Gut. – Die Verwaltung obliegt dir wie immer während meiner Abwesenheit. Hoffentlich sehen wir uns bald wieder!»

«Ja, Herr.»

Zabel Terhan sucht ihren Mann im Geschäft auf.

«Kein Kunde da, Hapeth?»

«Wer soll sich jetzt herauswagen? Aus heiterem Himmel, von heute auf morgen, ist der Teufel los. Wer nicht unbedingt Geschäfte machen muß, bleibt besser zu Hause.»

«Es muß sich aber nur ängstigen, wer ein Christ ist. Gegen die anderen wird nichts unternommen. Ich habe dir immer gesagt, Hapeth, es ist nicht gut, daß du dich zu denen hältst und auch Mikel und mich noch mit hinschleppst. Laß ab davon, bleib bei den alten Göttern. Wir sind doch ganz gut ausgekommen, als wir noch in den Tempel gingen ...»

«Schweige, Weib! Versündige dich nicht! Ich habe immer gehofft, du und Mikel würden – Schau, dort kommt er ja gerade. Aber er geht vorbei? War er es nicht?»

Statt Mikel kommen zwei Männer ins Geschäft. Sie bekreuzigen sich, und Hapeth tut das gleiche.

Zabel geht in den hinteren Raum und horcht von dort.

«Was wünscht ihr?»

«Wir möchten einen größeren Posten Getreide kaufen. Wie steht es mit dem Preis?»

«Sechzig Obolen das Maß.»

«Oh, das ist entschieden zuviel!»

«Ihr werdet in der ganzen Stadt nicht billiger, eher teurer kaufen. Aber laßt uns handeln. Ich will Brüdern entgegenkommen, soweit ich nur kann.»

«Zuerst noch ein anderer Wunsch. Wir haben gehört, du hast einige Heilige Schriften bei dir. Uns sind sie abgenommen worden. Hilf uns bitte aus damit.»

«Woher kommt ihr?»

Die beiden tauschen einen kurzen Blick, der Hapeth befremdet.

«Wir kommen aus Surenawan.»

«Neu zugezogen?»

«Nein, nein, wir beide sind Azats, haben bislang nur weiter im Osten gekauft.»

Hapeth kennt jedoch die Gemeindeglieder in Surenawan. Er hat Verwandte dort und mit diesen einigemal die Versammlungen besucht. Er läßt sich aber nicht anmerken, daß er einen Hinterhalt wittert.

«Es tut mir leid, daß ich euch damit nicht helfen kann», sagt er freundlich. «Die Schriften, die unser Lehrer Esra hatte, sind ihm abgenommen und verbrannt worden.»

«Das haben wir gehört. Es sind aber gewiß nicht alle gewesen, so müßt ihr anderswo noch welche haben.»

«Ich sagte euch, daß ich euch leider nicht helfen kann.»

«Aber unter diesem Schubfach dort liegen sie, die wir haben wollen!» wird der größere der beiden plötzlich laut. Der andere springt Hapeth an und bindet seine Hände mit einem starken Strick.

Zabel tritt aus dem Nebenraum: «Er hat nichts! Laßt ihn los!»

«Wie, er hat nichts? Hier –» Der erste bringt die Schriftrollen aus der bezeichneten Lade.

Zabel schreit auf. Aber dann steht sie stumm, ihr Gesicht ist wie versteinert, als sie ihren Mann abführen.

Draußen sieht Hapeth den Sohn sich in die nächste Türnische drücken, während er vorbeigeht. «Mikel, du?» sagt er, und er sieht das Gesicht des Jungen bleich werden.

Merkwürdig, daß den Vater aber nicht Zorn erfüllt, sondern daß ihm im selben Augenblick die eigene Schuld aufgeht. Was er nie vorher gedacht hat, ist plötzlich in seinem Sinn. Machen es die gebundenen Hände, die Ungewißheit, was nun mit ihm geschieht, oder die drohenden Gesichter der Häscher, daß er sich hier im Gehen auf der Straße Rechenschaft gibt über sich selbst? Wie in einem Spiegel sieht er sein Leben.

Schon als Kind wollte er stets über anderen stehen, er spielte am liebsten mit Ramik-Jungen, sie mußten sich ihm fügen. Er führte das Wort. Sein Bruder war viel jünger als er, so fiel ihm auch dort die führende Rolle zu. In der Tempelschule hatte er einen Konkurrenten, der ihm an Fleiß überlegen war. Als er, Hapeth, später erfuhr, der andere wolle um Zabel werben, kam er ihm zuvor. Er hätte sie sonst vielleicht nie zu seiner Frau gemacht – der Triumph über den Gegner war die Hauptsache. Jener andere wurde Priester, und durch Tod zweier älterer Mitpriester gelangte er rasch an die Spitze der Tempelhierarchie. Da ging Hapeth zu den Christen über. Wenn Zabel und der Sohn ihm auch nicht willig dorthin folgten, so kamen sie doch mit. Noch niemand hat gewagt, sich gegen ihn zu stellen – bis auf Mikel. Heute. Hapeth muß es erst fassen. Aber er weiß, es ist die Antwort auf den Druck, den er, der Vater, auf ihn ausübte. Er war sich seiner Gewalt über die Familie so sicher, daß ihm gar nicht einfiel, die Schriften in ein *nur ihm* bekanntes Versteck zu legen.

Die Schriften ... Er hat Esra gleich am ersten Tag, als Gefahr für die Gemeinden bekannt wurde, die Aufbewahrung eines Teiles der Rollen angeboten. Sein Rat, sie an vielen verschiedenen Stellen aufzubewahren, erwies sich ja auch als weitsichtig und klug. Er hat aber dazu noch betont, bei ihm seien sie auf alle Fälle sicher. Ohne Mikel hätte sie auch niemand gefunden. – Warum machte er eigentlich diesen Vorschlag, warum verbarg er sie? *Nur* aus Ehrsucht? Er stellt sich in dieser Stunde ernsthaft die Frage. Aber es ist ehrlich, wenn er sie mit *nein* beantwortet. Nein, er wollte nicht nur mit klugen Reden glänzen, ihm lag sehr an der Erhaltung des Gotteswortes, und er will die Gemeinde erhalten helfen mit allen Mitteln, die ihm zu Gebote stehen. Was er von Esra und anderen Predigern im Laufe der Jahre gehört hat, ging nicht spurlos an ihm vorüber. Hapeth glaubt an Jesus Christus. Er ist sein Erlöser, er erwarb ihm das ewige Leben. Aber eins begreift Hapeth erst jetzt: daß dieser Glaube sein Ich, sein ganzes Wesen verändern, erneuern muß, wenn das Wort Gottes Zabel und Mikel und anderen Menschen als lebendige Kraft sichtbar werden soll. Glauben aus Zwang ist ebenso ein Unding wie der Versuch, unter Druck eine Frucht zum Wachsen zu bringen. Reifen muß sie!

Wie er jetzt – immer noch im Gehen – Gott um Vergebung bittet für seine Überheblichkeit und seinen Egoismus, wird er auch Zabel und Mikel bitten, sobald er sie wiedersieht. Das schließt ein, Mikel nicht zu zürnen, sondern ihn zu verstehen.

Hapeth schüttelt den Kopf über sich selbst: Jetzt, wo er gebunden ist, wird er innerlich frei! Wie hat Esra einmal gesagt? Gott schreibt auch auf krummen Linien gerade. Begreifen kann man es nicht, nur staunen, daß es so ist.

Mit Tiridates ist nicht zu reden. Die Beamten gehen ihm aus dem Wege. Sie ahnen, was den Wutsturm auslöste. Im Volk weiß es kaum jemand. Sein Stolz ist so tief verletzt, daß er sich alle unmenschlichen Exzesse seines Vaters als Beispiel nehmen will, wenn er gegen diese Christen vorgeht. Damals ist der alte König den Widersetzlichen mit eiserner Hand zuleibe gerückt, weil sie zu keck wurden, zu viele Rechte für sich in Anspruch nahmen. Heute versteht der Sohn so recht des Vaters Haß. Dieser Ausschließlichkeitsanspruch ihres Gottes, ihres «Königs aller Könige» muß jeden wahren Regenten hier auf Erden beleidigen. Nicht ohne Grund hat auch Diokletian jetzt zugeschlagen, nachdem er allzu lange gute Miene machte. Tiridates erkennt genau die politischen Zusammenhänge, er ist schließlich in Rom erzogen worden.

Nun, genauso wie der Kaiser seine heiklen Verordnungen nie schriftlich gibt, soll auch hier die Anweisung rigoroser Schonungslosigkeit nicht öffentlich verbreitet werden. Alle Beauftragten wissen, auf welche Weise sie vorzugehen haben, und wie erste Berichte zeigen, arbeiten sie nicht mit Samthandschuhen. –

Tiridates ist nach seiner Niederlage in Wagharschapat ohne Umwege nach Artaschat geritten. Hierher hat er auch Hripsime beordert. Stepan Akopjan *wird* sie ihm bringen, denn er riskiert den

Einzug seiner Güter nicht. Und hier wird er, der König und Gebieter, Hripsime zwingen, diesem Jesus abzusagen, wenn sie nicht ihr eigenes Leben und das ihres Gefolges, ja der Christen im ganzen Land aufs Spiel setzen will. Er muß sie besitzen, und wenn es nur ein einziges Mal und nun eben doch mit Gewalt ist! Er ist sich diese Genugtuung schuldig, wenn er ein machtvoller König bleiben will. –

Völlig unerwartet kommt Choslowanush von Garni zurück. Tiridates ist ungehalten: «Du solltest im Sommerschloß bleiben! Was willst du hier?»

Mit zärtlichem Lächeln tritt sie ihm entgegen. «Djanach, mein Bruder!» haucht sie.

Djanach ist sein eigentlicher Name, und so nennt sie ihn, wenn sie ihm besonders gefallen will. Gerade heute aber will er seinen Königsnamen hören, gerade jetzt, wo einer über ihm stehen, einer – dieser Christus – Vorrang vor ihm haben soll! «Ich bin nicht nur Djanach», sagt er deshalb schärfer als nötig, und die Schwester begreift sofort. Ohne daß sie fragt, fährt er fort: «Ich muß die Götter versöhnen, muß dieser Hripsime den Prozeß machen, wenn ich Unheil von meinem Volk und Land abwenden will. Sie erzürnt sie alle – Mithra, Aramazd, Anahita, Tyr, Nana, Barsamina – alle! Und ich muß ihnen Opfer bringen, weil ich meinen Vater noch nicht vollkommen gerächt habe. Dieser jüngste Sohn Anaks muß auch noch sterben! – Komm, Choslowanush, laß uns in den Tempel gehen und es den Göttern geloben: Gregor soll sterben, Hripsime und ihren Komplizen wird der Prozeß gemacht!»

«Du solltest geloben, *alle* umzubringen, die die Götter nicht anerkennen und ehren, *das* wäre die Versöhnung.»

«Gemach, Schwester, gemach! Wenn ich den Frevlern den Prozeß mache vor allem Volk, will ich Mithra seine Stärke und Anahita ihre magischen Kräfte beweisen lassen. Agathangelus, mein Sekretär, ist beauftragt, alles Volk auf dem Forum zusammenzurufen und dann die Verhandlung zu protokollieren. Alle Welt wird auf Armenien sehen, auf seinen unbeugsamen König!» –

Choslowanush befriedigt des Bruders Entschluß nicht. Sie hat am nächsten Tag etwas zu tun, das sie vor ihm geheimhält. Sie sucht die Soldaten auf, die bei dem Gericht anwesend sein werden, und sie geht nicht mit leeren Händen. Als sie mit ihnen spricht, geschieht es im Flüsterton.

5

Auf dem Forum von Wagharschapat.

Dieser Platz soll prachtvoll gestaltet werden als Krönung der umfangreichen Bauarbeiten im letzten Jahr. Bis zum Herbst muß er fertig sein, dann soll ein Großmarkt stattfinden, der Kauflustige von nah und fern anlockt und die Stadt so recht ins Blickfeld rückt. Ein Teil der Anlagen sieht schon jetzt sehr reizvoll aus, doch die behauenen Pflastersteine liegen noch unverlegt in großen Haufen.

Wagharschapat ist eine aufstrebende Stadt, in der wohlhabende Bürger wohnen. Immer mehr Söhne reicher Väter ziehen hierher, bauen vornehme Häuser und lassen sich als Kaufherren oder Wechsler nieder. Der Weinbau vor allem bietet ein einträgliches Geschäft.

Die Stadt entspricht dem Selbstbewußtsein ihrer Einwohner. Es hieß schon, sie werde eines Tages mit der Metropole Artaschat konkurrieren. Neue, moderne Thermen sind entstanden. Ein weiterer Tempel – einer für Anahita – ist vor ein paar Monaten geweiht worden. Die Hauptstraßen sind mosaikartig gepflastert. Wer sonst hat das aufzuweisen? Ja, und eine solche Stadt braucht schließlich ein Forum, einen Hauptplatz als Zentrum für Versammlungen. Nun ist solch ein Forum zwar von alters her zugleich der Platz, auf dem öffentlich Recht gesprochen wird. Das ist sogar sein ursprünglicher Zweck. Aber daran dachte man hier zunächst am wenigsten. Niemand ahnte, daß das Projekt einmal für eine spektakuläre Gerichtsverhandlung in Anspruch genommen würde, noch ehe es vollendet ist! Aber wahrscheinlich wird gerade dieser aufsehenerregende Prozeß die Stadt berühmt machen.

Man wird sehen! Jedenfalls dürfte die Gunst der Götter den Einwohnern gewiß sein, wenn ihre ärgsten Leugner hier zur Rechenschaft gezogen werden.

Mithradates – die «Gabe des Mithra» – wird in seiner Eigenschaft als Hauptpriester hier als Richter auftreten. Er verspricht sich reiche Opfergaben, als er eine solche Menschenmenge zusammenströmen sieht. Es ist ja durch Boten in der ganzen Umgebung bekanntgemacht worden, daß hier und heute die den Göttern gebührende Ehre verfochten werden soll, um weiteres Unheil von Armenien fernzuhalten. Die Trockenheit ist Zorneszeichen genug. Höchste Zeit, daß wieder Opfer gebracht und nicht herausfordernd verweigert werden! Wer wollte da nicht zur Versöhnung der Götter beitragen.

Voll Spannung kommen die Scharen herbei. Das Rosenfest in Artaschat hat keine größere Anziehungskraft als diese Verhandlung. Die Tyr und Mithra und Nana, und wie die Götter immer heißen mögen, anhängen, haben das plötzlich einsetzende Vorgehen gegen die Christengemeinden aufhorchend wahrgenommen. Es gab keine Erklärung dafür, vielleicht macht die Regierung sie heute bekannt.

«Was meinst du, Nachbar, was wird hier geschehen?» fragt man sich gegenseitig. Keiner weiß es. Manche kommen her in der Erwartung, daß tatsächlich der Arm der Götter bewegt werde, damit man sich wieder guter Ernten, gesunden Viehes und damit eines besseren Lebens, satter und gedeihender Kinder erfreuen könne. Andere sind nichts weiter als sensationslüstern. Christen finden sich in geringer Zahl unter den Ankömmlingen. Ihre Glaubenslehrer rieten zur Zurückhaltung. Nur ein paar haben sich mit aufgemacht, um dann zu berichten. Man muß schon Bescheid wissen, um sich künftig klug zu verhalten. Gordon und Awak aus Rasdan sind darunter. Sie haben Anahid Rochkijan gesehen, den Schuhmacher Mikael auch, Aharon Sarjan und einige andere. Auch dem Vorsteher der hiesigen Gemeinde begegneten sie, Wardan Altunjan. Sie alle grüßten sich unauffällig nur durch Kopfnicken im Vorbeigehen. Gajanehs Haus sehen sie umstellt. Jemand sagt, daß die alte Köchin Tansik tot darin liege – an Herzschlag gestorben, als man nach den anderen auch sie abführen wollte.

«Die *erste* Tote», nickt einer. «Nein», erwidert ein anderer, «der König wird nicht blutig vorgehen, dazu sind der Christen zu viele im Lande. Außerdem sieht die Welt nach seinem bedeutsamen Sieg auf ihn als einen *Helden*. Als dieser will er in die Geschichte eingehen, ganz gewiß nicht als Schlächter.»

«Vielleicht erleben die Ketzer sogar eher einen Triumph als einen Schrecken?» So ergeht man sich in Mutmaßungen.

Ein graubärtiger Alter bewegt sich schleppend am Straßenrand. Immer wieder versucht er die ihn Überholenden anzusprechen: «Spürt ihr's denn nicht? Die Erde kocht, sie wird aufbrechen. Und die größte Gefahr ist just hier!»

«Schwarzseher wie dich hat es schon immer gegeben, Großvater!» winkt einer im Vorübergehen ab.

«Du Tor, ich habe in meinem Leben nicht nur *ein* Mal die Erde beben sehen. Ich kenne die Vorboten sehr genau, ich weiß, was kommt!»

Die wenigsten beachten ihn, und wenn schon, lacht man ihn aus.

«Jeder will hier etwas voraussagen, nicht wahr, Alter, du auch?»

«Ja, nehmt ihr denn das Grollen nicht wahr, das ferne Rumoren?»

Und nur für sich murmelt er: «Sie überhören die Signale durch ihr Geschwätz. Ich hab' sie gewarnt ...» –

Im Keller des Priesterhauses neben dem Mithratempel, unweit des Forums, werden Gajaneh, Hripsime, Damaris, Julia, Pia und Phöbe gefangengehalten. Tansik war als letzte im Hause. Daß sie tot ist, wissen die anderen nicht. Sie wähnen, man ließ sie frei, wohl wegen ihres Alters. Sie wissen auch nicht, was in der Stadt vorgeht und was sie womöglich erwartet. Wer sollte es ihnen sagen!

Der Wachsoldat brachte ihnen am ersten Tag ihrer Haft Pritschen, auf denen sie tagsüber sitzen und nachts schlafen. Mittags und abends schiebt er ihnen wortlos zwei größere Gefäße mit Essen herein. In dieser Hinsicht leiden sie keinen Mangel. Gajaneh weiß vor allem die Zeit nicht nur auszufüllen, sondern wirklich zu nutzen. Ganze Abschnitte aus den Heiligen Schriften hat sie im Kopf und kann sie ihnen auslegen. Bedacht wählt sie solche, die ihnen in ihrer Lage Zuversicht geben. Dazu beten sie abwechselnd, und immer wieder einmal singen sie ihr Lied. Die Jüngste hat es zuerst angestimmt. Sie ist trotz der Ungewißheit sehr getrost: «... was können Menschen uns tun?» Julia hat sie einmal naiv genannt, dann aber hinzugefügt, sie wünschte, sie könne auch so sein.

Hripsime ist bedrückt, daß sie es war, die diese Aktion des Königs ausgelöst hat, unter der nun viele Menschen leiden. Die Repressalien in den Gemeinden wurden unmittelbar nach jenem Tag bekannt, da Tiridates sie derart wutentbrannt und drohend verließ. Und doch – wie hätte sie je anders handeln können? Selbst eine diplomatischere Formulierung, ein Ausweichen, hätte nichts genützt. Nein blieb nun einmal nein.

Damaris ist wie immer voll Zuversicht. «Der König wird sich letzten Endes nicht die Blöße geben, seine Niederlage bekannt werden zu lassen. Gewiß überlegt er sich: das klügste für ihn ist, die Sache zu vergessen.»

«Du weißt nicht, wie verletzlich gerade despotische Machthaber sind», sagt Hripsime darauf, «jedermann soll ihnen bedingungslos zu Willen sein. Ich bin bereit, alle Folgen zu tragen, nur sollte er andere Menschen meine Ablehnung nicht entgelten lassen.»

«Hier geht es inzwischen um mehr, Hripsime, als um das bloße Nein von dir», sagt Gajaneh. «Gerade die sofort einsetzende Drangsalierung der Gemeinden läßt mich vermuten, hier wurde nur auf einen Anlaß zum Zuschlagen gewartet. Denk an Diokletian: Jahre hindurch ließ er der Entwicklung der christlichen Kirche ihren Lauf, bis sie ihm zu stark wurde. Er wählte aber einen Zeitpunkt, als die politischen Gegebenheiten das Eingreifen erlaubten. Ähnlich kann es hier sein. Du warst für Tiridates vielleicht eine Art Orakel.»

«Du sprachst von Diokletian», sagt Pia. «Wie es uns gelang, vor ihm zu fliehen, können wir auch Tiridates entkommen. Aber manchmal habe ich auch schon gedacht: wenn Gott uns einen Weg durch Leiden führen will, werden wir ihm durch keine Flucht entgehen. Vielleicht sollen wir uns hier in diesem Keller bereit machen, uns vorbehaltlos seinem Willen zu überlassen.»

Julia ist die einzige, die von Stunde zu Stunde furchtsamer und niedergeschlagener auf der Pritsche hockt. «Ich habe immer geahnt, daß Schlimmes auf uns zukommt», resigniert sie. «Ihr wolltet mir nicht glauben. – Ich habe Angst, schreckliche Angst ...»

Gajaneh nimmt sie mütterlich in die Arme. «Du kannst dich nur ins Gottvertrauen flüchten, Julia. Erinnere dich an jenes Wort, das Esra in Artaschat auslegte: ‹Ist Gott für uns, wer mag wider uns sein?› Und Phöbe hat es vorhin gesagt: ‹Was können Menschen uns tun?›»

«Trotzdem habe ich Angst. Ich schäme mich, weil ihr alle so stark seid. Ganz erbärmlich komme ich mir vor. Und doch kann ich nicht hindern, daß ich die Zukunft so dunkel vor uns sehe.»

Hripsime legt ihre Hand auf Julias Rechte. «Du meinst, wir anderen seien stärker als du? Ich bin es nicht, das sollst du wissen. Aber ich bin sicher, daß der Herr mir in seinem Wort klare Weisung gibt – und dann auch Kraft, sie zu befolgen ...»

Gajaneh streicht Julia sacht übers Haar. «Wenn dich die Angst übermannt, denke immer nur das eine: du kannst nie tiefer fallen als in Jesu Arme ...»

Schritte auf der Treppe. Der Riegel wird zurückgeschoben. Es ist das erstemal, daß der Wachsoldat zu ihnen spricht.

«Der König selbst wartet draußen auf eine von euch – Hripsime. Du bist das? Ich soll dich zu ihm bringen.»

«Nein, Hripsime! Sie werden dich fortschaffen, irgendwohin, ganz allein. Bleib hier!» ruft Phöbe spontan aus.

«Sorgt euch nicht. Auch ich werde *das eine* beherzigen, was auch komme.»

Tatsächlich steht Tiridates draußen vor der Tür. Er trägt ein auf dunkelblaues Gewebe gearbeitetes silbernes Kettenhemd in feinem Muster und darauf eine breite, in Falten gelegte purpurne Seidenstola mit kostbarer Schnalle als Schulterverschluß. Der lange Rock aus dünnem, hellem Ziegenleder ist vorn in der Mitte aufgeschürzt, er gibt glänzende Stiefel frei. Rechts am Gürtel hängt die kunstvoll ziselierte Scheide für ein kurzes Schwert, und dessen Griff funkelt von eingelegten Rubinen. Die helmartige, hohe Kopfbedeckung umrankt ein geprägter goldener Lorbeerkranz.

Der Soldat salutiert und geht in den Keller zurück.

Das Roß ist so angebunden, daß es als Deckung vor unberufenen Augen dient und sich die beiden Menschen ganz allein gegenüberstehen. Für einen König ist dieses Gebaren äußerst ungewöhnlich. Er könnte befohlen haben, sie zu holen, denkt Hripsime. Daß er das tatsächlich Gajanehs Bruder auftrug, wenn auch ohne Erfolg, weiß sie ja nicht. Stepan hat sich in Wagharschapat seit langem nicht sehen lassen.

Hripsime hat bei den verschiedenen Begegnungen mit Tiridates gelernt, in seinem Gesicht zu lesen. Es kann sich so rasch vollkommen verändern, wie sie es noch nie bei einem Menschen beobachtet hat. Hatte sie ihn vom letztenmal ganz entstellt vor Wut im Gedächtnis, sieht sie heute, daß er weich gestimmt sein muß. Sie schöpft Hoffnung. Sogleich wird ihr aber bewußt: da ist wieder der werbende Blick, wenn auch nicht so gierig fordernd wie vordem. Was mag er also im Schilde führen?

«Hripsime, trotz allem, was du mir angetan hast, komme ich abermals, um dir zu sagen, daß du mir viel, nein: daß du mir *alles* bedeutest. Nie zuvor habe ich für eine Frau empfunden wie für dich. Mein Verhalten wird dir die Tiefe und Ehrlichkeit meiner Zuneigung bestätigen. Ich bin jetzt auch bereit, dich nicht von deinem Gott zu trennen, wenn du ihm *heimlich* anhängst. Deine Glaubensgenossen sollen dann unbeschadet im Land leben. Ihr Schicksal liegt in deinen Händen. Du kannst nicht Hunderte, ja Tausende deinem Starrsinn opfern. Denk nach, gib die Antwort nicht vorschnell. Bedenke, was es mich kostet, dir so entgegenzukommen. Ich will den schon eingeschlagenen Weg des Zornes um deinetwillen abbrechen, will auf den Prozeß verzichten, der hier auf dem Forum zur Stunde von Menschenscharen erwartet wird. Verstehst du, was ich dir anbiete, Hripsime? Sag ja! – Schlägst du meine Hand jedoch wieder aus, dann wehe, wehe allen ...»

Während sein Gesicht anfangs fast ein Lächeln zeigte, verdüsterte es sich während des letzten Satzes immer mehr, und seine Augen nahmen wieder den tierisch wilden Ausdruck an. Er wartet einen Augenblick, dann fragt er lauernd: «Bist du anderen Sinnes geworden?»

«Nie kann ich es werden. Ich habe nur *einen* Herrn, er ist *die Liebe*. Du aber haßt.»

«Nur wo eine *große* Liebe verschmäht wird, ist dann auch der Haß unermeßlich. Denke daran! Ich frage dich noch einmal, ein allerletztes Mal.»

«Und wenn es mich das Leben kostet, König – ich kann nicht. *Ich kann nicht*. Ich bitte meinen Gott, daß er dir Einsicht schenke und daß du eines Tages zu ihm, der von aller Schuld und Sünde befreit, finden mögest. Das ist mein Segenswunsch für dich und damit zugleich für das ganze Volk. Jesus Christus ist Herr über Leben und Tod, über Arme und Reiche, auch über Fürsten und Gewaltige wie dich ...»

«Schweig!» unterbricht er sie, zischend wie ein Peitschenhieb. «Vielleicht sagt mein abgrundtiefer Haß dir bald deutlich, wovon meine Worte dich nicht überzeugen konnten.»

Würdevoll aufrecht steht sie vor ihm. Sie zuckt nicht einmal zusammen, als er beide Fäuste ballt. «Geh!» herrscht er sie an.

Da wendet sie sich langsam und schreitet die Kellertreppe wieder hinab. –

Auf einer provisorischen Tribüne haben die Großen des Reiches Platz genommen – neben dem König seine Schwester Choslowanush im prunkvollen grünsamtenen Gewand, mit Perlen bestickt. Zu beiden Seiten eine Anzahl Regierungsbeamte, darunter Martiros Manuchjan und der Mardpet Erwand Bagratuni. Auch Nerses Nersesjan, der junge Nacharar, sitzt bei den hochgestellten Persönlichkeiten. Ganz rechts sieht man den Römer Agathangelus, des Königs

Privatsekretär. Er hat Auftrag, die Verhandlung für die Landeschronik zu Protokoll zu nehmen, damit der Verlauf der Nachwelt überliefert werde. Ein Zeichen, wie große Bedeutung dem Ereignis beigemessen wird. Agathangelus hat die Vorgeschichte schon aufgeschrieben, so wie sie ihm angegeben wurde. Im selben Sinne wird Mithradates auch Anklage erheben: Der Nacharar Stepan Akopjan erhielt königlichen Befehl, eine gewisse Staatsfeindin namens Hripsime, die mit einem Gefolge unter fadenscheinigen Gründen aus Dalmatien zugewandert ist und sich im Hause der Schwester Stepans einnistete, an den Königshof zu bringen. Er kam der Order nicht nach – eine Widersetzlichkeit gegen die Staatsgewalt seinerseits.

Da alle Benannten zu den Christen gehören, war die Nichtausführung des Befehls zugleich ein Beweis der Mißachtung staatlicher Ordnung durch diese Gruppierung, die zahlenmäßig immer mehr zunimmt. Die Absicht der Unterminierung des Staatswesens und unlautere Machenschaften zugunsten der Christen müssen zwingend angenommen werden. Da kann die Regierung nicht tatenlos zusehen. Hripsime wird also für sich und ihre Leute zur Verantwortung gezogen, ebenso sind Stepan und Gajaneh Akopjan als Komplizen vor das Tribunal geladen.

Achtung, da kommen sie! Die Hunderte Stimmen, die Erregung der Massen sind ein betäubendes Rauschen. Man könnte gar meinen, ein Grollen liege in der Luft, die Erde rumore. Aber diese Geräusche sind gewiß eine Täuschung und kommen einfach aus dieser wogenden Menge. Trommelwirbel gebietet endlich Ruhe. Fünf Frauen treten in die Mitte des Forums.

Choslowanush braucht niemanden zu fragen. Sie weiß sofort, wer von ihnen Hripsime sein muß. So sieht sie also aus, die ihr des Bruders Herz geraubt hat! Sie erkennt sehr genau, um wieviel schöner Hripsime ist, und das nicht nur wegen ihrer Jugend. Sie muß beseitigt werden! Selbst wenn sie gefangensitzt, könnte sie noch Gefahr bedeuten. Wie gut, daß sie, Choslowanush, alles vorbereitet hat. Sie hat die Soldaten wahrlich gut bezahlt, die als «Leute aus dem Volk» lautstark Rache fordern werden für die frevelhafte Abkehr von Mithra, Aramazd und den anderen. Sie warten nur auf ihren Wink ...

Die Wachen postieren sich am Rande, die Hand am Schwert. Wie denn – fünf sind es nur? Aber aus dem Keller des Priesterhauses haben sie sechs geholt! Wo ist die sechste? Es war nicht einfach, sie durch das Gewühl zu schleusen. Die Menschen standen dicht an dicht, keiner wollte weichen oder gar eine Gasse frei machen, wie es verlangt wurde. Jeder fürchtete um seinen guten Platz, den er mühsam erobert und bis jetzt verteidigt hatte. Trotzdem – wie konnte einer von der Wache unachtsam sein und ein Mädchen entkommen lassen! Oder wollte er barmherzig sein? Das wäre ein schlechter Soldat!

Der Priester Mithradates ist aufs Podium gestiegen. Mit großer Geste entrollt er die Anklageschrift. Zuerst ruft er die Angeklagten auf. Die Mädchen nennt er jeweils nur «Dalmatinerin». Jede hat nach dem Aufruf ihren Arm zu heben. Also: Hripsime Dalmatica – Damaris Dalmatica – Pia Dalmatica – Julia Dalmatica – Phöbe Dalmatica – schließlich: Gajaneh Akopjan – Stepan Akopjan. Ein Mann ist nicht dabei. Stepan, der Nacharar, ist also ferngeblieben. Aber sechs Frauen hat Mithradates aufgerufen, sechsmal hob sich ein Arm, und – kann er denn nicht mehr zählen? – da stehen nur fünf!

Noch einmal von vorn: Hripsime, Damaris, Pia, Julia ... Wo ist Julia? Beim erstenmal hat Pia für sie noch einmal den Arm gehoben. Die Verzögerung hat der Flüchtigen zumindest Vorsprung verschafft. Diesmal nun muß jede, die sich gemeldet hat, zur Seite treten. Julia also fehlt! Wo ist sie? Keiner weiß es, keiner hat etwas beobachtet. Julia jedenfalls ist nicht hier.

«Obrist! Steht mir Rede und Antwort! Wo ist das sechste Mädchen?»

Der Obrist, so recht von der Gestalt eines alten Haudegens – Schrankkreuz, Riesenschädel, stämmige und lange Beine – ist ein hilflos schlotternder Mensch, als er gefragt wird. Er ist ratlos, stottert. «Sie war soeben noch – ich weiß nicht – es ist doch unmöglich ...» Nichts Soldatisches ist mehr an ihm.

«Ihr habt nur fünf auf den Platz geführt, bringt sofort die sechste herzu!» gebietet der Priester. Er muß auf alle Fälle verhindern, daß etwa jemand ein Wunder vermutet.

Mehr als ein Dutzend Soldaten erhalten Befehl, die Vermißte herbeizuschaffen. Weit schwärmen sie aus, hektisch, planlos und aussichtslos, denn sie wissen nicht einmal recht, wie sie aussieht. Je ferner sie suchen, desto mehr entfernen sie sich auch von ihr. Julia muß sich selbst wundern, daß sie – fast von Sinnen vor Angst – noch in der Lage war, ihre Chance zu entdecken und wahrzunehmen: eine offene Tür.

Die Angeklagten waren für den kurzen Weg nicht gefesselt worden, die Posten deshalb ohne Argwohn. Bei Gajaneh, die sie kannten, und erst recht bei diesen zarten Dingerchen war mit Widerstand nicht zu rechnen. Daß aber eine abhanden kommen könne, hätte sich keiner im Traum einfallen lassen!

Für Julia war die offene Tür ein Signal, dem sie ohne Überlegen folgte. Sie wußte ja nicht, was sie dahinter erwartete. Aber das *Wunder* schien vollkommen zu sein. Sie traf eine alte, freundliche Frau an und gab sich unumwunden zu erkennen. Ohne viele Worte verbarg die Frau sie hinter Brennholz neben dem Herd.

Die Posten wären sicherlich aufmerksam geworden, hätten sie nicht weiterhin sechs gezählt. Daß da ein anderes junges Mädchen dicht nebenherlief, war ihnen entgangen. Erst als die andere sich dann weigerte, mit zu den Angeklagten zu treten, stellten sie verblüfft die Verwechslung fest. Viele Einheimische bezeugten nämlich, daß die «Falsche» die Tochter des Kupferschmieds war, der auch für den Tempel arbeitete. Nein, sie hatte mit der Sache wirklich nichts zu tun! –

Unabhängig davon, daß die Vorgeladenen nicht vollzählig sind, werden die Hauptangeklagten zu den einzelnen Punkten verhört. Es geht zunächst um den Erweis staatsfeindlicher Handlungen der Hripsime, wobei sie mit Gajaneh eng zusammengearbeitet haben soll: Verbreitung falscher Lehre mit gleichzeitiger Leugnung der Götter, damit verbunden also Verführung des Volkes, um die staatlichen Gesetze zu untergraben und so den eigenen Anhängern Vorteile und Macht zu verschaffen.

Die einfachen Leute haben Mühe, den geschraubten Formulierungen des richtenden Priesters zu folgen. Aber das andere zu erfassen, fällt ihnen nicht schwer: sie sehen, wie gefaßt Gajaneh und Hripsime vor ihm stehen, hören sie ruhig und besonnen antworten. Als Hripsime zur Verbreitung falscher Lehre Stellung nehmen soll, erklärt sie, die «Lehre» erläutern zu wollen, damit man sie beurteilen könne. Und ehe Mithradates recht begreift, was da geschieht, predigt sie den jetzt atemlos Lauschenden die Botschaft von Jesus Christus, der auf die Erde kam und den Weg ans Kreuz ging, um über den Abgrund zwischen Gott, dem Schöpfer, und uns sündigen Menschen eine Brücke zu schlagen. Nie vorher hat sie einer so gewaltigen Menschenansammlung das Evangelium verkündigen können!

Während Hripsime spricht, fühlt Gajaneh einen Blick auf sich ruhen. Sie betrachtet die Gesichter der Umstehenden. Ein Bettler fällt ihr auf – zerschlissen sein Gewand, ein Auge mit schwarzem Tuch verbunden, das linke Bein leicht angewinkelt. Er stützt sich in den Achselhöhlen auf Krücken. Ihr Atem stockt, als sie ihn dennoch erkennt. Sie sieht Stepan unverwandt an, bis er den Kopf beschämt senkt.

Mithradates beobachtet die Reaktion der Menge. Sie scheinen wie von einem Zauber schweigsam gemacht. Natürlich ist das Ganze eine Sensation, ein Grund, hier nichts verpassen zu wollen. Aber es ist gewiß auch eine magische Wirkung zu spüren, die der Priester gern ergründen möchte, um sie für seine Zwecke nutzbar zu machen. Sind die Leute dann erst einmal in diesem Bann, mag es vornehmlich das *eine* sein, das die Lehre anziehend macht: sie wendet sich an die Armen und Elenden, deren es in Armenien wahrlich genug gibt ... Mithradates erschrickt über sich selbst, daß er die Gedanken abschweifen ließ und diese Frau nicht längst unterbrochen hat.

Hripsime redet mit klarer Stimme und in deutlicher Sprache, mehrmals sieht sie den König dabei frei und offen an. Als der Priester ihr unwillig das Wort abschneidet, vollendet sie unbeirrt den letzten Satz.

Gegen Gajaneh bringt er nun vor, daß sie sich teuflischer Heilmethoden und mystischer Verfahrensweisen bedient habe, um unter Ausnutzung des Hilfebegehrens kranker, siecher Menschen sich an diese heranzumachen und für ihre Ziele zu gewinnen.

Da meldet sich ein junger Mann, er wolle eine Zeugenaussage machen. Der Priester kennt ihn, es ist Mnatsakan aus einem dem Tempel treu ergebenen Hause. Da er eine Untermauerung der Anklage erwartet, gewährt er ihm geradezu erfreut das Wort. Mnatsakan erzählt, daß er an argen Magenkrämpfen gelitten habe. Niemand konnte ihm helfen. (Daß auch der Priester versagte, verschweigt er bedacht. Möglich, daß der sich aber daran erinnert.) Da sei er zu Gajaneh gegangen, sagt er, und sie habe ihn behandelt.

Ein Murmeln geht durch die Menge, ein Raunen. Oder ist es wieder das störende Rumoren und Grollen, das man schon vorhin hörte, jetzt nur verstärkt?

«Nun, weiter!» treibt der Priester erwartungsvoll an, «was tat sie? Beschwor sie Böses?»

«O nein, das will ich ja gerade sagen: da war nichts unnatürlich oder undurchsichtig. Nur Kräuter – Kräuter von unseren Wiesen hat sie verwendet. Und jetzt bin ich gesund! – Weil sie keine Bezahlung, keinen Dank verlangte und weil sie alle ohne Unterschied behandelte – die Christen und uns, die wir die alten Götter anbeten –, muß ich hier die Wahrheit sagen.»

«Die Wahrheit? Sie hat dich behext, so zu reden!» ruft Mithradates erbost. Doch er besinnt sich rasch seines Amtes und gebietet sich selbst, ruhig und sachlich zu bleiben. Mnatsakan hebt abschließend wie zum Schwur die Hand: «Ich wiederhole, daß ich *die Wahrheit* gesagt habe!» –

Eine Gebärde des Königs zeigt dem Priester dessen Ungeduld an. Er muß die Vernehmung rasch wieder in die rechte Bahn lenken.

Hinterlistig berechnend verlangt er eine konkrete Aussage der beiden Hauptschuldigen, die Götter betreffend.

Sie erklären einträchtig, daß es für sie nur einen, den lebendigen Gott gebe. Die Götter jedoch seien tote Götzen.

Da werden Racherufe laut. Rächt die Götter! Laßt nicht zu, daß sie geschmäht werden! Rache! Das Volk fordert Rache für die erhabenen Götter ...

Als scheinbar nur mäßig interessierte Fremde unter dem Publikum verfolgt Claudia, mühsam beherrscht, all das Ungeheuerliche mit Entsetzen. Nach ihr hat der Richter nicht gefragt, weil sie nicht mit bei Gajaneh war. Kann es aber nicht sein, daß man forscht, wie viele zusammen mit Hripsime nach Armenien kamen? Sie zittert bei dem Gedanken, irgend jemand könne sie erkennen. Doch sie ist aufmerksam bedacht, sich durch keine Äußerung oder Gebärde verdächtig zu machen. Sie meint, es sei auch gut, so weit vorn zu stehen. In die vorderen Reihen stellt sich doch niemand, der etwas zu befürchten hätte, nicht wahr?

Die nach Rache riefen, schauen auf Choslowanush. Sie gibt den vereinbarten Wink. Steine werden aufgehoben, fliegen in die Mitte des Forums, verfehlen zunächst mehr ihr Ziel, als zu treffen.

«Hunde, ihr!» schreit ein junger Mann und fällt den Steinigern wütend in den Arm. Er springt sie an, einen nach dem anderen. Sie sind verblüfft. Wer ist das? Hat er vielleicht einen Gegenauftrag?

«Nennt ihr das Versöhnung der Götter?» faucht er. «Sie mögen euch strafen!»

Aber Choslowanush gibt anfeuernd deutliche Zeichen: «Weiter, weiter!»

Mehrere Soldaten überwältigen den Jüngling und führen ihn ab. Es ist Anahid. Er wehrt sich verzweifelt. Aber was vermag er gegen Waffengewalt!

Durch seine Tat wachgerüttelt, erheben aber jetzt auch einige angesehene Bürger der Stadt Protest. Eine *Verhandlung* sollte stattfinden, aber keine Steinigung! Ihr Forum soll nicht als erstes eine Hinrichtungsstätte werden! Da sei Mithra vor! Das Verhör ist ja auch längst noch nicht beendet, geschweige denn ein Urteil gesprochen! Wer will da ungeheißen und unberechtigt eins vollstrecken?

Aber die Leute von auswärts, die zum Teil mit Neid auf Wagharschapat schauen, hat – nachdem die Gedungenen den Anfang machten – ein Rausch, ein Fieber gepackt. Die Götter versöhnen! Ja, o ja! Ihre Felder, ihr Vieh stehen unter dem Fluch. Endlich sollen Trockenheit, Krankheitsplagen, Armut und Not von Armenien genommen werden! Die Gunst der Götter muß man erstreben, und hier ist die Gelegenheit, sie zu erringen! – Bei den ersten Steinwürfen ist selbst Tiridates aufgefahren: «Priester, das war nicht vorgesehen, jedenfalls nicht jetzt!» Doch Mithradates zuckte die Schultern: «Wenn es aus dem Volk kommt, reden die Götter auf diese Weise und fordern Genugtuung. Wir wollen den Dingen ihren Lauf lassen.»

So kommt es, daß niemand einschreitet, der Macht dazu hätte. Oder doch? Kommt hier noch ein Mutiger?

Ein Mann hat sich Bahn gebrochen durch das Gewühl, er rast in die Arena, zu der der Platz geworden ist. «Damaris!» schreit er und reißt dann eins der Mädchen auf seine Arme, um mit ihr davonzustürmen.

«Haltet ihn! – Ihm nach! – Fangt ihn! ...»

Das Durcheinander ist unbeschreiblich. Claudia erfaßt spontan die Gelegenheit des Augenblicks. Phöbe steht ihr am nächsten. Sie braucht nur ein paar Schritte, um sie an der Hand zu packen und mit sich fortzureißen.

Schreie hinter ihnen, Befehle wohl, aber niemand versteht sie.

Im Gedränge wird Phöbe von Claudia getrennt. «Lauf!» schreit die ihr nach, «lauf nach Artaschat!»

Die Wachen, die in mehreren, durchlässigen Reihen das Forum umstellt haben, handeln nach Gutdünken. Niemand hat ihnen vorher angedeutet, daß die Aktion eine solche Wendung nehmen könnte und wie man sich dann zu verhalten habe. Jeder will nur instinktiv vermeiden, sich wie der Obrist dem Vorwurf der Nachlässigkeit auszusetzen.

Als Asatur und Damaris das Freie bald erreicht haben, springt ihnen ein Posten in den Weg: «Du bist eine von diesen!» richtet er die Waffe auf das Mädchen. Asatur wirft sich ihm entgegen, um Damaris zu schützen. Da trifft der Schwertstreich sie beide.

Im gleichen Augenblick erkennt ein anderer Phöbe und – sie erleidet denselben Tod. –

Isobek, der heute und morgen nicht an der Reihe ist, bei Gregor zu wachen, hat sich auch aufgemacht nach Wagharschapat. Es trieb ihn her. Was er dann und wann mit Marjam geredet hat – und auch mit Gregor, wenn er sicher war, nicht beobachtet zu werden –, hat ihn immer wieder beschäftigt. Gregor kann reden, daß man versucht ist, diesen seinen Gott ernst zu nehmen. Allerdings hat sich Isobek immer wieder gesagt, daß ein Mann in seiner hilflosen Lage sich ja an etwas klammern muß, um nicht zu verzweifeln. Vielleicht würde man heute eine Antwort darauf finden, was an diesem Glauben dran ist. Würden sie nicht klein beigeben, wenn den Gemeinden und damit jedem einzelnen Verfolgung droht? Eine öffentliche Verhandlung mußte es schließlich an den Tag bringen! Was er bis zur Stunde sah, hat ihn tief beeindruckt. Kann ein Mensch so standhaft sein aus eigener Kraft? Er muß eine Quelle haben, aus der er sei nimmt. Was Hripsime predigte – anders kann man ihre Antworten nicht nennen –, ist in seinem Gedächtnis haftengeblieben: ... einer hat die Brücke geschlagen zwischen Gott und uns sündigen Menschen – wobei das Wort sündig ihn persönlich traf.

Isobek ist längst bewußt, daß sein Handeln auch vor den alten Göttern nicht gerade rühmlich ist. Er verschafft sich Reichtum durch die Verletzung seiner Dienstpflichten. Und wenn er schon meint, nachsichtig sein zu sollen, so nutzt er die Notlage des Gefangenen und seines Mädchens schamlos aus, indem er die Forderungen immer höher schraubt, wenn er die Gefahr betont, die Marjams Besuche für ihn bedeuten. Schuld – der Begriff beschäftigt ihn nicht zum erstenmal. Aber belastend drückt ihn Schuldbewußtsein erst seit dieser Stunde.

Isobek ist unter denen, die sehr dicht am Richtplatz stehen. Sie weichen angesichts der Gefahr, die auch ihnen durch die Steinwürfe droht, weiter und weiter zurück. Aber auf einmal stocken sie im Fortdrängen, stoßen sich gegenseitig an – zweifelnd erst, ob sie richtig hören, dann lauschend: «Seid still! Sie singen! Kann das sein?»

Ja, die Gesteinigten singen. Hripsime kniet und deckt mit ihrem Körper Pia, die ein Stein erst an der Brust, dann am Kopf traf und bewußtlos machte. Gajahen steht aufrecht, und beide singen mit lauter Stimme das Lied, das sie seit Monaten begleitet hat:

«Im Leben und Sterben folgen wir Jesus nach,
ihm, dem wir uns geweiht,
ihm, der uns erlöst durch des Kreuztodes Schmach,
sei Lobpreis in Ewigkeit.»

Nur einzelne Steine fliegen jetzt, einige treffen wieder. Trotzdem: kein Schrei, kein Flehen um Erbarmen, kein Anzeichen von Todesfurcht.

Gajaneh erhebt ihre Hand. Sie sollen aufhorchen. Vernehmlich ruft sie: «Euch, die ihr die Steine werft, *sei vergeben!* Aber kehrt um von eurem falschen Weg! Auch du, Priester! Auch du, König! Laßt euch versöhnen mit Gott, laßt euch erlösen von Sünde und Schuld durch das Blut Christi ...»

Abermals ertönt die Melodie, und die meisten schweigen, damit ihnen der Text nicht entgehe. Immerhin wird man von diesem Ereignis nach Jahren noch reden.

«Uns reißt nicht Verfolgung aus seiner starken Hand,
ihm allein dienen wir,
ihm, der uns aus Fesseln der Sünde entband,
gehören wir für und für.»

Der König hält sich die Ohren zu und hört es doch. Das ist ja, was er von Hripsime schon kennt! Zum Rasendwerden! «So werft doch!» überschlägt sich seine Stimme, «hört euch das nicht an, bringt sie zum Schweigen!»

Während – auch von Choslowanush wieder angefeuert – ein neuer Steinhagel auf die Frauen niederprasselt, hallt das Forum wider von Tosen und Rufen: «Weg mit ihnen! Sie lästern die wahren Götter! Steinigt sie! *Stei – nigt sie!*»

Gajaneh ist zusammengebrochen. Hripsime deckt noch immer Pia. Tiridates ist wie von Sinnen. Er nimmt selbst einen Stein, zielt und trifft Hripsime. Doch als das geschehen ist, schreit er gellend auf, stürzt zu ihr, will ihren leblosen Körper umdrehen, um ihr

Gesicht zu sehen und – hat die Hand voll Blut. Mit irrem Blick betrachtet er sie, seine Augen treten hervor. Gräßlich verzerrt sich sein Mund. Ist das noch Tiridates? Wie ein Wahnsinniger bahnt er sich einen Weg durch die Menschen und sucht das Weite. –

Es ist ein Rausch, der die Blutrünstigen gepackt hat. Sie wollen nicht ablassen, obwohl keine der Frauen sich mehr rührt. Schließlich decken die Steine sie fast zu – die Pflastersteine für das Forum. –

Die wenigsten nahmen während der aufregenden Geschehnisse der letzten Stunden wahr, daß die Erde sich bewegte, die Tribüne einmal wankte und man es verdächtig rumpeln und dröhnen hörte. Und wer es bemerkte, ignorierte die Anzeichen des nahen Bebens. Die Sensationsgier war stärker.

Jetzt aber werden sie wach: jählings rütteln gewaltige Erdstöße mit Getöse die Erde. Hügel bersten, Bäume werden entwurzelt, krachen und splittern, Häuser fallen in sich zusammen, von anderen stürzen die Dächer herab.

Wer wird Julia finden, die die Giebelwand des Hauses, in das sie floh, erschlägt?

Am Tempel des Mithra brechen Säulen, die Wände bekommen breite Risse. Das Haus des Mithradates hat nur noch drei Außenfronten. Gajanehs Haus dagegen weist nur geringe Schäden auf. Nerses Nersesjan jedoch wird einen Trümmerhaufen vorfinden, wenn er an die Stätte seines einstigen, prächtigen Sommerpalastes tritt.

Das Beben löst eine unbeschreibliche Panik aus. Die Menschen rund um das Forum rasen davon, jeder in eine andere Richtung. Sie zertrampeln, die nicht mithalten können. Ins Freie wollen sie, hinaus aufs Feld und in die Weingärten, wo weder Bäume noch Mauern sie unter sich begraben können.

Der Mittelpunkt der stolzen Stadt Wagharschapat bleibt zurück als wüster Platz – ohne den Priester, der da richten wollte, ohne Choslowanush, die ihre Rivalin unter allen Umständen beseitigt zu sehen wünschte, ohne den König, der seinen Haß zu kühlen suchte und nun geistig umnachtet irgendwo umherirrt, wenn die Erde ihn nicht verschlungen hat. Da ist auch nicht ein einziger Schaulustiger mehr. Nur die Entseelten bleiben inmitten der grausigen Szene. –

Ein paar Stunden nach dieser heftigsten Erschütterung kommen zaghaft ein paar Menschen zurück an den Ort – zaghaft, weil sie ausspähen, ob sie auch nicht beobachtet werden. Und wie jeder schaut, entdeckt einer den anderen, die alle mit der gleichen Absicht kommen. Sie hatten denselben Gedanken: solange noch immer schwächere Stöße zu spüren sind, wird jedermann abwartend *vor* der Stadt verweilen. Diese jungen Leute jedoch wollen die Zeit nutzen, um inzwischen die Leichen der Gesteinigten zu bergen. Es sind Gordon und Awak, die Schmiedsöhne, und Marjams Bruder Anahid, der durch die Panik des Bebens wieder freigekommen ist. Und da kommt auch Wardan Altunjan von der hiesigen Gemeinde. Ohne ihn wäre es ein aussichtsloses Unterfangen, was sie sich da vorgenommen haben. Er wohnt etwa zehn Wegeminuten von hier, hat Stangen für eine Trage und hat vor allem in seinem Garten einen Höhlenkeller, in den man die Toten vorerst bringen kann. Was später geschieht, wird man auch später erst entscheiden.

Während sie die Steine, unter denen Hripsime liegt, eilig entfernen, sagt Anahid: «Warum konnte das Beben nicht *vor* der Steinigung eintreten!» Er kämpft mit Tränen, sein Hals ist wie zugeschnürt.

«Meinst du nicht, daß Gott das Ganze hätte verhindern können?» antwortet Gordon.

Sein Bruder sagt: «Wenn du mit Gregor darüber reden könntest, Anahid! Er würde dir eine bessere Antwort geben können. Ich sehe es so an: –»

Awak kommt nicht dazu, seine Meinung zu äußern, denn Wardan hat Hripsimes Körper von dem Pias gewälzt, die, wie man nun sieht, einen Blutsturz erlitten haben muß. Er faßt nach ihrem Handgelenk. «Sie lebt noch!» ruft er aus, zitternd vor Erregung. «Der Puls ist zwar sehr schwach, aber er ist fühlbar ...»

Da kniet Anahid schon neben ihr, richtet ihren Oberkörper auf, beugt sich über sie und spürt schwachen Atem. Instinktiv reibt er Pias Stirn, ihre Arme. Blutende Verletzungen am Kopf sind sichtbar. Nach kurzer Zeit schlägt sie die Augen auf, trübe Augen jedoch. Ihr Mund verzieht sich vor Schmerzen.

«Pia!» ruft Anahid sie an, «Pia, du mußt leben!»

Er meint, daß sie ihn erkennt. Mit matter Stimme haucht sie: «Ich bin gewiß, weder Tod noch Gewalten können mich trennen von Gottes Liebe ...» Da fällt ihr Kopf zur Seite an Anahids Brust.

Er ist ganz außer sich. «Helft mir!» stößt er hervor, «helft mir!» Er versucht sie noch einmal zu beleben, drückt ihren Brustkorb, abwechselnd mit schnellem Loslassen, immer wieder zusammen, während Wardan ihren Puls sucht. Ein Blutschwall noch einmal aus ihrem Mund, und Gordon hebt schließlich ihre Augenlider, um sie danach sanft zuzudrücken.

Die Männer verharren für Augenblicke erschüttert. Hripsime wollte, selbst dem Tode preisgegeben, die *eine* wenigstens vor dem frühen Sterben bewahren.

«Wären wir doch eher gekommen!» stöhnt Anahid weinend auf.

«Wir hätten sie wahrscheinlich trotzdem nicht retten können», erwidert Wardan. Er faltet die Hände und spricht ein kurzes Gebet. Dann legen sie Pia als erste auf die Trage.

«Komm, Anahid», sagt Wardan, «wir haben keine Minute zu verschenken. Ihre Seele ist geborgen, nun soll auch die sterbliche Hülle eine Ruhestätte finden.»

Der *Knabe* Anahid ist nach Wagharschapat gekommen, der *Mann* Anahid wird nach Artaschat heimkehren, die letzten Worte Pias als Vermächtnis und Wegweisung für sein Leben im Herzen.

6

Armenien hält den Atem an: die einen in Erwartung einer Reaktion von den nun gewiß versöhnten Göttern, andere sehr beschämt. Die Christen erfüllt tiefe Trauer, Angst auch, was da noch kommen mag. Aber zugleich ist ihnen gewiß, daß Gott durch die grausamen Ereignisse zum armenischen Volk gesprochen hat.

Die sich schämen, fühlen sich schuldig, als hätten sie selbst mitgemordet. Kämpfen Männer gegeneinander und einer fällt, dann hat ein kräftiger Arm gegen den anderen gestritten. Aber wehrlose Frauen feige umzubringen, ist eine Schande! Die eine war fast noch ein Kind, die da floh, aber einem Soldaten direkt ins Schwert rannte. Und das sollte den Göttern gefallen?

Noch nach tausend Jahren und länger wird man in Armenien von jenem Tage reden. Aber es wird sein wie jetzt: Die *Steinigung* bewegt die Gemüter so stark, daß das Erdbeben darüber ganz in den Hintergrund gerät, obwohl es beachtlichen Schaden anrichtete. Die Gebäude werden in einiger Zeit wieder aufgebaut sein, die Märtyrer jedoch ruft man nicht ins Leben zurück. Lebendig bleibt nur die

Erinnerung an ihr furchtloses Sterben ohne Jammer und Klage und daran, daß sie im Tode noch machtvoll Jesus Christus priesen. Eindeutiger hätten sie nicht bezeugen können, daß sein Geist in ihnen wohnt. Niemand brächte von sich aus so übermenschliche Kraft auf.

Diese Gedanken beschäftigen unentwegt auch Isobek, der wieder seinen Wachdienst neben Gregors Gefängnisgrube versieht. Sein Inneres ist so aufgewühlt, daß er eine günstige Stunde abwartet und mit Gregor spricht. Er erzählt ihm, was in Wagharschapat vorgefallen ist und daß er seitdem keine Ruhe findet. Er sucht diesen Gott, obwohl er weiß, was den Christen droht. Ihnen wird in den letzten Tagen noch schwerer zugesetzt als vordem, die Königlichen veranstalten eine wahre Hetzjagd auf sie. Trotzdem: «Was muß ich tun, damit dieser Christus mich annimmt?»

«Wenn du deine Sünden bekennst und bereust, so brauchst du nur zu glauben, und du bist der Erlösung teilhaftig, die er für uns Menschen erworben hat.»

«Meine Sünden – das ist es ja gerade! Ich habe vor allem eine begangen, die ich bitter bereue: aus deiner Not habe ich Nutzen geschlagen. Hat dir Marjam gesagt, wieviel sie mir gebracht hat, um mit dir reden zu können? – Das ist mit Bereuen doch nicht zu tilgen?»

Seine Stimme verrät ehrliches Suchen.

Gregor antwortet ohne Umschweife. «Da gibt es nur einen einzigen Weg: Geh und gib des Geld den Armen, und sündige hinfort nicht mehr. Auf diese Weise erlangst du mehr Reichtum, als du je auf Erden hättest anhäufen können.»

«Mein ganzer Zukunftsplan wird damit zunichte. Aber ich tu's!»

«So bist du fortan mein Bruder, Isobek.»

Der Wachoffizier ist ganz benommen. Was ihm in diesen Stunden soviel Beschwerde gemacht hat, nimmt Gregor mit einem vollmächtigen Satz hinweg. Ist das zu fassen? Ebenso wundert ihn, daß er es fertigbringt, sich von seinen Schätzen zu trennen, die ihm seine ganze Zukunft bedeuteten. Alles ist so neu und überwältigend, daß er für den Augenblick gar nicht weiß, wie er sich zu verhalten hat. «Soll ich dich sofort freilassen, und wir fliehen beide?» fragt er.

«Wohin, Isobek? Die Häscher würden schneller sein als wir. Und kämen wir über die Grenze, könnten wir unserem Volk nicht dienen und das Evangelium nicht verkünden. Laß gut sein, ich weiß, daß Gott auch für mich Zeit und Stunde hat, du wirst es erleben. Dann warten auch auf dich Aufgaben, wenn du willst.»

«So meinst du, ich soll vorerst meinen Dienst nicht aufgeben, um dir die Verbindung mit Marjam zu erhalten?»

«Es wird das beste sein.»

«Ich werde alles so machen, wie du es mir sagst. Sobald Minas mich ablöst, werde ich also zuerst meine Schuld ins reine bringen. Ich weiß nur nicht – wem soll ich das unlautere Gut geben?»

«Geh zu Esra, dem Lehrer unserer Gemeinde. Geh als Soldat, damit du vor Spähern keinen Argwohn erregst. Ich beschreibe dir noch, wo du ihn findest. Ihn frage, wen er für bedürftig hält.»

Choslowanush ist verzweifelt. Sie läuft in ihrem Gemach auf und ab, schaut zum Fenster hinaus, horcht ins Innere des Palastes. Nichts! «Was soll werden?» ringt sie die Hände. – Man hatte Tiridates schon totgesagt, als er zwei Tage nach dem Beben in Wagharschapat noch nicht wieder aufgetaucht war. Aber unter den Opfern fand man ihn auch nicht. Übrigens spricht man von siebzig Toten, die erschlagen, zertreten oder anders umgekommen sind. Ob die vom Richtplatz dabei mitgezählt wurden, hat sie niemanden gefragt. Sie will nicht daran erinnert sein, und doch vermag sie an nichts anderes zu denken.

Am dritten Tag nun kam Tiridates. Er stand plötzlich in ihrem Zimmer, aber – in welchem Zustand! Schmutzig, zerkratzt, der kostbare Rock in Fetzen. Das schlimmste jedoch: sein Geist ist verwirrt. Er gab irre Laute von sich und war offenbar argen Wahnvorstellungen verfallen. Er heulte und grunzte, und was Choslowanush verstand, war immer wieder nur *ihr* Name: Hripsime! Er betrachtete seine Hände, sie waren noch voll Blut.

Seine Schwester war klug genug, den Regierungsbeamten und Offizieren nur zu sagen, der König sei da, allerdings völlig erschöpft und krank, sie wünsche nicht, daß er gestört werde. Wohin sie sich um Hilfe wenden sollte, gab es für sie keinen Zweifel. Mithra ist der Gott des Königsgeschlechtes der Parther, zu dem Tiridates und damit auch sie, Choslowanush, gehören. Der König gilt dem Mithra gleichgestellt, das erkennt selbst Rom an. Zur Krönung wurde schon Tiridates I. von Nero als der Mithra, der Erlöser, in Rom begrüßt. Es besteht durch diese Zusammenhänge eine besondere Verbindung zwischen dem Königshaus und dem Kollegium nahe der Hauptstadt, das Mithrapriester ausbildet. Dort lehrt auch Varazdates, und er nimmt für sich in Anspruch, Krankheiten beschwören zu können. Als Choslowanush ihn rief, kam er sofort, aber Tiridates tobte, er war nicht zu bändigen. Varazdates war ob seines Mißerfolges sehr betreten und vertröstete auf später. Doch in der Nacht verschwand der König wieder. Die Suchtrupps können ihn nicht finden, obwohl die Schwester ständig nach ihm fahnden läßt. Oder wollen sie ihn vielleicht gar nicht aufspüren? Wäre es ihnen wohl lieber, wenn er umkäme? Seit sie über den Verlauf jenes Prozesses unterschiedliche Meinungen gehört hat, ist sie mißtrauisch.

«Was soll nur werden?» wiederholt sie wohl schon zum hundertsten Mal.

O dieses Unheil! Warum mußte er auf dieses Mädchen aufmerksam werden, damals zum Rosenfest? Schon nach ihrer ersten Absage gebärdete er sich wie geistesgestört. Sie konnte es vor der Außenwelt verbergen, und die Symptome verloren sich wieder. – Hätte sie ihn doch auf der Tribüne gehalten, daß er die Leblose nicht hätte berühren können! Noch als Leiche ist sie ihm nun zum Verhängnis geworden. Als Choslowanush sein verzerrtes Gesicht sah, während er blutbeschmiert davonstürzte, ahnte sie schon Schlimmes. Ein bißchen Reue kommt über sie. Sie ist es, die die Steinigung veranlaßt hat. Er hätte es wahrscheinlich nicht dazu kommen lassen. Er muß es sehr geliebt haben, dieses Mädchen. Sie aber, die Schwester, hatte es für eine Laune gehalten, deren Folgen – ihre Verdrängung aus der Hauptrolle – sie eifersüchtig abwenden wollte. Heute gäbe sie viel darum, wenn sie Hripsime anflehen könnte, ihm doch zu helfen. Was der Priester nicht vermochte, hätte allein ihr Anblick zuwege gebracht, da ist Choslowanush sich sicher. Aber die Schöne ist tot, von Steinen getötet, die sie, die königliche Schwester, dirigierte! Zum erstenmal überfällt es sie: Wenn dieser Gott – Hripsimes Gott! – nun doch kein Phantom wäre? Aber Unsinn! Dann hätte er sie ja retten können! –

Während sie am Fenster lehnt und grübelt, läßt Nahum sich melden. Das ist jener Offizier, der seinerzeit Hripsime ausfindig machte. Auch diesmal war er erfolgreich, wenn das Wort in diesem Zusammenhang auch makaber klingt. Er hat Tiridates gefunden – in einem Eichenwald am Garnifluß. Aber er spricht nicht, er grunzt. Er meint ein Keiler zu sein und läßt niemanden an sich heran. Nahum erklärt es sich aus der Bedeutung des Königsnamens. Tir ist der Wildeber-, der Keilergott. Schon mehreren Königen gab er den Namen Tiridates: Gabe des Keilergottes.

Nun, der grunzende Irre, der Eicheln ißt wie ein Wildschwein, hat heute nicht einmal Nahum erkannt, seinen vertrautesten Offizier. Des Königs Gebaren sei erschreckend, vor allem seine blutunterlaufenen Augen würden einem schier Angst einjagen, erzählt Nahum, und er meint, man müsse ihn wohl trotzdem zunächst gewähren lassen, bis man eine sichere Möglichkeit der Hilfe gefunden habe. Er wolle aber dafür sorgen, daß der König ständig beobachtet würde.

Armes Armenien!

Ein Wahnsinniger kann nicht länger König sein. Choslowanush wird aber zunächst zu verhindern suchen, daß Rom eingreift. Die Staatsgeschäfte müssen hingehalten werden. Bis wann? Bis er wieder da ist? Ja, aber gesund muß er dann sein. Er *muß* geheilt werden! Nur – *wie?*

Wer sich *nicht* wünscht, daß sich das Blatt noch einmal wenden möge, sind die Regierungsbeamten. Jeder von ihnen, ob es nun der Mardpet, der Harazapet oder der Sparapet ist – der Schatzmeister, Landwirtschaftsminister oder Oberbefehlshaber der Truppen –, jeder sieht sich im Geiste schon an seiner Statt. Sie sind ja alle aus edlem Geschlecht. Es gibt inzwischen schon einen Rangstreit, wer in der augenblicklichen Lage über den anderen gebieten kann. Für die Christenverfolgungen liegen nun keinerlei Anweisungen mehr vor, doch jeder der kleinen «Machthaber» läßt sie nun erst recht im eigenen Auftrag von Soldaten und gedungenen Schergen fortführen. Vor allem wird das Vermögen der Christen eingezogen. In den eigenen Reihen suchen sie nach heimlichen Anhängern der «Sekte». Wer einen guten Posten sucht, braucht nur einen Christen anzuzeigen und kann seine Stellung übernehmen. Die Gelegenheit, zu eigenem Vorteil zu kommen, war seit langen nicht günstiger. Jeder sieht zu, daß er dabei nicht zu kurz kommt. –

Am meisten Hektik entwickelt Martiros Manuchjan. Er ist als Beamter aus dem Stande der Azats steuerpflichtiger Vasall eines Nacharars, und zwar gerade Stepan Akopjans, der schon vor dem Tode seiner Schwester Gajaneh irgendwo untergetaucht ist. Martiros hat ihn schon immer gehaßt, nicht nur, weil er von ihm gehörig ausgenommen wurde, nein, weil eben diese Gajaneh es war, die Agath und Rebik, seine Frau und seine Tochter, nach jenem Heilungsakt des Predigers bei der Christengemeinde gehalten hat. Und die beiden wollen bis heute nicht davon lassen, obwohl sie nun sehen, wohin es führt.

Daß Martiros nun zu einem noch fanatischeren Christenhasser geworden ist, liegt an Gordon. Er hat seine Rebik betört! Daß er sie heimbrachte, kann er ihm nicht zum Vorwurf machen. Ihr Fuß war tatsächlich stark angeschwollen, und es brauchte einige Tage, bis sie wieder auftreten konnte. Als der Vater ihr unlängst eröffnete, daß vielleicht Nerses Nersesjan um sie werben wolle – er sagte es mehr, um sie zu prüfen –, bekam er prompt die Antwort, dazu dürfe er sie nicht zwingen, sie wolle nur einen Mann nehmen, den sie liebe, und der würde sicherlich um sie freien, wenn der Vater ihm einen Wink seines Einverständnisses gäbe. Martiros glaubte nicht recht zu hören! Was erlaubte sich die Tochter, unter Mißachtung aller guten Sitten (wie kann sie auf die Werbung eines Bestimmten warten und noch den Vater zur Zustimmung überreden wollen!) sogar auf einen Ramik anzuspielen! Steht denn die ganze Welt jetzt kopf? – Nun wird er für die vereinbarten Arbeiten auf seinem Grundstück eben nicht Gordon, sondern ausdrücklich Awak bestellen. Aber die beiden Brüder sehen sich verdammt ähnlich. Nun, vielleicht muß er Rebik für diese Zeit gleich aus dem Hause bringen, weit weg zu den Verwandten ihrer Mutter. Und er wird sich unter den jungen Männern der Umgebung umsehen, welche einflußreiche Verbindung er da einfädeln könnte, die möglichst auch Martiros, seinem Sohn, nützt. Es wäre ja gelacht, wenn der Vater nicht zu verhindern wüßte, daß sie aus lauter Hingabe an den Christengott ihr Herz länger an einen Gleichgesinnten, aber für sie Unwürdigen hängt. Er wird sie ausrotten helfen, die Kreuzanbeter! Bei Mithra – er wird nicht ruhen, bis in seiner Familie wieder Übereinstimmung herrscht! –

Der Schuhmacher Mikael muß schon wieder einen Kunden auf später vertrösten oder ihn an einen Konkurrenten verlieren. Er hat kein passendes Material im Hause, der Händler leiht ihm nicht mehr, weil er mit der Zahlung im Rückstand ist. Dabei könnte er Aufträge so dringend gebrauchen, denn ohne diese wird er erst recht nicht zahlen können.

Es ist heute ein Königlicher, der in seine Werkstatt kommt, einer, vor dem man eigentlich vorsichtig sein sollte, aber er sieht vertrauenerweckend aus. Er fragt, warum er denn kein Leder habe. Da läuft dem Schuhmacher das schwere Herz über.

«... Uns schlagen die Reichen mit ihrem Geld und ihren Zinsforderungen in Fesseln», sagt er aufseufzend. «Als mir der Händler das Darlehen einräumte, tat er freundlich. Als aber die Zeit der ersten Rückzahlung kam, erbarmte er sich nicht, den Termin zu verlängern. Er sah meine Angst und Not. Ich habe neun kleine Kinder, und wir leben so sparsam, wie es bescheidener nicht geht. Als ich ihn jetzt um Material bat, um weiter arbeiten zu können, gab er mir keins. Er glaubte weder meinem Schwur, daß ich alles daransetzen würde, um ihn zufriedenzustellen, noch ließ er sich erbitten. Er blieb unversöhnlich, vor ein paar Tagen holte er während meiner Abwesenheit unser letztes Getreide und eins der beiden Schafe für die offenstehende Schuld weg. – Kann ich dafür, daß ich nicht in das Haus eines Azats oder gar Nacharars hineingeboren bin? Nüchtern besehen, ist unsere Lage aussichtslos. Aber ich lasse den Kopf nicht hängen. Seitdem ich in Wagharschapat erlebt habe, daß Gott seinen Kindern solchen Mut zum Sterben gibt, wird er mir Mut zum Leben geben. Er wird uns versorgen, denen, die uns knebeln, zum Trotz und zum Zeichen. Er ist der Gott der Armen und Unterdrückten. Ich will einfach vertrauen ...»

«Du vertraust nicht umsonst», sagt der Königliche. «Auch ich war auf dem Forum und erlebte mit, was du geschildert hast. Dort habe ich mir vorgenommen, Christus mein Leben auszuliefern. Da gab es unrecht Gut aus dem Wege zu räumen. ‹Gib es den Armen›, wurde mir gesagt. Esra nannte mir deinen und noch einen Namen. Hier ist, was künftig dir gehört – ohne Zinsen, ohne Rückzahlung. Nimm es nicht aus meiner, sondern aus Gottes Hand. Es mag dir und deiner Familie zum Guten gedeihen ...»

Ehe Mikael sich bedanken kann, ist der andere verschwunden. Er hat nicht einmal seinen Namen genannt. –

Der andere, dem Isobek helfen soll, ist der Kleinhändler Howhannes. Seine Reaktion ist: «O wie muß ich mich schämen ...!»

«Aber vor mir doch nicht etwa?» sagt Isobek.

«Nein, vor meinem Gott», erwidert Howhannes. «Ich konnte vor Sorgen kaum mehr schlafen, ich zweifelte an Gott, auch angesichts all dessen, was jetzt geschieht. Und ich gebe ehrlich zu, auch Frau und Kinder wollten beinahe wankend werden. Ich sagte mir, man kann niemandem verübeln, wenn er sich abwendet. Zu aller Not auch noch das Leben riskieren? Nein, Gott wird sich nicht um uns kleine Leute kümmern, er hat bei ganz anderen Dingen einzuschreiten. Unsere Sorgen würden nie ein Ende nehmen, meinte ich. Und nun kommt Ihr ... Wir wollen beten, daß der Herr uns vergibt. Habt Dank! Wir sind gerettet. Gott segne Euch dafür.» –

Sahak, der Seidenraupenzüchter, hat sein Grundstück zwischen Artaschat und Rasdan. Er ist gerade dabei, Maulbeerblätter als Raupenfutter von den Hecken zu streifen, als Nahum in seinem Gehöft erscheint – Nahum, für den er damals Hripsimes Aufenthaltsort auskundschaftete.

«He, Sahak, Zeit für ein paar Worte?»

«Warum nicht?» erwidert der immer Vorsichtige, der sich auch hüten wird, Nahum seinen Groll zu zeigen.

«Du weißt, daß uns diese Christen vielerlei Ärger verursachen. Wir müssen ihrer Herr werden. Sie sind aber so gerissen, daß sie sich jetzt heimlich versammeln. Diese Nester auszuheben, ist augenblicklich unser Ziel. Du sollst es nicht bereuen, wenn du uns helfen würdest. Überlege! Du bist ein fähiger Mann, den wir dann weiterempfehlen würden ...»

Sahak überlegt sogar angestrengt. Er hat schon versucht, sich einer Gemeinde anzuschließen, um viel herauszubekommen und damit vielleicht Karriere zu machen. In Erebuni war das. Doch sie erkannten ihn und jagten ihn davon. Und bitter erinnert er sich der noch größeren Niederlage bei Nahum. Der steckte den hohen Preis ein, der für Hripsime ausgesetzt war, und ihn speiste er mit einem Almosen ab. Diesmal ist nicht einmal offiziell eine Belohnung ausgesetzt. Nahum deutete nur ködernd an: «... du sollst es nicht bereuen ...»

Nein, nein, darauf fällt er nicht mehr herein. Der mag sich selbst kümmern. Das ist seine, Sahaks, Revanche!

«Ich will es gerne versuchen», sagt er mit dem freundlichsten Gesicht, «doch in Rasdan werde ich wenig Erfolg haben. Ich habe noch nicht bemerkt, daß da Leute in größerer Zahl zusammenkämen. Und von Artaschat her müßten ja alle an meinem Hause vorbei. Wo sollten sie sich in Rasdan auch treffen? Der Ort ist nicht so groß, daß man etwas übersehen könnte. Daß ich Augen und Ohren immer offenhalte, weißt du.»

«Bleib jedenfalls wachsam. Falls du doch etwas bemerkst, sag Bescheid, nicht wahr?»

«Ganz selbstverständlich! Du kannst dich auf mich verlassen!»

Als Nahum wieder fort ist, lacht Sahak vor sich hin. Er hat das Gefühl, es dem Offizier nun heimgezahlt zu haben. Denn um zu erkunden, oder besser: um bestätigt zu sehen, wo sich Christen in letzter Zeit versammeln, hätte er nicht weit zu reiten brauchen, nur in Thoros' Schmiede. Nun werden sie dort sogar ein Weilchen Ruhe haben – durch ihn, Sahak. Wie schade, daß er es ihnen nicht sagen kann, damit sie sich dankbar erweisen könnten. –

«Gregor!» ruft Marjam halblaut in die Grube, «Liebster!» Gregor erwacht, er hat im Traum soeben ein strahlendes Morgenrot gesehen. Er erzählt es Marjam. «Ich bin sicher, daß eine bewegte Zeit auf uns zukommt», sagt er, noch ganz von den Traumbildern eingenommen.

«Morgenrot – könnte es deine Freiheit bedeuten? Doch augenblicklich ist buchstäblich der Teufel los. Man kann sich nicht vorstellen, daß das von heute auf morgen anders werden sollte.»

«Vergiß nie: Bei Gott ist kein Ding unmöglich. Er kann!»

«Wie lange sagst du das nun schon, wie viele Jahre!»

«Willst du jetzt zweifeln, jetzt, nachdem du mir immer Mut gemacht hast?»

«Nein, Gregor, gewiß nicht. Aber du hast keine Ahnung, was inzwischen alles geschehen ist. – Wie, du weißt es doch? Aber woher? Kommen jetzt Brieftauben zu dir?»

«Nein, in Wagharschapat ist noch mehr geschehen als das, was du weißt. Isobek hat während der Steinigung Gajanehs und der anderen zum Glauben gefunden. Er ist jetzt mein Freund.»

«Und ich wollte dir gerade sagen, wie mißtrauisch ich war, als er heute kein Geld nahm! Du weißt also alles, auch daß Tiridates wahnsinnig ist und im Freien umherirrt? Doch eins *kannst* du noch gar nicht wissen: daß Vater nach all seinen Zweifeln und der Abkehr vom Glauben sich wieder ganz und gar Jesus hingibt. Was er von vielen Seiten über den Mut der Hingerichteten gehört hat, überwältigte ihn. Es war vor allem Anahid, der sein Herz anrührte. Unser Gebet ist erhört!»

«Ja, wir wollen danken, Marjam, und wir werden den Vater im Himmel bald auch für anderes loben, sei ganz sicher. Es kommt Morgenrot!»

«Wenn nur *bald* die Wende käme. Obwohl – ich muß es abermals bekennen – ich nicht wüßte, *wie*. Laß dir rasch noch erzählen: wir waren in Rasdan. Oft treffen wir uns heimlich in Thoros' Schmiede. Er hat große Angst, daß man uns eines Tages ausheben wird. Die Häscher sind überall. Unlängst war einer bei Maruk, dem Schafzüchter. Er neigt aber inzwischen den Christen zu und verriet nichts. Hernach warnte er Thoros. – Gregor, sie arbeiten mit allen Mitteln gegen uns. Bei den etwas Reicheren sind Vermögenseinzug oder eben Geldstrafen an der Tagesordnung. Bete für die Gemeinde, daß wir durchhalten! Und daß sie dir nichts antun in ihrer Wut.»

«Sorg dich nicht. Ich bete auch, daß ich dich bald in die Arme schließen darf.»

Esra liegt krank. Für ihn hat jede Lebenslage ihr Gutes: Welch treffliche Gelegenheit, kleine Grüppchen in seiner Stube empfangen zu können! Keine Versammlung also im Gemeinderaum, nein, nein. Wenn ein Spitzel kommen sollte, findet er nur Leute, die einen alten Mann, einen Patienten versorgen.

Heute waren Howhannes und Mikael schon hier, beide glücklich von ihrem steten Druck befreit durch die unerwartete Hilfe, die für sie einem Wunder gleichkommt. Sie wollten sich bei Esra bedanken, aber er wies ohne Worte nach oben. Natürlich, sie erkannten die unsichtbare Hand. Aber auch dem Vermittler wollten sie danke sagen. –

Gestern saßen Mikel Terhan und Zabel, seine Mutter, weinend an Esras Bett – die beiden, die der alte Lehrer immer nur verdrossen gesehen hatte, weil sie gezwungenermaßen auf Anordnung des Vaters zum Gottesdienst kamen. Gestern nun erfuhr er, wie Mikel sich im Unmut an dem Vater vergangen, wie er das Versteck der Schriftrollen verraten hatte. Er hat inzwischen begriffen, daß Gottes Wort nie ausgetilgt werden wird. Welch unbegreiflich törichte Idee zu meinen, mit den Schriften den väterlichen Zwang abzuschütteln! Vernichtet man sie im Römischen Reich und in Armenien, existiert das Wort in anderen Ländern, und die es kennen, geben es auch aus dem Gedächtnis weiter. Mikel bereute seine Tat schon, als die Männer ins Geschäft hineingingen – zu spät. Als der Vater nach Verhör und kurzer Haft heimkam, wollte er ihm alles gestehen. Da war es Hapeth, der Mikel und Zabel um Verzeihung bat. Er erzählte, wie ihm auf dem Weg seine Schuld deutlich wurde, und sie merkten, er war als ein anderer wiedergekommen. Nun können Frau und Sohn frei entscheiden – und sie haben es getan. Alles Üble hat unvermutet zum Guten gewirkt. Sie knieten vor Esras Bett und beteten mit ihm gemeinsam, zum erstenmal nicht gezwungen, sondern mit Verlangen. –

Jetzt sind Vero, Mairik und Claudia bei Esra, alle drei bedrückt. Vor allem Claudia belastet, daß ihr nicht gelungen ist, Phöbe zu retten, die sie schon außer Gefahr glaubte. Der Verlust aller Freundinnen liegt schwer auf ihrer Seele.

«Viele sagen, das Erdbeben sei Gottes Eingreifen gewesen. Ich denke das auch», sagt sie, «es ist schon eigenartig, daß es gerade an diesem Tage stattfand – mit dem Zentrum an dem Ort des Dramas. Aber warum nicht eine Stunde eher, eine einzige Stunde nur? Alles wäre anders gekommen, das Unheil verhindert worden ...»

«Bist du dessen sicher?» antwortet Esra. «Meinst du wirklich, Tiridates hätte das Beben für mehr als eine Unterbrechung angesehen und Ruhe gegeben? Wir kennen ja inzwischen den Grund seiner maßlosen Wut. Das Beben allein hätte sie wohl kaum gekühlt. – Ich habe es auch noch aus anderer Sicht betrachtet: Gott hätte zweifellos den Frevlern, die auf Geheiß Steine schleuderten, in den Arm fallen können. Das wäre eine Sensation gewesen, die dem Christentum rascheste Ausbreitung gesichert hätte. Ein Gott, der sichtbar Wunder tut – den kann man gebrauchen! Auf solch einen Messias warteten auch die Juden, nicht wahr? Es ist aber gut, wenn sich die Menschen nicht aus solchen Gründen zur Gemeinde schlagen, sondern wenn sie das Wort hören und annehmen, wenn sie Gottes Heilstaten für sich gelten lassen, die Hripsime und Gajaneh noch den Menschenscharen bekanntgemacht haben. – Alle Dinge sollen uns zum Besten dienen. Ich muß zugeben, daß ich lange gebraucht habe, ehe ich das Geschehen als Gottes Entscheid anzunehmen vermochte. Als erstes dankte ich deshalb, daß du lebst, Claudia ...»

«Aber sie ist womöglich immer noch in Gefahr, Esra. Wir haben gehört, Mithradates fahnde heimlich noch nach der ‹Fehlenden›. Er meint Julia, die – wie Wardan Altunjan uns jetzt wissen ließ – erschlagen unter Trümmern eines Hauses aufgefunden wurde. Wie leicht kann geschehen, daß ein Mißgünstiger noch auf Claudia aufmerksam macht ... Deshalb habe ich zu Hagop Awetisjan geschickt», sagt Vero. «Er ist Imker hoch in den Bergen nördlich Wedi. Dort könnte sie bleiben, bis die Gefahr vorüber ist.»

«Das ist klug», nickt der alte Prediger. «Aber ich seh' schon, die Mädchen wollen sich nicht trennen. Mairik jedoch mitzuschicken wäre verräterisch, es würde Aufsehen erregen.»

«Ich muß schon deshalb hierbleiben», sagt Mairik lächelnd, «weil ich Markus und Lucia in Empfang nehmen muß, sobald sie kommen. Hoffentlich hören sie rechtzeitig von der Gefahr und warten außerhalb der Grenzen ab.»

«Vertraut auch darin Gott, es wird alles recht! Seht, das Schreckliche ist noch kaum faßbar, und doch ist schon zu erkennen, daß Gott durch alle diese Dinge wirkt. Ich könnte euch aufzählen, wie viele schon bei mir waren und auch wieder von anderen zu berichten wußten, die durch das standhafte Bekennen und furchtlose Sterben der Märtyrer zur Umkehr von falschem Wege gebracht wurden. Merkwürdigerweise sprachen mehrere von dem Lied, Gajanehs Lied, das sie anrührte und ihnen nachging. Die Ereignisse haben Menschen verwandelt. – Ihr wißt noch nicht, daß in der Nacht auch Stepan Akopjan bei mir war. Er bekannte, daß er nichts unternommen hat, seine Schwester und die anderen zu schützen oder auch nur zu warnen, obwohl er durch Tiridates' Aufforderung, Hripsime zu ihm zu bringen, dessen Vorhaben ungefähr voraussehen konnte. Verkleidet beobachtete er, der doch auch vorgeladen war, den Prozeß. Er bereut seine Feigheit, kann sie aber noch immer nicht überwinden. Er kam nachts und ging wieder zurück in die Verborgenheit. Er wird friedlos bleiben, bis auch sein Leben einen Wandel erfährt. – Wir werden noch viel erleben in den nächsten Wochen. Auf ein Wiedersehen, Claudia! Vielleicht besucht ihr mich bald sogar mit den beiden Dalmatinern ...»

Gott wirkt durch alle Dinge – so sehen es die Christen. Agathangelus, der Chronist, denkt dagegen lange nach, wie er das Geschehen zu Papier bringen soll. Es kommt immer auf die Perspektive an, wie man etwas betrachtet. Als Sekretär des Königs müßte er dessen

Sichtwinkel zugrunde legen. Wenn der König auch augenblicklich nicht bei Verstand ist, so kann er doch wiederkommen und genesen. Die ihm genehme Lesart müßte etwa lauten: Die Steinigung war die gerechte Strafe für Leute, die sich ihm nicht fügten, die das Volk mit falscher Lehre verführten und sich der notwendigen Ordnung im Lande widersetzten. In Agathangelus sträubt sich jedoch alles, der Anklage, die er während des Verhörs deutlich als fingiert erkannte, zu folgen. Und er entschließt sich, ohne Kompromisse zum Ausdruck zu bringen, wie er empfunden hat, was er für wahr hält. Eigentlich hatte er sich dafür schon entschieden, als er von der Tribüne dem Sterben der Frauen zusah. Unter Hripsimes Predigt hat er sich zunächst vergegenwärtigt, was dem Christentum seinerzeit so raschen Zugang und große Ausbreitung in Armenien verschaffte. Für ihn als Historiker ist das nicht schwer erklärbar: Als das Volk unter dem Druck der Verzweiflung und im Elend der Kämpfe zwischen Römern und Persern schwer zu leiden hatte, erhoben die Apostel und später überzeugte Männer und Frauen ihre Stimme mit der Mahnung, die Ärmsten der Armen nicht zu vergessen und Barmherzigkeit zu üben – Barmherzigkeit, wie sie Gajaneh mit ihren Frauen praktizierte – im Namen eines Gottes, dessen Kult in so vielem den Mithra-Verehrern vertraut schien. Die Geburt des Mithra, des Erlösers, sollte von einer Feuersäule am Himmel angezeigt worden sein. Bei den Christen hieß es, die Magier aus dem Orient wurden durch einen Stern in eine Höhle geführt, wo sie den Gottessohn Jesus als kleines Kind fanden. Sein Erlösungswerk rette die Menschen, und er sei der Gesandte seines Gott-Vaters, der einst alles hervorgebracht habe. Und einst werde diese Welt zugrunde gehen, um in einem neuen Äon als gerechte Welt unter Führung des Erlösers neu zu erstehen.

Agathangelus hat diese Lehre der Christen gekannt. Unter Hripsimes Zeugnis bekam sie jedoch Leben. Er empfand, daß diese Frau und auch Gajaneh von einem Geist erfüllt waren, der nicht irgendeiner vagen Anschauung entsprang – dann hätte er nämlich einer solchen Probe nicht standgehalten. Die beiden konnten all dessen, was man ihnen zur Last legte, niemals schuldig sein. Er wird auch festhalten, was sie sagten, vor allem, daß sie ihren Peinigern Vergebung zusprachen. Man denke! Welcher der alten Götter würde anderes als Rache verlangt haben? Ein lebendiger Gott ist's, haben sie mehrmals betont. Wann und wie haben sich Mithra, Aramazd oder Anahita beispielsweise als lebendig erwiesen? Dieser Christus hingegen schien wahrhaft in Menschen «wohnen» und sich durch diese transparent machen zu können. Man braucht Zeit, um sich da hineinzudenken.

Vergebung ... Wenn sie überall auf Erden praktiziert würde, wären die Folgen nicht auszudenken: nicht mehr Rache und Vergeltung, sondern Liebe, Verstehen, Frieden. Kein Gegeneinander, sondern Miteinander. Ein unvorstellbares Weltbild. Oder doch nicht? Haben die Frauen diese Möglichkeit nicht bewiesen?

Er wird noch viele Einzelheiten überdenken müssen, ehe er dieses Chronikkapitel ins reine schreibt. Für die Nachkommen hinterlassen wir Nachrichten aus unserer Zeit. Was und wie der Historiker schreibt, wird ihr Denken beeinflussen. Falsche Geschichtsbilder und falsche Vorbilder haben Konsequenzen. Ein Schreiber hat Verantwortung. Er, Agathangelus, will mit seinem Bericht nicht schuldig werden, wie er es wohl in Wagharschapat geworden ist: Vielleicht hätte er den König durch einen Hinweis aufrütteln und ihm einen anderen Weg weisen können. Zu spät!

So wird er sich hier um so mehr um sachliche Berichterstattung und Ehrlichkeit bemühen.

Er setzt die Feder an und beginnt: «Armenien hält den Atem an ...»

IV. Kapitel

MORGENROT

1

März im Jahre 300.

Hufe klappern auf frosthartem Boden. Zuerst ist von Artaschat durch die Ebene rasches Vorankommen. Bald aber engen Bergrücken zu beiden Seiten das Flußtal ein, und der Weg wird steinig und mühsam.

Choslowanush läßt sich von zwei Offizieren an den Oberlauf des Garni begleiten. Von Nahum auch? Nein, er ist nicht dabei. Sie traut ihm nicht mehr. Immer rät er zum Abwarten, immer widerspricht er, wenn auch sanft, sobald sie Tiridates aufsuchen will. Ist er von jemandem gekauft, der die Nachfolge auf den Thron für sich schon in greifbarer Nähe sieht? Aber warum sollte nicht auch Nahum selbst Interesse haben, daß Tiridates so rasch wie möglich diesem Dasein erliegt? Diokletian ist schließlich auch vom Offizier zum Kaiser aufgestiegen. Vielleicht hat das in Nahum Wunschträume geweckt? Choslowanush beobachtet alle diese Leisetreter sehr aufmerksam. Martiros Manuchjan zum Beispiel ist ihr in letzter Zeit mit seinen hochtrabenden, ehrgeizigen Plänen immer unangenehmer geworden. Er faselte auch, man müsse sich an Rom halten, müsse Protektion für die Zeit des Interregnums, wie er es nannte, erbitten. Für Rom käme es schließlich auf den Schutz der Grenzen an. Kein Land sei bekanntlich nach Osten hin so wichtig wie gerade Armenien. Man wird also am kaiserlichen Hofe nicht lange abwarten, irgend etwas müsse geschehen. Womöglich will er sich gar in Rom Sporen verdienen, indem er aus «Verantwortungsgefühl» Zuträger spielt? Sein Sohn ist eine Zeitlang nicht gesehen worden, und der Vater weiß angeblich nicht, wann er von einem «Verwandtenbesuch» zurückkommt.

O diese verdammten Beamten, wie sie sie haßt! Jetzt zeigen sie von Tag zu Tag mehr ihr wahres Gesicht! Es gibt nur *eine* Rettung für Armenien und damit auch für sie selbst: die Rettung des Königs, die alles sofort wieder ordnen würde. Wenn sie dazu beitragen kann, ist sie zu allem bereit, zu allem! Wüßte sie nur, was wirklich Erfolg verspricht! Schweigend reitet sie neben ihren Begleitern, bis sie an die Waldungen im Flußtal kommen.

Nur spärlicher Schnee bedeckt den Boden. Die klobigen Eichen stehen schwarz vor dem wolkigen Himmel. Jüngere Bäume tragen noch dürres, braunes Laub, das im Winde raschelt.

Bisher war der Winter ausgesprochen mild, wie man ihn sonst kaum kennt. Wenn die Götter Tiridates zuliebe dieses Wetter schickten, wäre es ein gutes Zeichen. Die Kälte ist mäßig – aber von Tag zu Tag fürchtet Choslowanush, schon morgen könne es anders sein.

Sie spürt immer mehr Herzklopfen, je näher sie der Stelle kommen, an der Nahum ihn schon öfters beobachtet haben will. Aber wie sie auch späht, da ist keine Spur zu entdecken. Sie ertappt sich, daß sie nach den Trittsiegeln eines Ebers sucht, statt nach menschlichen Fußspuren. So sehr hat sie sich in ihn hineinversetzt, der sich für einen Keiler hält! Sie springt vom Pferd, gibt die Zügel einem der Offiziere und heißt sie beide zurückbleiben. Zu Fuß geht sie weiter, allein, obwohl die beiden sie davon abbringen wollten. Während sie – schon längst außer Sichtweite der Wartenden – suchend zu Boden schaut, bemerkt sie nicht, daß Tiridates auf sie zuschleicht. Ganz plötzlich steht sie ihm gegenüber. Der Schreck fährt ihr nicht nur in die Glieder, ihr Herz krampft sich schmerzhaft zusammen. Es kostet sie Überwindung, dieser furchtbaren Gestalt entgegenzugehen. Ist das ihr Bruder, den sie einmal geliebt hat? Oh, warum denkt sie in der Vergangenheit? Liebt sie ihn denn nicht noch genauso wie eh und je? Oder liebte sie nur den König, in dessen Glanz sie zur Geltung kam? Sie hat jetzt keine Zeit, sich darüber Rechenschaft zu geben. Tiridates hat sie nur auf drei, vier Schritt an sich herankommen lassen, dann weicht er zurück, je näher sie kommt. Mit lockenden Worten, wie man sich an ein scheues Tier heranpirschen will, redet sie auf ihn ein: «Djanach, mein Brüderchen, sieh, ich bin zu dir gekommen. Ich habe Sehnsucht nach dir. Zieht es dich nicht auch heim? Wenn es noch kälter wird, erfrierst du doch! Du mußt auch warmes Essen haben, Bruder! Komm, gib mir deine Hand ...» Reglos steht Tiridates, verzieht keine Miene seines verkommenen Gesichtes. Er hat gar nicht so unrecht, wenn er sich für ein Wildschwein hält. Seine Lippen, die ganze Mundpartie scheinen zu einer Schnauze vorgewölbt. Seine Ohren schauen breit unter dem wirren, langen Haar hervor, Schweinsohren nicht unähnlich. Waren sie denn früher auch so groß? Sie erinnert sich nur, daß er als Kind wegen abstehender Ohren nachts eine Binde um den Kopf trug.

Jetzt bückt er sich blitzschnell. Er hat auf der Erde ein paar Eicheln entdeckt, grapscht sie auf und steckt sie in den Mund. Es knackt und knirscht, als er darauf beißt. Wenn Nahum den Nachararen und anderen Adligen den Zustand des Königs beschrieben hat, ist's kein Wunder, daß sie sich umstürzlerischen Erwartungen hingeben. Ist hier auch nur ein Fünkchen Hoffnung, daß aus dem verkommenen Geschöpf noch einmal ein König werden könnte? Man muß viel Phantasie aufbringen und sehr optimistisch sein, um das zu glauben. Choslowanush weiß aber zugleich: wenn *sie* aufgibt, ist er tatsächlich verloren. Und damit auch sie selbst. Wer wird nach der Schwester eines gewesenen Königs noch fragen? Vorbei ist's dann mit Palast und Sommersitz und goldener Kutsche. Nein, sie darf nicht aufgeben! Sie muß sich überwinden, auf das stinkende Wesen da zuzugehen. Vielleicht wird Tiridates aufgerüttelt, wenn ihn jemand in die Arme nimmt, ihm zeigt, daß er trotz allem noch nicht abgeschrieben ist? Und ihr kommt noch eine Idee: «Djanach, mein Lieber, komm, laß uns zu Hripsime gehen, zu Hrip – si – me ...»

Er horcht auf. Zu Choslowanushs Staunen öffnet er den wulstigen Mund. Ein Grunzen und Schnaufen kommt aus Rachen und Nase, und grunzend bringt er – wenn auch entstellt, verstümmelt – jenes Lied hervor, das Hripsime und die anderen auf dem Platz der Steinigung gesungen haben. Diese Worte hat er anscheinend im Kopf behalten, während sie sie längst nur noch dem Sinne nach weiß. Trotz des Schnaufens ist die Melodie zu erkennen. «Im Leben und Sterben folgen wir Jesus nach, ihm, dem wir uns geweiht ...»

Choslowanush überläuft ein Schauer. «Djanach, sind das die Gedanken, die noch in dir sind?»

Er gibt keine Antwort. Statt dessen grunzt und bläst er wieder wie ein Eber. Offensichtlich weiß er auch den zweiten Vers jenes Liedes noch: «Uns reißt nicht Verfolgung aus seiner starken Hand ...»

Entsetzlich! Sie möchte am liebsten fortrennen. Nur der Gedanke, daß auch ihr Lebensinhalt auf dem Spiel steht, hält sie. Langsam, Schrittchen für Schrittchen, die Füße nur durch das leise knisternde

Laub am Boden schleifend, nähert sie sich ihm. Wenn sie ihn packen kann, wird er ihr folgen, ganz bestimmt! Vielleicht kann sie ihn dann auch bewegen, aufs Roß zu steigen.

Alle Hoffnung umsonst! Als sie ihn schon fast mit dem Arm erreichen kann, hastet er schlurfend davon. Sich immer wieder umschauend, bedroht er sie, ihm ja nicht zu folgen. Er ballt sogar seine Faust gegen sie.

Niedergeschlagen lehnt sie sich an den nächsten Baum, die Augen voll Tränen. Da hört sie noch einmal die entstellte Stimme: «... ihm, der uns erlöst durch des Kreuztodes Schmach ...»

Erlöst? Ist das ein Stichwort für sie? In Tiridates' Zustand geht es nicht einfach um Hilfe und Heilung – Erlösung braucht er. Und dieser Jesus soll erlösen können? Schwebt ihrem Bruder unbewußt so etwas vor? Ist Er-lösung die Lösung?

Choslowanush tut in ihrer Verzweiflung und Hilflosigkeit, was sie nie vorhatte, ja was sie sich am Morgen noch nicht hätte vorstellen können: Sie kniet auf die dünne, verharschte Schneeschicht über dürrem Eichenlaub nieder und sagt: «Wenn es dich gibt, den Gekreuzigten, der erlösen kann, zeig mir, was ich tun soll.»

Aber der Wald bleibt stumm. Selbst der Wind schweigt jetzt, rührt nicht einmal mehr einen Zweig oder Halm. Sie weiß nicht – soll sie enttäuscht sein? Aber eine unbestimmte Erwartung bleibt in ihr zurück.

Sie kehrt um. Als sie die Wartenden erreicht hat, steigt sie aufs Pferd. Die beiden Offiziere fragen nicht, und sie erzählt nichts. Schweigsam, wie sie gekommen sind, reiten sie heim.

Claudia steht jeden Morgen in aller Frühe auf. Ehe die Arbeit im Hause beginnt, nimmt sie sich Zeit, hinauf auf den Kamm des Bergzuges zu steigen und in die Weite zu schauen. Es ist der westlichste der langen Rücken des Gegam-Massivs, das an seiner höchsten Stelle fast dreitausendsechshundert Meter mißt. Der Aragaz und der Ararat grüßen herüber.

Morgens ist der Himmel meist wolkenlos, dann heben sich vom hellen Blau oder schimmernden Gelbrot die schneebedeckten Gipfel malerisch ab. Auch das Steinhaus der Awetisjans liegt wie die Hänge ringsum unter einer weißen Decke, die aber dies Jahr nur mäßig hoch ist im Vergleich zu anderen Jahren, wie sie erzählen. In der

Ebene wird der Winter bald vorüber sein. Hier oben währt er oft bis Ende April oder gar in den Mai hinein.

Die Awetisjans und Claudia sitzen abends oft und plauschen, denn die Bienen haben Winterruhe und bedürfen keiner Pflege, die Schafe machen nur wenig Arbeit. Spinnend sitzen die Frauen, Claudia hat es rasch erlernt. Überhaupt nimmt sie der Hausmutter viel Arbeit ab, damit diese tagsüber ihrem Mann zur Hand gehen kann, wenn er neue Beuten baut oder zusammen mit dem Sohn andere Tischlerarbeiten verrichtet.

Claudia hat noch wenig von sich erzählt, und die Awetisjans fragen nicht. Sie kennen ihre jüngste Geschichte und wollen wohl nicht daran rühren. Dabei würde Claudia gern einmal von Salona reden, denn ihre Gedanken sind immer dorthin unterwegs. Besonders hier oben, wo der Blick ungehindert bis zum fernen Horizont schweifen kann, werden Erinnerungen wach. Oft sieht sie sich mit Asatur und den Mädchen auf dem Weg durchs Land, als sie zwischen den großen Bergen, die sie jetzt auch vor Augen hat, rasteten. Ihre Gespräche werden wieder gegenwärtig, ihre Hoffnungen. Damaris und Asatur – warum konnten sie nicht miteinander glücklich werden? Wird sie eines Tages noch mit Markus das Leben führen können, das sie sich erträumt? Markus – wäre er doch erst da! Und mit Lucia wird sie wieder eine Heimatfreundin haben. Hripsime hatte ihr gleich anfangs viel von ihrem Geld und den Wertsachen gegeben, um nicht alles bei sich selbst aufzubewahren. Es reicht für sie beide zu einem guten Anfang. Über solchen Zukunftshoffnungen vergißt sie mitunter, daß im Lande wahrscheinlich noch immer Angst und Schrecken regieren. Hier oben lebt sie so abgeschieden, daß sie oft Sehnsucht hat, Mairik zu besuchen und zu erfahren, wie sich die Verhältnisse entwickelt haben. Droht noch Gefahr – droht keine mehr? Aber es ist vereinbart, daß sie nicht eher hinabsteigt, bis sie Nachricht erhält. Demnach ist die Zeit noch nicht reif. Geduld ist, was sie braucht und auch schon zu einem guten Teil erlernt hat.

Eine Zwischennachricht wird sie jedoch in Kürze bekommen. Aram, der Sohn ihrer Wirtsleute, will morgen ins Tal, um Werkzeug einzukaufen. Er wird Vero und Mairik besuchen. Daß Markus und Lucia schon da sind, erwartet sie kaum, denn dann wären sie längst bei ihr. Es könnte nur sein, daß sie gerade eintreffen, wenn Aram dort ist. Und dann – ach, sie kann sich noch gar nicht ausdenken, wie dann alles sein wird. –

Hoffentlich wird Aram auch gehen. Als sie gestern vom Berge heimkam, um das Frühstück zu bereiten, kam er ihr sehr verändert vor. Vielleicht steckt eine Krankheit in ihm? Er war jedenfalls verschlossener als je, so fragte sie auch nicht. Um so erstaunter ist sie nun, als sie sich bergab wendet und er vor ihr steht. Als er sie anspricht, wird ihr auch klar, daß ihn gestern wohl beschäftigt hat, was er heute in Worte faßt. Er ist ein bedächtiger Mensch, der für alles viel Zeit braucht. Von Kind an hat ihn hier oben auch noch niemand zur Eile angetrieben. Wozu? Was er aber gestern in seinem Innern bewegt hat, kommt Claudia völlig überraschend.

«Du hast nun unser Leben kennengelernt», beginnt er, «und mir scheint, du liebst die Bergwelt. Ich bin alt genug, um ein eigenes Haus zu bauen und eine Familie zu gründen. Die Wiesen hier oben geben genug Honig und Schaffutter her, mehr, als zwei Imker und Schafzüchter nutzen können. Doch es war immer schwer für mich, eine Frau zu fragen, ob sie mir in die Einsamkeit folgen wolle. Du bist mir nun vom Himmel geschickt. Das war mein erster Gedanke, als ich deine Geschichte hörte und du dann kamst. Wir sind Christen wie du – Vero hätte dich sonst nicht zu uns gebracht. Wir haben zwar wenig Unterrichtung, aber wir wissen, was wir glauben. Du merkst ja am täglichen Gebet, daß wir die Verbindung mit Gott suchen und daß wir uns gegenseitig mit dem ermuntern, was wir je in den Gottesdiensten hörten und davon behalten haben. Wir sind ja hier dem Himmel sogar ein Stück näher als im Tal ...» Dazu lächelt er ein bißchen verschämt. «Du wärst die richtige Frau für mich», fährt er fort. «Ich frage dich vor meinem Gang in die Stadt, ob ich – wenn's die Verhältnisse erlauben – dort in der Gemeinde Hochzeitsvorbereitungen treffen kann ...»

Claudia hat der langen Rede, die Aram sicherlich nicht leichtgefallen ist, mit wachsender Unruhe zugehört. Sie kann zwar verstehen, daß er – ein stattlich aussehender junger Mann übrigens – eine Hausfrau braucht. Aber daß man die nicht nur aus praktischen Erwägungen heraus auswählt, wie es vielleicht viele tun mögen, hat er hier in der Abgeschlossenheit wohl nie erfahren. Wenn sie dagegen an Markus denkt – da waren keine praktischen Gründe, die sie aufeinander zuführten. Da war einfach Liebe – die Liebe, die über Trennung und Ungewißheit hinweg bis heute ein festes Band bildet.

«Aram, ich hätte es euch allen vielleicht längst einmal sagen sollen, daß ich auf meinen Verlobten aus Salona warte», antwortet sie. «Er mußte damals noch zurückbleiben, weiß aber, wohin wir gegangen sind. Eigentlich schaue ich jeden Tag nach ihm aus. Markus soll Lucia, die siebente aus unserem Kreis, mitbringen. Sie war damals eingekerkert, er wollte sie befreien. Das ist, was mich immerwährend beschäftigt. Wenn ich westwärts schaue, blicke ich den beiden entgegen, verstehst du?»

«Und – wenn er nicht mehr leben sollte, Claudia?» Aram fragt sehr vorsichtig, um sie nicht zu verletzen.

«Dann müßte Gott es mich mit Sicherheit wissen lassen.»

Sie schweigen einen Augenblick, dann fragt sie fast erschrocken: «Sag, kann ich nach deiner Frage weiter bei euch bleiben? Kann alles so sein wie vorher?»

«Ich habe meinen Eltern nichts davon gesagt, weil ich ganz sicher war, daß sie dich mit Freuden aufgenommen hätten. Ich wollte zuerst mit dir reden, denn da du allein stehst, waren mir Sitte und Tradition nicht im Wege. – Meine Eltern brauchen also nie etwas davon zu erfahren, und wir beide können es vergessen. Ich wußte ja nicht, daß du versprochen bist.»

«Du verstehst mich doch, Aram?»

«Ich halte Treue für etwas Großes.»

«Du mußt aber eines Tages auch erfahren, was *Liebe* ist. Ich wünsche dir sehr, daß du sie bald erlebst.»

«Und ich möchte dir nun Nachricht wünschen. Vielleicht erfahre ich etwas im Tal. Ich wollte erst morgen aufbrechen, nun gehe ich noch heute.»

«Danke, Aram!»

Des irren Königs Schwester schaut in den Spiegel aus poliertem Silber. Sie hat tiefe Ringe unter den Augen und sieht übernächtigt aus. In Gedanken erlebt sie noch einmal ihre Begegnung mit Tiridates, und je verkommener er da vor ihrem inneren Auge steht, desto inbrünstiger wiederholt sie die Worte, die ihr im Walde als der einzig mögliche Ausweg erschienen. Der Gekreuzigte – ein Erlöser. Aber sie sagt jetzt nicht mehr: «... wenn du bist –», sondern:

«Du am Kreuz, hilf mir, erlöse Tiridates! Zeig mir, was ich dazu tun kann!»

Da erlebt Choslowanush eine Vision. Eine Lichtgestalt steht vor ihr, so hell, daß sie geblendet wird, und sie hört eine wohltönende, laute Stimme: «Du sollst Gregor, den Tiridates seit Jahren gefangenhält, freilassen. Er hat Vollmacht, das Wunder zu vollbringen.»

Die Helligkeit weicht wieder dem Tageslicht. Hat sie geschlafen und geträumt? Nein, sie weiß genau, daß sie wach hier gestanden und Christus angefleht hat. War er es, der ihr erschien? Aber wenn es auch ein Bote war – die Worte hat sie deutlich vernommen. Gregor, der Sohn Anaks – wie lange mag er schon in der Grube liegen? Tiridates hätte ihn längst umbringen lassen, wenn ihn nicht die Tatsache unsicher gemacht hätte, daß dieser Mensch unter den tödlichen Bedingungen des Kerkers nicht längst von selbst umgekommen ist. Wie wird er nun reagieren? Natürlich wird er die Freiheit wollen. Aber ob er nach all dem Erlittenen bereit ist, etwas für Tiridates zu tun, sofern er es vermöchte?

Nein, sie will nicht zweifeln, sie will dieser Stimme glauben und handeln. Auf keinen Fall darf sie aber irgendwelche Leute mit der Öffnung des Gefängnisses beauftragen. Sie würden die Freilassung hintertreiben, würden ihr niemals gestatten, dies allein zu entscheiden. Selbst muß sie gehen und dem Wachhabenden befehlen. Und wenn der sich auch widersetzt?

Nicht zögern! Die Stimme hat es gesagt!

Awak aus Rasdan hat in Armawir, eine knappe Tagereise westlich, beim Schwestersohn seiner Mutter eine Woche lang mit Handwerksarbeit ausgeholfen. Nun ist er auf dem Rückweg. Im Araxestal sieht er einen Burschen vor sich her wandern. Soll er ihn einholen? Zu zweit ist es kurzweiliger. Aber es ist heutzutage auch Vorsicht geboten. Man weiß nie, wer der Fremde sein mag, und ein Wort zuviel kann schon schlimme Folgen haben. In Armenien war kaum je soviel Mißtrauen unter den Menschen wie jetzt während dieser Verfolgungszeit, die weiter anhält. Wie lange wohl noch? Der Vater lebt immer in Angst, wenn sich in seiner Schmiede heimlich Leute aus der Gemeinde treffen. Sonntags kommen sie mitunter von weit her. Ein paarmal waren Spitzel im Ort, aber offenbar hat sie nun jemand von der Fährte abgelenkt.

Inzwischen ist er dem jungen Mann, der straff ausschreitet, nur ein Stückchen nähergekommen. Er könnte also hinter ihm bleiben, aber er wird ihn doch einmal anrufen. Man muß ja nicht gleich über heikle Dinge reden, ehe man weiß, wer der andere ist. Und ein bißchen Menschenkenntnis hat in letzter Zeit zwangsläufig fast jeder erworben.

«He, Kamerad, wollen wir ein Stück Weges miteinander gehen?» ruft er nach vorn.

Der andere dreht sich um und wartet. «Ich wäre froh, ein bißchen Gesellschaft zu haben», erwidert er, «habe schon einen weiten Weg hinter mir, und oft einsam.»

«Woher kommst du, wenn dir die Frage nicht unangenehm ist?»

«Aus Dalmatien.»

Awak horcht auf. Dalmatien ist ihm seit jenem Besuch Hripsimes und der Mädchen ein Begriff, und seit ihrem Tode ist es für ihn die Heimat Heiliger. «Ich lernte einmal Leute kennen», sagt er vorsichtig, «die waren um ihres Glaubens willen aus Dalmatien geflohen.»

«Aber wer meint, hier sicherer zu sein als dort, irrt sich wohl», tastet der andere. Er hätte längst mit dem Kreuzzeichen die Fronten geklärt, wenn er nicht auch damit trübe Erfahrungen gemacht hätte. In Nikomedien, wo er sich ein paar Tage lang aufhielt, grüßte ihn einer auf diese Weise. Als er freudig darauf einging, wollte ihn der andere gefangennehmen. Der Trick einer Streife also! Nur mit List konnte er entkommen.

Nach ein paar Sätzen noch hin und her wissen sie aber doch voneinander, daß sie beide Christen sind. Awak ließ sein Mißtrauen zuerst fallen, weil er sich sagte, eine so weite Reise mache man nicht just für Spitzeldienste. Und daß der andere wirklich aus Dalmatien kam, versicherte er sich mit Fragen nach Orten, die er durch die Erzählungen der Mädchen kannte. Ja, der Bursche schien aus der gleichen Gegend zu kommen. Er kannte den Palastbau Diokletians sehr genau und wußte sogar vom Kaiser mancherlei zu erzählen. Der hielte sich jetzt mehr in Salona auf als in seiner nikomedischen Residenz, sagte er, weil das Rheuma ihn immer ärger plage und er nur noch durch die Schwefelquellen Linderung erhalte. Trotzdem müßten sich die Frauen vor ihm in acht nehmen. Wenn er eine Schöne sähe, beordere er sie zu sich. Das Rheuma hindere ihn auch nicht, weiter gegen die Christen vorzugehen. Den Bischof Domnius, seinen Jugendfreund, ließ er mit dem Schwert enthaupten, weil der sich weigerte, wieder die alten Götter anzubeten. Wie hätte der Bischof das tun können! Auch Anastasius, einen Arbeiter, der aufrecht seinen Herrn bekannte, habe er nicht länger dulden wollen. Er ließ ihm einen Stein um den Hals binden und im Fluß Jadro ertränken. Das brachte ihm sogar Protest der engsten Freunde ein: aus dem Jadro floß das Wasser über den riesigen Aquädukt nach Aspalathos und in die Leitungen des neuen Palastes!

Der Dalmatiner hat jenen Anastasius gekannt. Er erzählt, wie geschickt er war und wie er alle seine Fähigkeiten für die Gemeinde einsetzte. Zudem kannte er sich in den Heiligen Schriften so gut aus, daß er seinen Arbeitskollegen davon reden konnte, wenn sie ihn – ob nun wißbegierig oder provokatorisch – fragten. Ein Bekenner war er. Irgendwie muß er dem Kaiser aufgefallen sein, sonst hätte der einen kleinen Mann wie ihn nicht tödlich gehaßt.

Ob er auch den Bischof Domnius gekannt habe, will Awak wissen.

«Ja», antwortet der andere, aber weiter geht er nicht darauf ein. Da ist nämlich ein tiefgreifendes Erlebnis, das er nicht jedermann preisgeben will, weil ein Stück seiner jüngsten Lebensgeschichte damit verknüpft ist. Auch daß es noch ein Mädchen gab, das standhaft in den Tod ging, verschweigt er. Dafür berichtet er, die Gemeinde in Salona sei durch den Tod der Märtyrer nicht etwa zerstreut, sondern trotz weiterer Repressalien nur gefestigt worden. Plinnius, der Tempelpriester, versuche mit allen Mitteln das Wachstum der christlichen Kirche zu verhindern, und erreiche doch nur das Gegenteil. Seit Domnius tot ist, stellten sich immer mehr Laien zur Verfügung für den Dienst am Wort. Der Pastor von Mitnica bildet bis heute ständig welche aus. Daß es heimlich geschieht, ist klar. Auch Lukas, der Diakon der Bischofskirche, setzte sich furchtlos ein. Doch als auch ihm das Schwert drohte, konnte er noch rechtzeitig mit Frau und Kind in die Berge fliehen.

Ob ihm selbst auch Gefahr gedroht habe, daß er geflohen sei, will Awak gern wissen.

Nun, er habe einen Befehl verweigert, der sich gegen die Gemeinde richtete, sagt er. Eine Versammlung in der Nachbarstadt sollte er erkunden und den Verantwortlichen ausliefern. Das war für ihn das Signal, diesen Dienst – er war Soldat – endgültig hinter sich zu lassen. Auf dem Landwege habe er sich bis Ragusa durchgeschlagen, dann sei er mit dem Schiff bis Nikomedien gelangt ...

«Und warum hast du dich gerade nach Armenien gewandt, wo die Verfolgung nicht geringer ist als unter Diokletian?»

«Warum? Ich hatte meiner Verlobten, die vor etwa zwei Jahren floh, versprochen, hierher zu folgen. Nun will ich sie finden.»

«Dann bist du Markus, nicht wahr?»

«Woher weißt du das?» Markus ist zusammengefahren.

«Hripsime und fünf Mädchen machten in meinem Elternhause Rast, als sie auf dem Wege waren ...» Er wird unsicher, als er fragt: «Welche von ihnen war deine Verlobte?»

«Claudia.»

«Dann danke Gott, *sie* lebt.»

«Was soll das heißen?»

«Vielleicht will Claudia es dir selbst erzählen.»

«Nein, sag mir bitte, was ist!»

«Sie haben hier den Märtyrertod erlitten, dem sie in Dalmatien entgangen waren. Aber sie haben damit die gleichen Zeichen gesetzt wie bisher alle, die allein um des Glaubens willen ihr Leben lassen mußten: viele, die sie unerschrocken sterben sahen, haben sich von den Götzen abgekehrt, hin zum Herrn. – Eins mußt du mir aber noch sagen: sie warteten auf dich und Lucia. Konntest du sie nicht mitbringen?»

«Sie ist tot. Sie war die erste, die in Salona geopfert wurde ... Frag mich bitte nicht weiter danach.»

Markus hat sich an den Wegrand gesetzt, die Knie angezogen, und die Stirn auf seinen Arm gelegt. Er atmet schwer. Wird Claudia ihn womöglich abweisen, wenn sie die Wahrheit erfährt?

«Wo finde ich sie?» fragt er Awak.

«Ich will dir den Weg beschreiben. Zur Nacht aber bleibst du in unserem Hause, wie sie damals alle bei uns geblieben sind. Komm! Nach Rasdan ist es nicht mehr allzuweit.»

Choslowanush macht sich heimlich auf den Weg, um auszuführen, was ihr die Erscheinung eingab. Noch nie ist sie an dem einsamen Kerker gewesen, wo kaum ein Mensch sonst vorbeikommt. Nur aus Gesprächen weiß sie, wo sie ihn etwa zu suchen hat. So irrt sie eine Weile umher, doch dann steht sie endlich vor Isobek. Sie bemüht sich um einen sehr forschen Ton: «Befehl des Königs, der Gefangene ist frei!» Und sie wundert sich, daß der Posten nicht fragt, warum das so wenig amtlich und durch sie vollzogen wird. Er öffnet wortlos das Gitter und läßt sie an das schaurige Verlies treten. Es überläuft sie eiskalt. In dieses Erdloch war ein Mensch verbannt? So hatte sie es sich nicht vorgestellt! Wird der König auch dafür mit Wahnsinn gestraft? Choslowanush wird die Grausamkeit bewußt, mit der ihr Bruder vorgegangen ist. Aber – war sie besser? War es menschlicher, die Soldaten zu «kaufen», daß sie die Steinigung begannen? Wenn sie nun dafür auch gezüchtigt wird? Sie, die immer hochmütig und selbstgerecht aufgetreten ist, wird hier von Angst gepackt. In dieser Stunde möchte sie rückgängig machen, was sie bedenkenlos getan hat. Weil sie's nicht kann, will sie von jetzt an wenigstens wieder gutmachen, wo sich Gelegenheit bietet. Das nimmt sie sich jedenfalls vor.

«Kommt heraus, sofort, Ihr seid frei!» sprudelt sie hervor, als könne sie sonst damit zu spät kommen. «Es ist Befehl des Königs», fügt sie hinzu, doch weil ihr sogleich die Lüge bewußt wird, verbessert sie sich: «Ich handle für ihn, ich bin seine Schwester.»

Wie mühsam er heraufkommt, Löcher und Unebenheiten an der steilen Wand nutzend, bis Isobek ihm die Hand entgegenstrecken kann!

Als er vor ihr steht, kann sie nicht genug staunen. Dieses Gesicht trägt zwar Spuren des Mangels an Licht und Nahrung, aber keine, die auf seelische Beeinträchtigung durch die Haft hindeuten. Wie ist das möglich? Ist dieser Mann so stark und von seinem Gott derart getragen, daß er die Not schier unbeschadet überstand? Es wundert sie auch, daß er trotz des langes Bartes und Haares nicht verwahrlost aussieht und – das wird ihr überraschend bewußt – auch nicht stinkt, wie Tiridates. Sein Hemd ist alt, aber sauber. Sie kann ja nicht ahnen, was Marjam getan hat und welche Einfälle sie haben mußte, um beispielsweise Wasser in einem Ledersack und frische Wäsche durch das enge Gitter zu bringen. Choslowanush würde nie darauf kommen, weil sie selbstlose Liebe nicht kennt.

Sie erzählt Gregor überstürzt von ihrer Vision. «Ihr müßt sofort handeln, hört Ihr, sofort! Sonst geht er zugrunde. So kann man doch nicht leben!»

Den letzten Satz bereut sie, als Gregor ihr vielsagend in die Augen schaut. Da senkt sie den Blick und fragt bescheiden: «Werdet Ihr es tun?»

«Ich kann nur auf Weisung meines himmlischen Vaters handeln. Ist Eure Vision wahr, wird er mir zeigen, was er von mir will. – Kommt, wir wollen diesen gräßlichen Ort verlassen.»

Isobek steht überwältigt. «Er hat es geahnt», denkt er, «er ist ein Begnadeter Gottes.» Und er sagt: «Ich werde es Marjam bestellen. Wo kann sie dich finden?»

«Ich gehe selbst zu ihr. – Begleite du Choslowanush bis zum Hauptweg.» Und zu ihr gewandt: «Ich komme zu Euch zu gegebener Zeit. Habt Geduld!»

Allein bleibt er zurück und hebt sein Angesicht zum Himmel, der ihm jetzt unendlich erscheint, nachdem er so lange nur ein kleines Rechteck gemessen hat.

«Herr, wie sind deine Wege wunderbar und unergründlich», sagt er, «laß mich dir dienen und wirke in meinem Land, daß es dich preise!»

Einer hellen Zukunft gewiß, läßt er die Stätte jahrelangen Leides hinter sich.

Aram Awetisjan kommt schwer bepackt aus der Stadt und läßt sich ziemlich erschöpft auf einen Schemel fallen.

«Das kennt man gar nicht von dir, Junge», sagt die Mutter, «du hast dich zu sehr abgehetzt.»

«Mag sein. Ich wollte recht bald nach Hause.» Dazu macht er ein Gesicht, das man schwer deuten kann: lächelnd, ein bißchen geheimnisvoll, aber auch betroffen.

«Ich hab' noch ein Bündel unter dem Felsvorsprung hinter der letzten Wegbiegung stehen», sagt er, und zu Claudia gewandt: «Es ist nicht allzu schwer, aber ich hab's sehr satt. Ob du es wohl holen würdest?»

Die Mutter ist befremdet, will widersprechen, aber er gibt ihr einen Wink. Sie versteht zwar nicht, weshalb. Aber da Claudia sofort aufspringt: «Natürlich gehe ich, Aram!», läßt sie sie gewähren. Ohne Jacke und Kopftuch will sie gleich hinaus, aber Aram mahnt, sie müsse sich anziehen.

«Es ist nicht weit», entgegnet sie, doch er besteht darauf. So besorgt war er noch nie. «Soll das etwa bedeuten, daß er sich weiter Hoffnungen macht?» denkt sie. Doch dazu hat sie ihm eigentlich zu deutlich geantwortet.

Beschwingten Schrittes macht sie sich auf den Weg, und als sie kaum unterhalb des Hauses ist, tritt unter dem Felsvorsprung ein Mann hervor. Ihr Fuß stockt. Wer ist das? Doch im nächsten Augenblick entfährt ihr ein Freudenschrei, und sie rennt nicht, nein, sie fliegt ihm entgegen. Er fängt sie auf, läßt sie aber gleich wieder los. Kein Wort, kein Kuß, keine einzige zärtliche Gebärde, kein Zeichen der Freude. Da fragt sie angstvoll: «Wo ist Lucia? Wartet sie bei Vero und Mairik?»

Er weicht ihrem Blick aus. «Tot», sagt er. Nur das eine Wort. Tot – auch sie. Weinend fällt Claudia an des Liebsten Brust, aber es geht kein Fünkchen Trost von ihm aus. Wie anders hatte sie sich das Wiedersehen vorgestellt! In ihren Sehnsuchtsträumen malte sie es sich paradiesisch aus. Und nun –? Stocksteif liegt er in ihren Armen.

«Markus!» schluchzt sie. «Liebst du mich denn nicht mehr?»

«Du wirst mich abweisen, wenn ich dir erzähle, was du noch nicht weißt. Ich habe dir nur gesagt, daß Lucia tot ist. Sie war schon tot, als ich euch warnte und zu dem schnellen Aufbruch antrieb. Euch wollte ich nicht auch noch auf dem Gewissen haben. Die Schuld an Lucias Tod trage nämlich – *ich* ...» Und er erzählt von jener Nacht, als er sie in den Palast brachte, und wie dann alles unaufhaltsam seinen Lauf nahm. «... Niemand hätte es erfahren, wenn mein Gewissen mich nicht Tag und Nacht gepeinigt hätte. Ich bin dann zu Bischof Domnius gegangen, wenige Tage vor seiner Enthauptung, und habe ihm erzählt, wie sehr ich bereue. Er sprach mich frei in Jesu Namen. Aber der Gedanke, was *du* sagen würdest, liegt dennoch bis heute als Last auf meiner Seele. Du bist zu schade für einen wie mich ...»

Claudia schweigt betroffen. «Markus», sagt sie dann, «wenn Gott Sünde vergibt, dürfen wir sie keinem Menschen behalten. Wir wollen beten, daß wir auch vergessen können und nichts zwischen uns bleibt. – Weißt du, jetzt, da ich die einzige bin, die überlebte, erscheint es mir fast wie ein Unrecht, glücklich zu werden. Wir wissen nicht, welches Schicksal hier noch auf uns wartet. Sollten wir die schwere Zeit aber überstehen, wollen wir aus Dank mit unserem ganzen Leben Gott dienen.»

«Ja, Claudia. Das ist auch der einzige Weg, das Andenken der Toten zu ehren.»

«Dienen können wir aber nur, wenn wir uns nicht in Trübsal verzehren. Laß uns danken, daß wir Vergebung haben dürfen. Und dann sprich über alles, was dich bewegt, und ich will's auch tun. Wir werden *eins* sein, jeder die Hälfte eines Ganzen, da muß einer des anderen tiefsten Herzenswinkel kennen. Erzähl zuerst von daheim ...»

Noch immer neben dem Felsen an der Wegbiegung berichtet Markus – von Debrius, Hripsimes Nachbarn, der nach der Flucht der Mädchen immer wieder streng verhört wurde und geschwiegen hat, selbst als man ihm drohte. Er ist später zur Gemeinde gestoßen, und man flüsterte, daß er sich als Helfer zur Verfügung stellte, sobald wieder jemand in Gefahr war. Auch Lukas und Leona mit dem Baby soll er geholfen haben bei der Flucht in die Berge und sicherlich von dort aus weiter. Einer seiner leiblichen Brüder hat Hripsimes Haus gekauft – die Stadt verlangte einen hohen Preis dafür –, aber so wußte jeder, daß er dem Nachbarn vertrauen konnte.

Sidonius, der Palastbaumeister, hat seinem Sohn Alexander einen Auftrag auf der Insel Korčula übertragen, wo die Regierungsbeamten die Maßnahmen des Kaisers kaum unterstützen, was glücklicherweise wenig bekannt ist.

«... Ja, und mein ehemaliger Obrist ist jetzt die rechte Hand des Präfekten von Salona. Er wird noch weiter aufsteigen, doch seine Stufen haben auch manchen Blutfleck. Wenn ich an ihn denke, dann gleichzeitig auch daran, daß ich nie besonderen Mut bewiesen habe. Feigheit ist das treffende Wort, ich muß es aussprechen. Auch als ich bei Domnius war und dort vor Gott versprach, ein neues Leben anzufangen, habe ich mich vor den anderen nicht bekannt. Das mußt du auch wissen, Claudia ...»

«Du warst in meinen Gedanken ein Held, Markus. Es ist gut, daß du mir die Illusion genommen hast. Das beste zu wissen ist aber, du willst Jesus nachfolgen und dienen. Ich liebe dich, wie du bist.»

2

«Habt ihr schon gehört? Der König soll wieder gesund sein! Was sagst du dazu, Nahum?»

«Unmöglich! Einen so zerrütteten Körper und Geist kann man nicht mehr kurieren. Ich habe ihn ja gesehen, ich weiß, wie er dran ist. Man will uns etwas vormachen. Wer weiß, was dahintersteckt!»

«Als sie ihn eingefangen haben, warst du leider nicht dabei, nicht wahr?» Welch hämische Frage!

«Nein, ich hatte an diesem Tage keinen Dienst», weicht er aus. Er ist tief beleidigt, daß Choslowanush, die ihn bislang als Vertrauten des Bruders respektierte, sich von ihm abgewandt hat. Das würde er aber niemals vor den anderen zugeben.

Minas und Tigran, zwei Offiziere im gleichen Rang wie er, hatte sie nun ins Vertrauen gezogen – natürlich ohne vorher etwas bekanntwerden zu lassen! Die beiden fühlen sich geehrt und erzählen es weitschweifig: Sie haben mit eigenen Augen gesehen, wie des Königs Gesicht sich veränderte, haben erlebt, wie er wieder vernünftig sprach. – Nun, er muß sich ja bei den Regierungsgeschäften sehen lassen, wenn er seine Königsherrschaft wieder aufnehmen will! Haha! Lächerlich! –

«Tiridates ist geheilt!»

Martiros Manuchjan wird bleich, als er die Kunde vernimmt. Der junge Martiros, sein Sohn, ist tatsächlich unterwegs zum römischen Kaiser. Fraglich allerdings, wo der sich aufhält, wo er ihn antreffen wird. Wenn er des Vaters Botschaft jedoch ausrichtet und Tiridates wäre wirklich gesund – was die Götter verhüten mögen! –, stünde er als unwahrhaftig da. Nicht auszudenken! Es würde das Gegenteil von dem bewirken, was er beabsichtigt. Nein, *es darf nicht wahr sein!* Und wenn, so müßte man ihm Wagharschapat ins Gedächtnis rufen, das würde seine Wirkung gewiß ebensowenig verfehlen wie jenes Ereignis selbst ... –

«Ist's schon an euer Ohr gedrungen? Der König ist genesen! Das Unvorstellbare soll Gregor, *unser Gregor* vollbracht haben! Und der ist nun frei!»

«Bedeutet das, unsere Not hat damit auch ein Ende?»

«Da kann man nicht sicher sein. Der König ist während seiner Rolle als Keiler wohl kein besserer Mensch geworden, meint ihr nicht auch?»

«Aber es ist ein Wunder, und wir dürfen auf ein *vollkommenes* hoffen. Teilwunder sind keine.» –

«Haltet ihr das für möglich? Tiridates soll wieder normal sein – durch einen Christenpriester! Unerhört, diese Behauptung!»

«Schlimmer noch: er soll aus Dankbarkeit diesen Glauben angenommen haben!»

«Was würde das für unsere Tempel bedeuten? Daß der König sie meidet?»

«Er, der selbst als Mithra betrachtet werden will, kann seinen Tempel nicht ignorieren und sich damit verleugnen.»

«Keine Aufregung! Unsere Götter schweigen nicht. Sie haben ihn offensichtlich mit dem Wahnsinn geschlagen. Laßt uns abwarten, ob die Gesundung nicht nur ein Gerücht ist!» –

«Vater, es ist geschehen, was wir erbeten haben. Gregor hat dem König geholfen. Er redet und handelt wieder vollkommen vernünftig. Mir ist nie so deutlich gewesen wie gerade jetzt: es ist Gottes Weg, den wir gehen. Niemand hätte sich die Befreiung Gregors auf solch eine Weise ausdenken können. Wie Glieder einer Kette fügen sich die Begebenheiten aneinander. Und wir sind oft so kurzsichtig, daß wir Gott Vorschriften machen wollen.»

«O Marjam, meine Tochter, sei diesem Mann eine wahre Gehilfin zu Gottes Ehre! In der Nacht wachte ich auf und dachte plötzlich, es sei ein Traum, daß er frei ist. Ich kann es noch nicht fassen. Verzeih, daß ich's dir oft so schwer gemacht habe, Marjam.»

«Aber Vater, das ist alles vergessen. Nur das Heute gilt. Ich bin glücklich.» –

Tiridates hat alle Tempelpriester zusammenrufen lassen. Als er vor ihnen steht, sagt er: «Seht mich an! Mein Geist war umnachtet, aber Gott der Herr, der Vater Jesu Christi, hat das Wunder getan und mich befreit von des Wahnsinns Fesseln. Ich glaubte ein wildes Tier zu sein. Gott strafte mich für meine Sünden, die wahrhaft *blutrot* waren. Sie sind mir vergeben. Wie alles neu geworden ist für mich, wird auch für mein Land alles neu werden, wird ein neuer Geist Einzug halten. Ihr werdet Anweisung bekommen. Habt ihr's erfaßt?»

Da verbeugt sich als erster Varazdates, der den «bösen Geist» vergeblich beschworen hatte. Obwohl er soeben noch geflüstert hat: «Der ist jetzt erst recht wahnsinnig!», verneigt er sich tief und unterwürfig: «Du bist unser König. Was du befiehlst, wird geschehen, denn du wirst nichts verlangen, was wir nicht zu tun imstande wären.»

Die anderen schließen sich an, wetteifern nur, wer sich am ergebensten zeigt. Sie murren zwar innerlich, sind aber fest entschlossen, in der neuen Lage ihr Bestes zu suchen. –

Vor seinen Regierungsbeamten erwähnt Tiridates das Vergangene nur am Rande. Er fragt jeden nach Einzelheiten in seinem Amtsbereich, gibt Anweisungen, billigt hier eine Maßnahme, will dort eine verändert sehen. So sachlich und «vernünftig» ist früher kaum je eine Konferenz verlaufen. Sie machen alle lange Gesichter, weil die Frage: gesund oder wahnsinnig?, keine Frage mehr ist. Nur eins flüstert man sich hinterher zu – laut zu reden wagen sie ebensowenig wie die Priester –: daß er ein Schweinsohr behalten hat! Er hat es zwar unter dem Haar mit Pech festgeklebt, heißt es, trotzdem hängt es noch lappig hervor.

«Es wird in nächster Zeit Veränderungen geben», sagt Tiridates. «Ich erwarte jedermanns Bereitschaft. Wer sich widersetzt, müßte abgelöst werden.»

Und sie dienern in gleicher Weise wie die Priesterschaft, zuerst der Mardpet, danach der Schatzmeister, der Agrarminister in gleicher Weise, Martiros Manuchjan als Straßen- und Verkehrsbeauftragter nicht minder, dazu der Oberbefehlshaber der Truppen und wie sie alle dort beieinander sitzen: «Jawohl, unser König, jawohl! Selbstverständlich! Zu Befehl!» –

So energisch, wie er die Staatsgeschäfte wieder aufgenommen hat, so eifrig ist er auch im Unterricht in der Glaubenslehre, den Gregor ihm selbst erteilt. Ihre Gespräche sind tiefgehend, sie beeinflussen des Königs Denkweise entscheidend. Und beide bereden, wie es im Lande weitergehen soll. Die Gemeinden dürfen aufatmen, denn Tiridates *ist* ein anderer geworden. Die Not und Bedrängnis hat ein Ende. Es herrscht Freude, gewiß, aber kein Jubel, dazu waren der Opfer zu viele.

Esra, dessen Kräfte zwar immer mehr schwinden, hält noch den Gedenkgottesdienst in Artaschat. Die Gemeinde beginnt die Feierstunde mit *ihrem* Lied, dem Lied der Gajaneh.

«Uns reißt nicht Verfolgung aus seiner starken Hand,
ihm allein dienen wir ...»

Während sie singen, überblickt der alte Glaubenslehrer die Reihen. Nein, keinen aus diesem Kreis haben Unterdrückung und Peinigung von ihrem Herrn getrennt. Wohl haben ihm manche ihre Angst und Versuchung bekannt, die sie in Gefahr brachte zu wanken. Letzten Endes aber hat die Verfolgung viele gefestigt und auch neue Glaubende hervorgebracht. Er sieht Marjams Vater, sieht Isobek und verharrt für Augenblicke auf dem schmalen, ernsten Gesicht Anahids, der sich entschlossen hat, Gregor nachzueifern und zu studieren.

Ja, die schlimme Zeit ist durchgestanden. Einer allerdings sollte sich der Tatsache, unbeschadet hindurchgekommen zu sein, nicht gerade rühmen – Stepan Akopjan. Er hat sich monatelang verborgen gehalten und dabei offensichtlich nicht kümmerlich gelebt. Seinem Verwalter überließ er Palast und Ländereien. Sie waren eine Zeitlang beschlagnahmt, jetzt bekam er jedoch alles zurück. Heute sitzt er wieder in der vordersten Reihe, wenn auch kleinlaut. Draußen brüstet er sich, daß sein Geschlecht der Religion, die nun auch der König angenommen hat, schon seit weit mehr als einem Jahrhundert angehört. Aber hier –

Als unter den Namen der Opfer die seiner Schwester und ihrer Gefährtinnen genannt werden, fühlt er peinlich viele Blicke auf sich ruhen. Da erhebt er sich und verkündet, er habe die Gräber der teuren Toten, die bisher in Wardan Altunjans Garten als Beet getarnt waren, schmücken lassen. Aber niemand lobt ihn dafür. Er nimmt betreten wieder Platz.

Nach den umwälzenden Ereignissen hält sich Gregor sechsundsechzig Tage im königlichen Weingarten dicht hinter der Stadtgrenze auf. Menschen aus dem ganzen Lande strömen dorthin. Jeden Tag ist es eine große Versammlung, zu der er spricht, und seine Hauptzuhörer sind die Noblen und der König. Ganze Familien, alt und jung, kommen aus den verschiedenen Richtungen herbei, jeder will den Evangelisten hören. In ihren Heimatorten erzählen sie dann weiter, was er predigte. Er beschränkt sich nicht darauf, in der christlichen Glaubenslehre zu unterrichten, er gibt auch praktische Hinweise, wie man im Alltag, im Beruf und in der Familie sich als Christ bewähren muß, wenn der Nachbar das Bekenntnis nicht als leeres Geschwätz abtun soll.

«An euren Taten soll man erkennen, daß ihr Jesu Jünger seid», mahnt er. Er weiß auch sehr gut, wo die wunden Stellen sind, deshalb wendet er sich sehr eindringlich an die Reichen: «... Ein schlechtes Geschick im Hause sieht der Pfandschuldner schlimmer an als den Tod. Er haßt den Tag der Rückzahlung, er fürchtet sich vor der Schande, er weicht aus, um das Antlitz des Fordernden nicht zu sehen. Seine Augen hält er zu wie ein Hund, der am unrechten

Platz ergriffen wird. In der Schande versteckt er sich. Schaut doch sein jämmerliches Aussehen an, betrachtet die bösen Ränke Satans! Erkennt die ungerechten Gewinne, mit Fluch beladen! Denn die Wucherer haben durch ihre betörte Leidenschaft jedes Schamgefühl verloren, und so machen sie den Reichen zum Bettler, die Armen ziehen sie aus. Von den Tränen sammeln sie Geld und frohlocken über die Menge des unlauteren Gewinnes. O der ungerechten, schlimmen Zinsen! Eine Schlinge des Todes sind sie für die Besitzenden, und sie wissen es nicht. Erwürger der Menschen, Fesseln der Seele, Anlaß zur Hölle, Führer zur Finsternis, Ursache von Qual und ewiger Schande. Laßt uns darum mit großer Sorgfalt das Verlangen nach Reichtum fliehen, laßt uns fliehen vor diesem gefährlichen Untier, diesen teuflischen Künsten ...»

Gregor ist bewußt, wieviel Zurüstung für die Menschen nötig ist, wenn der große Umbruch nicht nur äußerlich vollzogen werden soll. Er wird später von Distrikt zu Distrikt ziehen, predigen und lehren, um die Menschen zu Einsichten zu befähigen. Nur so kann mehr Gerechtigkeit im Lande erlangt werden. Wenn die Reichen Christi Nachfolger sein wollen, können sie die Armen nicht weiter ausbeuten. Sie werden ihr Leben aber nicht ändern auf bloßes Zureden. Er muß den Acker bereiten, um darauf Gottes Wort ausstreuen zu können, damit es wirke. Wüßte er sich nicht berufen und erlebte er nicht, daß Gott zu seinem Dienst steht, wäre sein Beginnen ein aussichtsloses Unterfangen. Natürlich entgeht ihm nicht, daß ganz besonders die Noblen sich beim König und bei ihm in Gunst setzen wollen. Viele würden lieber widerstreben, aber sie dienern nun, anstatt zu dienen, und sie katzbuckeln, anstatt sich vor Gott zu demütigen. Die Kirche wird nicht wie bisher nur Glieder haben, die ihr einzig und allein aus Glaubenserkenntnis angehören – bereit, alle Konsequenzen aus ihrer Zugehörigkeit zu ziehen, wie es jetzt so viele bewiesen haben und mit Folter oder gar dem Leben bezahlten. Es wird Scharen von Mitläufern geben, die mit dem Strom schwimmen. Aber diese Erwägungen halten nicht auf, was sich an Möglichkeiten auftut. Man darf die Gefahren nur nicht übersehen.

Marjam ist in dieser Zeit, da Gregor buchstäblich Tag und Nacht beansprucht ist, diejenige, die unauffällig sorgt, daß er körperlich durchhält. Sogar während der Nachtzeit kommen noch Leute, um sich persönlichen Rat und Weisungen von ihm zu holen. Er selbst würde ohne Zögern jeden sofort anhören und dadurch niemals zur Ruhe kommen. Sie weiß geschickt zu erreichen, daß die Leute am anderen Tage wiederkommen, und sie begrenzt von vornherein die Zeit. So vermeidet manch einer die Weitschweifigkeit und Breite, mit der er eigentlich seine Fragen anbringen wollte.

Ein bißchen scheint Gregor manchmal Marjams Praktiken zu durchschauen und ist dankbar dafür. Er erkennt, daß sie ein weises Herz hat. Die Sprüche Salomos nennen einen solchen Menschen «verständig». –

Gregor und Marjam sind in aller Stille in der Gemeinde von Artaschat getraut worden, auf Marjams Wunsch ohne jedes Aufsehen. Sie weiß, es wird noch genug Pomp geben, dem sie nicht entgehen können. Nach den leidvollen Jahren haben Äußerlichkeiten für sie allen Wert verloren. Es wird ihr nicht schwer werden, wenig beachtet und bescheiden neben Gregor zu stehen, zu dem nun ein ganzes Land aufsieht. Was ihr Leben prägen mag, ist Dankbarkeit gegen Gott.

3

Das Jahr 301 ist gekommen, das schicksalsträchtigste wohl für Armenien. Im Frühjahr wird das Christentum zur Staatsreligion erklärt. Tiridates verfügt, daß Gregor der oberste Bischof sei mit universellen, uneingeschränkten Befugnissen – der Katholikos.

Es ist eine bedeutungsvolle Stunde, als der König dies feierlich und öffentlich verkündet. Der neue geistliche Würdenträger hat dazu jene Menschen an seine Seite geholt, denen er sein Leben, das körperliche und das geistliche, verdankt. Da sind seine betagten Pflegeeltern Aharon und Jowana Sarjan. Als bedrohten, verwaisten kleinen Jungen haben sie ihn an ihr Herz genommen und kein Wagnis und Opfer, keinen Verzicht gescheut, haben Tag um Tag für ihn gebetet und ihm schließlich ermöglicht, daß er mit seiner ehemaligen Amme erst nach Rom gehen und dort alle erdenkliche Bildung erlangen konnte, um dann die Gottesgelehrtheit zu studieren. Dazu jedoch befähigte ihn, was Esra, sein alter Lehrer, ihm schon im frühen Kindesalter in die Seele gepflanzt hatte. Ihn ließ er heute von ein paar

Männern herholen. Allein zu kommen, hätten seine Kräfte nicht mehr ausgereicht. Verklärt sitzt er da, der Ewigkeit näher als diesem Leben. Er beugt sich zu Aharon: «Ich kann heute wie der alte Simeon sagen: ‹Herr, nun lässest du deinen Diener in Frieden fahren.› Er hatte den Heiland der Welt gesehen. Ich dagegen darf erleben, wie meinem Lande Heil widerfährt, indem es diesen Heiland annimmt.»

Die vierte an Gregors Seite, ihm am nächsten, ist selbstverständlich Marjam. Ohne ihren Wagemut, ihn jahrelang in der Gefängnisgrube zu versorgen, wäre er nicht hier. Während sie und auch Aharon mit Jowana wie immer lieber im Hintergrund geblieben wären, genieren sich viele aus der Gemeinde von Artaschat nicht, die Tatsache ins rechte Licht zu rücken, daß Gregor einer aus ihren Reihen ist. Sie sind emsig beim Organisieren und Ordnen, sie tun mit, wo es nötig ist. Und es gibt viel Arbeit, denn es sind auch viele Gäste gekommen. Von den «Neuen» unter den Christen heben sich die Artaschater gern ein wenig ab als «der Stamm».

«Ach, so ein bißchen Geltungsbedürfnis bleibt uns doch immer, bei aller betonten Bescheidenheit», denkt Esra und lächelt. Fühlt er sich nicht auch geehrt, hier diesen Platz neben dem nun angesehensten Mann einzunehmen? Und wer wollte es Aharon und Jowana verdenken, daß sie stolz sind auf ihren Gregor?

Das erste bei aller Freude ist jedoch das Lob Gottes für seine Führung und Fügung. –

Diesen großen Tag kann jeder mitfeiern, woher er sich auch auf den Weg machte. Auf der weiten Reise jedoch, die der Katholikos anschließend vor sich hat, – nämlich zu seiner Weihe – können ihn nicht einmal die Angehörigen begleiten. Nur ein paar hochgestellte Abgeordnete des Landes und eine Schutzgarde werden mit ihm ziehen. Agathangelus jedoch wird nicht fehlen, glücklicherweise! Nach seinen Aufzeichnungen können die Daheimgebliebenen dann nacherleben, was sich unterwegs zugetragen hat.

So lautet sein Bericht, den er niederschreibt: «... Eskortiert von sechzehn Gouverneuren der Provinzen, wird der Heilige nach Caesarea in Kappadozien gebracht, um durch Leontius als Katholikos der armenischen Kirche ordiniert zu werden. Gregor fährt in des Königs goldener Kutsche, von weißen Eseln gezogen. Die Gouverneure begleiten ihn in ihren eigenen Wagen oder auf dem Rücken edler Pferde, im Geleit von Truppen, die Geschenke aus Gold und Silber befördern, Rosse und Esel auch, und farbenprächtige Girlanden. In allen Städten, durch die die Kavalkade auf der Reise bis zur Hauptstadt Kappadoziens kommt, wird sie wie eine Prozession gefeiert ...»

Eins erwähnt der Schreiber nicht: daß Gregor der Prunk nicht angenehm, ja zuviel ist. Er hat zu lange unter unwürdigsten Bedingungen geschmachtet, um sich den Armen nicht näher zu fühlen als den Reichen. Den pompösen Rahmen seines Zuges empfindet er als einen Widerspruch zu seinen Mahnungen, die Armen nicht zu vergessen. Er weiß aber ebensogut, daß ein ärmlich auftretender Bischof als Repräsentant einer Staatskirche vielen – auch den Armen! – anstößig wäre, er kennt die menschliche Natur.

Der Chronist fährt fort:

«Auf der Rückreise tauft Gregor zuerst die Adligen, die bei ihm sind, und danach das Volk, etwa hundertneunzigtausend. Dann sendet er Prediger aus in alle Richtungen und geht selbst in jeden Distrikt und jede Provinz, die am Wege liegt, über Städte und Landplätze, um Kirchen zu gründen, Glauben zu festigen und Priester einzusetzen ...

Der König und seine Schwester kommen ihm dann von der Hauptstadt aus entgegen bis nach Bagavan, der Stadt der Altäre, um ihn mit seinem Gefolge und der Menge Volkes zu treffen, die unterwegs Berührung mit ihm hatten und nun tageweit folgen. Die zwei Abteilungen treffen sich am Fuß des Berges Ala Dagh. Hier werden dreißig Tage Fasten und Beten proklamiert, und über hundertfünfzigtausend Soldaten und insgesamt mehr als vier Millionen Männer und Kinder getauft ...»

Vielleicht reißt den Chronisten die Begeisterung mit, als er das schreibt. Aber die tiefgreifenden Veränderungen haben im Volk immer mehr Glut entfacht. So kann der Historiker nach der Heimkehr über die Situation im Lande ebenso enthusiastisch berichten:

«... Alle Plätze, Gassen, Märkte, Straßen, die Läden der Kleinhändler, Geldwechsler und Händler sind mit Leuten angefüllt, die unbegreifliche Fragen diskutieren. Fragst du jemanden, wieviel Obolen du zu zahlen hättest, philosophiert er über das Erschaffene und das Nichterschaffene; als ich den Preis des Brotes erfrage, antwortet der Verkäufer, daß der Vater größer ist als der Sohn. Auf die Frage, ob das Bad gerichtet sei, wird mir erzählt, daß der Sohn aus dem Nichts geschaffen wurde ...»

Das alles ist nur möglich, weil Gregor für eine christliche Erziehung – nicht nur für die Kinder – sorgt. Die werden in Provinzzentren in Schulen gesammelt. Sehr sorgfältig trifft man die Auswahl der Lehrer, ein Schul-Meister muß zuverlässig sein!

In den Bibelstunden erhalten die Erwachsenen zugleich Unterricht, und wo ein paar Lernbegierige dabei sind, stacheln sie die anderen zum Fragen und Nachdenken und dadurch zu diesen öffentlichen Diskussionen an. Bemerkenswert, daß die Armen, die vorher kaum Gelegenheit zu systematischem Lernen hatten, vielfach besonders beflissen mithalten.

Der Volkssänger Missak besucht auf wiederholte Einladung auch den Unterricht, aber er singt unbekümmert den Göttern weiter seine Lieder. In seine Heldengeschichten, die er im Kopf hat, gehören sie nun einmal hinein, sagt er.

Als Gregor davon erfährt, sorgt er dafür, daß Andersdenkende ja nicht etwa bedrängt oder gar mundtot gemacht werden. Jeder Fanatismus hat zu unterbleiben. Man muß auch Raum für andere Überzeugungen lassen! Und genau diesen Inhalt hat dann der erste verhaltene Gesang, den Missak «dem Priester des neuen Aramazd» (!) widmet. Er vergißt nicht zu erwähnen, daß der für die Armen eintritt und diese jetzt neue Hoffnung haben. –

Missak versäumt aber auch nicht, sich am Königshof sehen zu lassen und singend zu fragen: «König, was wird Diokletian zu Armeniens Entwicklung sagen? Vergiß nicht, du unterstehst immer noch Rom ...»

Doch der römische Kaiser ist so sehr mit eigenen Sorgen – und mit Rheuma – behaftet, daß er auf das Geschehen in der «großen Bergfestung» nicht reagieren kann – zum Glück!

Sowohl Tiridates als auch Gregor sind mit Feuereifer dabei, alle Stätten des Heidentums zu vernichten. Sie reisen gemeinsam von Ort zu Ort, um Tempel abzureißen. Der König selbst legt mit Hand an, und sein Beispiel ruft vor allem bei jungen Leuten Begeisterung hervor.

Agathangelus' Ausbeute für seine Schriften scheint unerschöpflich. Als Sekretär des Königs kann er immer und überall an den Brennpunkten mit dabei sein.

Zuerst wird der Tempel der Anahita, der fast neue, in Wagharschapat abgerissen. Er hatte das Erdbeben beinahe unbeschädigt überstanden, um so mehr Arbeit macht er nun.

Der hiesige Mithratempel dagegen war in seinen Grundmauern erschüttert, er fällt leichter.

Mithradates, der nach dem Prozeß aus des Königs Gunst gefallen war, sucht sich durch arbeitsharte, rissige Hände wieder anzubiedern. Schwitzend schafft er die Trümmer mit beiseite, aber er wartet vergeblich auf eine besondere Anerkennung. Er fühlt sich undankbar behandelt. Hat er nicht alles getan, um es dem König recht zu machen? Wie sollte er ahnen, daß der seine Ansichten so bald ins Gegenteil verkehrt? Durchschaue einer die Mächtigen! Aber er wird sich seine Verachtung trotzdem nicht merken lassen. Wenn alle ehemaligen Priester einen guten Posten bekommen, will er nicht der einzige sein, der ganz an den Rand gedrängt wird. Irgendwie muß er es schaffen, daß aus ihm, dem Mithradates, ein Christodates wird. –

In Fort Ani und Alaschkert fallen die Tempel des Aramazd. Der «Vater aller Götter» hieß er. Es gibt ihn nicht mehr. Die Steine der Kultstätte der Ma, der großen Muttergottheit, werden gestapelt für neue Kirchen, die dort bald erbaut werden. Die Anbetungsorte des Kriegsgottes Vahagn, des Tyr und des Schönen Ara sind bald nur noch Ruinen.

Mithra hat wohl die zahlreichsten Tempel im Lande. Sein Name tritt in verschiedenen Lesarten auf. Je nach der Gegend nennt man ihn auch Mihr oder Meher.

So schreibt Agathangelus beispielsweise: «... Ebenso kommen Gregor und Tiridates zu dem Götzentempel des Meher, der der Sohn des Aramazd hieß, und zwar in der Siedlung, die man in parthischer Sprache Bagayaritsch nennt. Diesen Tempel riß man bis zu den Fundamenten nieder. Die gesamten Schätze plünderte man und teilte sie an die Armen aus, und die Gebiete des Tempels weihte man der Kirche ...»

Ein einziger Tempel blieb stehen, man entfernte nur die Statuen der Gottheiten aus ihm: der herrliche Säulentempel neben des Königs Sommersitz in Garni.

«Wie willst du das begründen?» fragt der Katholikos den König.

Der verschweigt, daß er diese prachtvolle Zierde Garnis einfach nicht missen möchte. Er sagt: «Dieses Bauwerk wird Jahrtausende überdauern. Es mag die Nachwelt an den Siegeszug Christi in Armenien erinnern.»

Dieser Begründung hat auch Gregor nichts entgegenzusetzen, zumal dicht daneben schon der Platz für eine Kirche in Kreuzform abgesteckt ist. –

Die Landschaft bezaubert Gregor hier in solchem Maße, daß er andeutet, auch er würde im Sommer gern in dieser Gegend verweilen. Das ist die Geburtsstunde des Klosters Ayriwank, das bald darauf in den domartigen Höhlen eines kaum zehn Kilometer entfernten Bergstocks des Gegamrückens angelegt werden soll.

Im Tal fließt murmelnd der Garnifluß vorüber. Der trägt, was er gehört und gesehen, dem Araxes zu, und der nimmt es mit in die Kura und ins Kaspische Meer – ostwärts also, nicht gen Rom. –

«Wie wird Marjam sich freuen!» denkt Gregor, als er nach wochenlangem Unterwegssein sich voll Sehnsucht endlich wieder heimzu wendet.

Während des Rittes entwirft er in Gedanken schon den Bauplan. Er hat das Ensemble der Kirche und der anderen Räume in den kühlen, kuppelförmigen Höhlen mit ihren blinkenden Wasserstellen und den Lichtöffnungen in den Felsdurchgängen lebhaft vor Augen. Er wird Marjam in bunten Farben ausmalen, was sie später hier erwartet. Vor allem aber wird er ihr die grandiose Landschaft schildern, damit sie neugierig wird. –

Sie hört ihm dann auch gespannt zu, und er ahnt dabei nicht, daß sie ihm noch viel Schöneres zu erzählen hat:

«Gregor», sagt sie geheimnisvoll, «Liebster, wir werden ein Kind haben ...»

Da weiß sich der Mann, der noch alles im Leben gelassen hingenommen hat, vor Freude nicht zu fassen. Er nimmt Marjam ungestüm wie ein Jüngling in die Arme, küßt ihre vollen, weichen Lippen und vergißt alles um sich her. In diesem Augenblick ist er weder der Katholikos, der rastlos Tätige, noch des Königs Freund, dessen Verantwortung er mittragen muß – nein, er ist jetzt weiter nichts als der zärtlichste Gatte dieser einmaligen Frau, die selbstlos für ihn da ist. Sie handelt für ihn, wenn er abwesend ist, nimmt das zeitweise lange Alleinsein wie selbstverständlich in Kauf, und sie stützt und trägt sein ganzes Handeln und Entscheiden im Gebet: Wohl dem, dem ein tugendreiches Weib beschieden! Und diese unvergleichliche Gefährtin, die Gott ihm an die Seite gestellt hat, wird ihm nun ein Kind schenken! Hundertfach ist er entschädigt für all die bitteren Jahre, weit, weit liegen sie zurück.

«Ich bin unendlich glücklich!» sagt er, und Marjam schmiegt sich in seinen starken Arm.

4

Wieder sind Scharen unterwegs nach Wagharschapat. Es mögen mehr als doppelt so viele sein wie vor zwei Jahren. Jeder erinnert sich: damals erwarteten sie einen sensationellen Prozeß und erlebten die Steinigung Unschuldiger durch Aufgewiegelte. Die Grausamkeit von Verfolgung, Drangsal und Haß gegen die Anhänger des Gekreuzigten schien hier ihren Höhepunkt erreicht zu haben, ohne daß man ihr Ende jedoch absehen konnte. Die Abwesenheit des mit Wahnsinn geschlagenen Königs gab einer Willkürherrschaft Raum. Man hätte jeden für einen Träumer gehalten, der der so geschmähten Christenheit noch eine Zukunft vorausgesagt hätte. Nur die Christen selbst glaubten an sie. Jetzt bekennt sich das ganze Land – und damit auch fast alle, die hierhergekommen sind – zu dieser Kirche. Dieser Neuanfang wird heute besiegelt mit der Grundsteinlegung für ihr Zentrum, eine gewaltige Kathedrale.

Den Standort Wagharschapat wählte man nicht aufgrund der damaligen Begebenheiten. Nein, Gott selbst soll den Platz bestimmt haben: An der Stelle, wo noch Reste eines alten Feueraltars sichtbar sind, hatte der Katholikos eine Vision. Er sah die Lichtgestalt Christi mit einem goldenen Hammer in der Hand. Der gab ihm den Auftrag, hier einen Kirchenbau zu errichten, dessen Aussehen er bis in alle Einzelheiten festlegte. Gregor zeichnete das Projekt mit der Genauigkeit eines Architekten auf. *Etschmiadsin* soll die Stätte von nun an heißen – *der Eingeborene ist herabgestiegen.*

Wer sich an diesem Sonntag frei machen kann, versäumt das Ereignis nicht. Von weit her aus allen Gegenden kommen die Armenier herbei, denn der Tag ist seit längerer Zeit bekannt. Die meisten besuchen zuerst die Gräber der Märtyrerinnen. Wardan Altunjans Garten ist zur heiligen Stätte geworden. Man weiß schon, daß Tiridates Gedächtniskirchen errichten lassen will – Sankt Hripsime und

Sankt Gajaneh. Heute steht aber zunächst die Kathedrale im Mittelpunkt des Geschehens.

Unter den Besuchern sind auch Claudia und Markus. Beiden ist das Herz schwer. Sie sprechen wenig miteinander, jeder hängt seinen Gedanken nach. Claudia weist nur auf Gajanehs Haus, das der Katholikos inzwischen von Stepan Akopjan erworben hat und bewohnt. Am Forum bezeichnet sie annähernd den Platz, wo sie mit Phöbe zu entkommen glaubte. Phöbe – Claudia fühlt die schmale Hand noch in der ihren. Warum war ihr keine Rettung vergönnt?

Markus bedrängen mehr die Erinnerungen an zu Hause. Er muß an eine andere Grundsteinlegung denken – die zu Diokletians Palast. Ob der inzwischen fertiggestellt und der Kaiser eingezogen ist? Ob sein Schiff mit der goldenen Sphinx am Bug oft vom blauen Meer durch das Bronzetor in die Gewölbe gleitet? Ob die Krypta unter dem Mausoleum immer noch einmal als Gefängnis dienen muß?

Bei diesem Gedanken sieht er sich wieder als Wache vor der Tür und hört Lucia sagen: «An seiner Hand habe ich einen Ring entdeckt, wie ein Soldat ihn trug, der auch in die Versammlungen kam ... Aber ich kann nicht glauben, daß er ein Judas ist.» Und dann: «Markus, ich erkenne deine Stimme. Um Christi willen, öffne!» Er weiß es noch genau: er hatte seinerzeit den Ring in seinem Wams verborgen. In Nikomedien hat er ihn dann verkauft, er wollte ihn nicht mit in das Leben nehmen, das er durch die Vergebung Christi neu beginnen durfte. Vergessen aber wird er das Geschehen nie, das Bild Lucias wird ihm immer schmerzlich mahnend vor der Seele stehen. Daneben sieht er jetzt Bischof Domnius, Anastasius, Hripsime ...

Werden die Gemeinden zu Hause auch bald den Tag erleben, an dem sie aufatmen können? Wann werden Claudia und er heimwärts ziehen? Seit ihrer Verheiratung gleich nach der großen Wende wohnen sie vorerst bei Vero und Mairik. Nebenan wollen sie sich ein Haus bauen. Dann können sie den beiden weiter helfen, auch wenn sie selbst ihre vor kurzem eröffnete Fellhandlung betreiben. Doch weder Haus noch Geschäft werden ihn, Markus, eines Tages hier binden. Allzuoft sieht er in seinen Träumen das helle, felsige Mosorgebirge sich hinter Pinien, Palmen und Kakteen von Aspalathos erheben, sieht den sonnigen Strand der Adria und von dort aus den Weg nach dem prächtigen Salona. Er geht in Gedanken durch das gewaltige Kaisertor, an «ihren» Zypressen vorbei auf die belebten Märkte und vorbei an den Schwefelthermen zum riesigen Amphitheater.

Und hier? Armenien ist ein Land von herber Schönheit, o ja, aber eben so völlig anders, mit Dalmatien nicht zu vergleichen. Auf dem Herweg durch das offene Gelände nahm er bewußt in sich auf, was man in der Stadt sicherlich rasch vergißt: Das im Durchschnitt tausendachthundert Meter über dem Meeresspiegel gelegene Territorium sind Felsen, Berge und Steine, Steine, Steine. Ein Bruchteil der Flächen nur ist Acker, der Bauer muß buchstäblich den Fels zu Pulver zermahlen, um Boden zu gewinnen. Armenien trägt ja auch den Beinamen *Karastan* – Land der Steine. Gigantisch ist der Anblick so manchen Landstriches, wirklich bezaubernd. Aber Markus sieht alles sehr nüchtern an, er kann nicht, wie seinerzeit Hripsime, die liebevoll beschriebene Heimat der Vorfahren entdecken. Vielmehr erkennt er: Die vorherrschende Armut unter dem Volk ist die Folge davon, daß es stets vor der Wahl steht, mit den Steinen ebenso zu kämpfen wie gegen die herrschsüchtigen Nachbarn im Osten und Westen – oder unterzugehen.

Die Heimatgebundenheit ist es, die die Armenier alle Nachteile übersehen oder in Kauf nehmen läßt. Wenn sie ihren neuen Glauben, zu dem sich die meisten jetzt spontan hinwenden, ebenso lieben, werden sie in ihm wurzeln, und er wird ihnen Halt geben im Sturm. Der Weg dorthin wäre aber niemals frei geworden ohne den Tod der Mädchen. Erst durch ihr Martyrium wurden die Umwälzungen ausgelöst. Wenn das doch nicht so schwer zu begreifen wäre! –

Vero und Mairik sind auch mit hier. Ja, der Gelähmten haben sie den großen Wunsch, der fast unausführbar schien, erfüllt: Die Männer schleppten sie im Tragestuhl die weite Strecke, denn mit einem Gefährt wären sie auf dem unebenen Weg gar nicht vorwärts gekommen. Freunde lösten Vero und Markus öfter ab. Mikael, der Schuhmacher, und Howhannes – beide seit der unverhofften Hilfe aus bedrückender Not enge Freunde – waren die ersten, die mit zupackten. Dann kam Awak mit Thoros, seinem Vater. Das war ein bewegendes Wiedersehen mit Markus!

Der Schafzüchter Maruk aus Rasdan war in ihrer Begleitung.

«Maruk?» horchte Claudia auf und erinnerte sich: «Warst du es nicht, dem Asatur damals sagte, dir helfen keine Schlachtopfer, sondern einzig und allein *das* Opferlamm selbst?»

«Ja», erwiderte Maruk, «das war der erste Anstoß für mich, nach der Wahrheit zu suchen.» –

Mairik ist nun bei Marjam und Gregor zu Gast, ebenso wie deren beide Elternpaare Aharon Sarjan mit seiner Jowana und Chatschatur und Nuneh Rochkijan. Sie hatten auch Stepan Akopjan eingeladen in das ehemalige Haus seiner Schwester, aber er ließ sagen, er sei krank. Er hat inzwischen erfahren, daß ihn an jenem schrecklichen Tage nicht nur Gajaneh trotz seiner Verkleidung als Bettler erkannte, und er schämt sich endlich.

Sehr still und bescheiden ist auch Chatschatur Rochkijan. Er ärgert sich maßlos, wie kurzsichtig er in der bösen Zeit handelte. Hoch geehrt könnte er jetzt dastehen als einer, der bis zuletzt mit um Gregors Leben kämpfte, hätte er seinem berechnenden Wesen und der Angst nicht nachgegeben und Gregor und die Gemeinde fast fallengelassen. Keiner trägt es ihm nach, aber seine Eitelkeit leidet sehr darunter: Sogar Isobek, der jetzt übrigens zur Leibgarde des Königs gehört, war ja letzten Endes klüger als er! –

Hapeth Terhan, Zabel und Mikel wohnen bei Freunden nahe dem Forum, das nun gepflastert und von wiederaufgebauten Häusern umgeben ist. Nichts deutet mehr auf Schäden und Chaos von einst hin.

Zabel steht am Fenster und schaut auf den Platz. Ein Vergleich mit ihrer Familie drängt sich auf. Die Zeit des Gegeneinanders liegt weit zurück. Harmonie ist eingekehrt, und manchmal meint sie, Hapeth wäre ohne seine Erfahrungen kein halb so umsichtiger Ehemann und Vater wie jetzt. Ganz sicher wird er auch ein guter Schwiegervater. Mikel wird Susan freien, die ihm schon immer gefiel. Früher störte ihn aber ihre vorbehaltlose Bindung an die Gemeinde, die er ja ablehnte. Wer weiß auch, was der Vater früher zu dieser Werbung gesagt hätte! Jetzt sind sie alle von Dünkel und Vorurteilen frei. Zabel kann für den Wandel in ihrem Leben nur immer wieder danken. –

Mancherlei Begegnungen bringt diese Menschenansammlung mit sich. Sahak beispielsweise trifft den Reiteroffizier Nahum.

«Nun, einen Auftrag auf dem Herzen?» fragt Sahak leutselig.

«Wüßte nicht, welchen», brummt Nahum. Aber gleich besinnt er sich: Warum sollte er diesen Sahak merken lassen, wie sauer er ist? Choslowanush hat Tiridates hinterbracht, er, Nahum, habe des Königs Untergang eher beschleunigen als verhindern wollen, er habe sie von ihm ferngehalten. Nun ja, gewünscht hat er sich nicht gerade, dieses menschliche Wrack, als das er den Wahnsinnigen erlebt hatte, möge noch einmal bei Hofe auftauchen. Aber nun muß er die Behauptungen natürlich als Lüge hinstellen. Doch wie soll er das beweisen? Jedenfalls muß er irgendwie den König wieder günstig stimmen. Sahak wird ihm dabei zwar nicht helfen können. Vorsorglich informiert er sich aber: «Du wohnst noch am alten Platz und betreibst Seidenraupenzucht?» Bei diesem Fuchs weiß man ja nie, was er sich ausdenkt, und womöglich könnte er doch noch einmal nützlich sein.

«Die treibe ich nur noch als Nebenbeschäftigung», antwortet Sahak stolz, «ich werde nämlich Lehrer.»

«Sieh einer an! Soso! – Na, viel Erfolg! Vielleicht sehen wir uns wieder einmal», zieht Nahum seine Mundwinkel nach oben. Es soll ein Lächeln sein. Sahak erwidert es mit verschlagenem Augenzwinkern. Nur jede Tür offenhalten! Mit dem Beitritt zur Gemeinde hat er nicht gezögert. Es war klar, man würde künftig guttun, sich bei der Kirche zu engagieren – und dann ja nicht als letzter! Sie nahmen ihn ohne weiteres auf, jetzt brauchen sie keine Angst mehr vor Spitzeln zu haben. Er hat nicht versäumt, sich mit einer Geschichte ins rechte Licht zu setzen. Ohne Nahums Namen zu nennen, erzählte er, wie er ihn bezüglich der Versammlungen hinters Licht geführt hatte. – Daß er von vornherein besondere Hoffnungen an seine Gemeindezugehörigkeit knüpfte, weiß niemand. Rasdan hatte wenig geeignete Leute für das Lehramt, anders als in Artaschat. Da er zwischen beiden Orten wohnt, wählte er mit Bedacht Rasdan. *Einen* Weg muß es doch geben, endlich aus der verhaßten Rolle des unbedeutenden Mannes schlüpfen zu können! –

Anahid hält es nie lange im Hause seiner Schwester und des Schwagers aus, wenn er in Wagharschapat ist. Auch heute steht er wieder lange am Grabe Pias. Das Erlebnis ihres Sterbens hat sich tief in sein junges Herz eingegraben.

Als er merkt, daß jemand ihn beobachtet, schaut er auf. Zwei Männer stehen neben ihm und grüßen mit dem Kreuzzeichen. «Verzeih», sagt der eine, «ich irre mich wohl nicht. Du warst ein paar Tage in Gajanehs Hause, als ich auch dort weilte. Ich bin Varteres aus Goschawank. Und das ist Arutin, der Bruder Asaturs, der seinerzeit die Mädchen von Dalmatien begleitete und Damaris heiraten wollte ...»

«Du warst damals mit der kleinen Nasani hier?› erinnert sich Anahid.

«Ja, und Phöbe hat ihre Augen behandelt mit der Heilmixtur, die Pia zusammenstellte. – Nun wüßten wir gern, welches sind ihre Gräber? Und wo liegen Damaris und Asatur?»

Da erzählt Anahid, daß diese beiden mit den Erdbebenopfern bestattet sind. Phöbe hatten Gordon und er noch gefunden, ehe die Menschen nach dem Beben in die Stadt zurückkamen. Dann mußten sie verschwinden.

«... Pia lebte noch, als wir sie bargen, sie starb in meinen Armen. Ihre letzten Worte waren: ‹Ich bin gewiß, weder Tod noch Gewalten können mich trennen von Gottes Liebe› ...» Indem er berichtet, werden die Ereignisse von damals noch einmal gegenwärtig, und Anahid redet sich ein Stück Schmerz von der Seele. Zu dem Fremden, der die Mädchen kannte, und zu dem, der seinen Bruder verlor, kann er leichter reden als zu anderen, die nicht so unmittelbar betroffen waren. Aber die zwei aus Goschawank haben dann auch noch ein anderes Anliegen: sie wissen, daß eine überlebt hat – Claudia. Mit ihr wollen sie bereden, was sie mit dem Darlehen tun sollen, das Asatur und Damaris von Hripsime bekommen hatten. Anahid hilft ihnen, Claudia zu finden. Und sie braucht ihre Antwort nicht lange zu überlegen, weil sie genau weiß, wie Hripsime oder auch Damaris entschieden hätten. «Das Geld soll der Gemeinde zugute kommen. Verwendet es zum Kirchenbau oder für Einrichtungen, die dem ganzen Dorf nützen.»

«Ja, so wollen wir's halten.» Die Männer bedanken sich erleichtert. «Wie sehr wir das Andenken der Toten in Ehren halten, wißt ihr wohl.»

«Grüßt Goschawank», sagt Claudia, «und wer von euch jemals in die Hauptstadt kommt, ist unser Gast. Veros Bäckerei ist nicht zu verfehlen.» –

Einer der letzten, der in Wagharschapat eintrifft, ist Martiros Manuchjan. Er hat nicht gerade ein strahlendes Gesicht. Am Stadteingang begegnet ihm Gordon – sein zukünftiger Schwiegersohn. Rebik hat sich nicht davon abbringen lassen; sie würde keinem anderen Manne folgen, sagte sie, und die Mutter unterstützte sie darin. Martiros hat sich noch immer nicht ganz damit abgefunden. Ein Ramik! Er hat zwar nun eine Ausbildung als Architekt aufgenommen – natürlich auf sein, des Schwiegervaters, Vermittlung und

Betreiben. Ein Ramik bleibt er jedoch, wenn nicht der König ihn eines Tages in einen höheren Stand erhebt. Aber daran ist vorerst nicht zu denken. Martiros tröstet sich damit, daß Mikel Terhan um Susan, des Kleinhändlers Howhannes Tochter, geworben hat – auch eine Verbindung so ungleichen Standes. Aber Hapeth Terhan findet anscheinend nichts dabei. Die ganze Welt steht kopf seit dieser Umwälzung. Nun heißt es eben, mit den Wölfen zu heulen. Das muß er auch um seines Sohnes willen. Martiros junior hat dummerweise von seinem Auftrag geplaudert, wenn er auch den Kaiser nicht antraf und unverrichteterdinge heimkam. Da wird es noch Schwierigkeiten geben, ehe er einen gebührenden Platz gefunden hat. Und wer muß sich wieder einsetzen – natürlich der Vater! Letzten Endes ist man aber bestrebt, alle und jeden zufriedenzustellen, damit es keine Opposition gibt. Martiros wird achtgeben, ob man heute Richtungweisendes hört, das man sich zunutze machen kann. –

Als die feierliche Handlung beginnt und der Katholikos spricht, herrscht Stille. Es ist, als schweige die ganze weite Ebene im Kranz der Berge. Die beiden Araratgipfel stehen weiß und erhaben vor dem klaren Himmel, sie sind Zeugen allen Neuwerdens zu ihren Füßen. Hier, wo mit Noahs Landung nach der großen Flut eine *neue* Ära für die Erde begann, bricht heute für das Land am Ararat eine *neue* Zeit an – eine *neue* Seite im Buch seiner Geschichte wird aufgeschlagen. Die Grundsteinlegung ist eine äußere Markierung am Weg in eine völlig andere Richtung. Agathangelus ist als Chronist dabei.

Er schreibt augenblicklich an einem Buch über die Martyrologie der armenischen Kirche: «Die Geschichte Tiridates' und Sankt Gregors» ist sein Titel. Darin wird die Grundsteinlegung ein wichtiges Kapitel sein. Wie bei allen seinen Schriften wird er auch hier bemüht bleiben, sachlich und wahrheitsgetreu zu berichten, und deshalb erwähnen, daß er sehr wohl die politischen Hintergründe erkennt: Die reichen Tempel werden aufgehoben, um eine Staatskirche als Mittel der sich festigenden Zentralmacht zu gründen. Dessenungeachtet wird sich diese Politik aber zum Wohle des Volkes auswirken.

Gut durchdacht ist, wie man die Adligen und bisher Einflußreichen einordnet, ohne böses Blut zu machen:

Aus den Nachararen mit ihren Feudalgütern kommen die Bischöfe der verschiedenen Diözesen. Nerses Nersesjan übernimmt beispielsweise die hiesige. Außerdem sind zwölf Söhne namhafter heidnischer Priester nach ihrer willigen Bekehrung und konzentrierten Ausbildung gleichfalls in den Priesterstand erhoben und geweiht worden. Der übrige Klerus bildet sich aus den Azats und erhält für den Kirchendienst vom Bischof erbliche, aber einziehbare Lehen.

All diese neuen Kirchenfürsten bevölkern jetzt den Platz um den Baugrund. Sie wissen, daß Gregor in alle Provinzen kommen und auch dort Gotteshäuser gründen will. –

Gregor spricht über ein Wort aus dem zweiten Brief des Paulus an die Korinther: «... das Alte ist vergangen, siehe, es ist alles neu geworden!» Besser könnte man nicht ausdrücken, was in Armenien geschehen ist. Aber es kann im Großen nichts neu werden, wenn es sich nicht in jedem einzelnen vollzieht. Deshalb ist der erste Teil dieses Wortes des Paulus von größter Bedeutung: Ist jemand in Christo, so ist er eine neue Kreatur. Und wie er es schon im königlichen Weingarten und an jedem Ort betont hat, wird er nicht müde zu wiederholen: Unser Auftrag ist zuerst, Gemeinde zu bauen aus lebendigen Steinen. In die Herzen muß der Glaube eingehen und sie erneuern – und der Glaube kommt aus der Predigt. So werden als «Bauarbeiter» zunächst Lehrer und Prediger gebraucht. Aber diese auferbaute Gemeinde soll Gott dann an geheiligter Stätte loben und anbeten. Daß dies sein Wille ist, macht Gregors Erleuchtung deutlich. Deshalb soll heute der Grundstein für die erste solche Arbeit der Bau-Handwerker gelegt werden – für die Kathedrale *Etschmiadsin* ...

Tiridates ist nun an der Reihe, den Grundstein zu legen. Er hat seine Hand darauf, aber er verharrt schweigend. Wahrscheinlich ahnen viele, was in ihm vorgeht. Dadurch mag sich erklären, daß kaum jemand Ungeduld zeigt.

Er sieht in Gedanken Hripsime vor sich – nicht als Tote, sondern unendlich schön und würdevoll. Im Geiste hört er sie sprechen: «... Ich bitte Gott, daß er dir Einsicht schenke und daß du eines Tages zu ihm, der von aller Schuld und Sünde befreit, finden mögest. Das ist mein Segenswunsch für dich und zugleich für das ganze Volk. Jesus Christus ist der Herr über Leben und Tod, über Arme und Reiche, auch über Fürsten und Gewaltige wie dich ...»

Jedes ihrer Worte hat er behalten. Warum nur hielt er damals für vollkommen undenkbar, was ihm nach seiner Genesung so selbstverständlich erschien: den Christenglauben anzunehmen? Von sich aus wäre er auf seinem alten Wege niemals umgekehrt. Es war ihr Gebet, das Gott erhört hat. Hripsime ist seine Heilige, er wird ihr Bild lebenslang in seiner Seele bewahren.

Choslowanush liest Tiridates' Gedanken von seinem Gesicht ab, und sie ist noch auf die Tote eifersüchtig. Doch das wird niemand je von ihr erfahren. –

Als der König endlich vor den Augen Tausender die weihevolle Zeremonie vornimmt, bleibt keiner unbeeindruckt. Am ergreifendsten ist jedoch, was das ganze Volk nie vergessen wird: Er gelobt seine Treue zum Glauben mit Worten, die längst überall von Mund zu Mund gegangen sind – mit dem Lied der Gajaneh.

Personen des Romans

Hripsime, eine junge reiche Christin

Lucia
Claudia
Damaris
Julia
Pia
Phöbe
} elternlose Mädchen

Markus, ein Soldat, Claudias Verlobter
Domnius, Bischof in Salona
Sidonius, Oberbaumeister des Palastes in Aspalathos
Alexander, sein Sohn
Anastasius, Arbeiter
Plinnius, Priester des Tempels der Göttin Juno
Cornelius, Kapitän

Paulus
Asatur
} Matrosen

Diokletian, Kaiser des Römischen Reiches
Tiridates III., König von Armenien
Choslowanush, seine Schwester
Agathangelus, sein Sekretär
Gregor, Katholikos
Gajaneh, Äbtissin, Hripsimes Base
Nacharare: (erbliche Fürsten autonomer Besitzungen in Armenien)
Stepan Akopjan, Gajanehs Bruder
Nerses Nersesjan
Azats: (Freie; niederer Adel in Armenien)
Chatschatur Rochkijan, Kaufherr (Erze, Metallwaren, Stoffe)
Nuneh, seine Frau
Marjam, seine Tochter
Anahid, sein Sohn
Hapeth Terhan, Kaufherr (Getreide)
Zabel, seine Frau
Mikel, sein Sohn
Martiros Manuchjan, Beamter für Straßen-, Brücken- und Festungsbau
Agath, seine Frau
Martiros jr., sein Sohn

Rebik, seine Tochter
Isobek, Wachoffizier
Nahum, Reiteroffizier
Ramiks: (arbeitende Städter, Bauern und Handwerker in Armenien)
Aharon Sarjan, Zimmermann } Gregors Pflegeeltern
Jowana, seine Frau }
Esra Petrosjan, Glaubenslehrer in Artaschat
Wardan Altunjan, Leiter der Gemeinde in Wagharschapat
Missak, Aschuch (Volkssänger)
Mikael, Schuhmacher
Vero, Bäcker
Mairik, seine Tochter
Howhannes, Kleinhändler
Sara, seine Frau
Susan, seine Tochter
Thoros, Schmied und Ackerbauer
Gordon } seine Söhne
Awak }
Sahak, Seidenraupenzüchter
Maruk, Imker und Schafzüchter in Rasdan
Hagop Awetisjan, Imker in den Bergen
Aram, sein Sohn

Die Hochadelsgeschlechter der Bagratuni, Mamikoni und Gruni stellen die Vizekönige, Grenzkommandeure und höhere Staatsbeamte in erblichen Ämtern.

Worterklärungen

Nekropole	–	antike große Begräbnisstätte
Peristyl	–	von einem Säulengang umgebener Garten oder Lichthof
Prätendent	–	jemand, der Anspruch auf ein Amt oder ein Recht erhebt; ein Fürst, der als Thronbewerber auftritt
Prothyron	–	prunkvoller Portalvorbau
Usurpator	–	jemand, der sich widerrechtlich gewaltsam Macht aneignet

ZEITTAFEL

Zur römischen Geschichte:

4. Jh. v. Chr.	Dalmatien griechische Kolonie
119 v. Chr.	Salona (heute Solin) zum erstenmal schriftlich erwähnt
78 v. Chr.	Salona von den Römern erobert Sie beherrschen seitdem nicht nur die dalmatinische Küste, sondern ganz Illyrien (bis zum Untergang des Weströmischen Reiches 476 n. Chr.)
27 v. Chr. – 14 n. Chr.	Kaiser Augustus Unter ihm entwickelt sich Salona zum wirtschaftlichen und politischen Zentrum der römischen Besitzungen in Dalmatien; es wird eine Stadt von 60000 Einwohnern, unter anderem ausgestattet mit Tempeln, einem Amphitheater für 18000 Zuschauer, einem Stadtforum mit repräsentativen Gebäuden, ausgedehnten Wohnvierteln und städtischen Thermen (alles heute noch als Ruinen zu sehen) und mit einer Wasserleitung, die *bis heute* auch Split versorgt
243 n. Chr.	Diokletian in Salona geboren
284 – 305	Regierungszeit Diokletians (gestorben 313) Er setzt zur besseren Verwaltung des ausgedehnten Reiches noch einen «Mitkaiser» ein: Maximian. Später nimmt sich jeder von ihnen noch einen «Unterkaiser»: Galerius und Constantius, die nach der freiwilligen Abdankung Diokletians in seine und Maximians Imperatorenstellung aufrücken.
293 – 305	Bau des Diokletianpalastes in Aspalathos, auch Spalatum genannt (heute Split), der Vorstadt Salonas, am Adriatischen Meer

298–305	Christenverfolgungen durch Diokletian
303	Edikt Diokletians (und seiner Mitregenten): Verbot des Christentums, Schließung der Versammlungshäuser, Einzug des Gemeindevermögens, Aberkennung bürgerlicher Rechte und Ehren
313	Edikte von Mailand und Nikomedien durch Kaiser Konstantin (wahrscheinlich seit 312 selbst ein Christ) und Licinius: Grundsätzliche Anerkennung der Gleichberechtigung des Christentums mit der alten Staatsreligion
614	Zerstörung Salonas durch Awaren und Slawen. Die Einwohner finden sichere Zuflucht hinter den festen Mauern des Diokletianpalastes. Es entsteht durch Ausbauen, hauptsächlich des Obergeschosses, die Stadt Split als Nachfolgerin Salonas. Bis heute ist der in vielen Teilen original erhaltene Palast mit seinen 3000 Einwohnern zentraler Stadtteil des modernen Split.
641	Umbau des Mausoleums Diokletians im Palast zur Kathedrale, Märtyrern der letzten Christenverfolgung (Bischof Domnius, dem Arbeiter Anastasius und der Jungfrau Lucia) geweiht. Im Mittelalter wurde die Kathedrale mit einem Turm versehen. Turm und Kathedrale bilden eine harmonische, ja organische Einheit – ein seltenes Beispiel gelungener Verschmelzung der Antike und des Mittelalters.

Zur armenischen Geschichte:

vor Christi

9. Jh.	Entstehung des Staates Urartu
6. Jh.	Die Hai besetzen Urartu
585	Urartu von den Medern unterworfen
559–529	König Kyros II. von Persien Er gründet das erste persische Großreich Armenien unter persischen Satrapen (Provinzstatthaltern)

	Sie nennen das Land Armina
331	Alexander von Mazedonien (gestorben 323) erobert Persien
247	Die Dynastie der Arsakiden (ihr erster König: Arsakes) gründet das Partherreich (Die Parther sind ein iranisches Reitervolk. Sie beherrschen unter den Arsakiden von 247 v. Chr. bis 226 n. Chr. das Gebiet zwischen Indus und Euphrat.) Armenien untersteht den Seleukiden Deren König Antiochos III. (222–186 v. Chr.) setzt zwei Gouverneure ein
190	Die Seleukiden unterliegen im Kampf den Römern Die Armenier fallen ab von ihnen und begründen mit römischer Zustimmung ihr Königreich – den *ersten armenischen Staat* der Geschichte Artaxias I. (armenisch: Artasches) erbaut anstelle der bisherigen Residenz Armawir am Fluß Araxes eine neue Hauptstadt: Artaschat
123–95	Artavazdes II. Er wird von den Parthern besiegt
95–55	Tigranes II., der Große, Sohn Artavazdes' II. Er will zwischen der Großmacht des Ostens und Rom ein drittes Imperium errichten
66	Rom mißbilligt diese neue Macht Einmarsch in Armenien Tigranes II. muß kapitulieren Jeder armenische Herrscher muß jetzt um Bestätigung durch die Römer ersuchen
30 v. Chr.–63 n. Chr.	Die kaukasischen Iberer sowie Parther und Römer kämpfen um das Land Blutige Volkserhebungen gegen die fremden Machthaber

nach Christi

63	Beendigung dieser Periode durch einen Kompromiß: die parthische Dynastie der Arsakiden soll herrschen, jedoch von den Römern gekrönt werden

	Die in den ständigen Kämpfen verwüstete Hauptstadt Artaschat ersteht mit römischer Hilfe neu Erste Verkünder des Evangeliums (nach der Überlieferung): in Nordarmenien Apostel Bartholomäus, in Südarmenien Apostel Thaddäus
110 und 230	Christenverfolgungen
bis 217	Mehrere armenische Herrscher werden entweder von den Römern oder den Parthern gestürzt
217	Tiridates II. (auch Chosrau, Chosroes, Khosrev genannt), der Große, erhält mit parthischer Zustimmung von Rom die Krone als Herr Armeniens
226	Durch Aufstand der Sassaniden Zerbrechen des Partherreiches und Entstehung des neupersischen Reiches Ardaschir gründet die Herrscherdynastie der Sassaniden*)
260 (?)	Chosrau fällt im Kampf gegen die Sassaniden Nach der Überlieferung wurde er von dem Parthersprinzen Anak aus dem Geschlecht der Suren erschlagen, worauf dieses durch Chosraus Sohn Tiridates ausgerottet wurde. Nur ein Knabe entging diesem Schicksal – Gregor, der spätere erste Katholikos Armeniens
261–286	Tiridates in das Römische Reich geflohen. Er gewinnt dort taktische und strategische Kenntnisse durch Teilnahme an vielen Kriegen In Armenien Herrschaft der Sassaniden
287	Tiridates von Diokletian in die Heimat entsandt, um sich dort den Thron zu erwerben. Priesterschaft, Adel und Volk empfangen ihn als Befreier von der Fremdherrschaft. Ohne Schwierigkeiten erfolgt die Wiederergreifung der Regentschaft durch die Arsakiden.
287–330	Tiridates III.

*) (Die Sassaniden sind ein Herrschergeschlecht im Iran, 224–651 n. Chr. Es faßte unter Ardaschir I. die Teilstaaten des Partherreiches zu einem mächtigen Staat zusammen, der sich bis zur Eroberung durch die Araber im Jahre 651 hielt.)

295–296	Der Perserkönig Narses überfällt Armenien. Tiridates flieht auf römisches Territorium. Narses zieht gegen römisches Gebiet. Galerius, der «Unterkaiser» Diokletians, verliert in einer Schlacht gegen Narses fast sein ganzes Heer. Neubildung der Legionen.
297	Im Frühjahr neuer Angriff durch Galerius. Sieg. Tiridates ist daran entscheidend beteiligt. Narses gibt Armenien auf.
298	Friedensschluß zu Nisibis Danach 40 Jahre Frieden für Armenien
298–300	Christenverfolgungen in Armenien
301	Christentum wird Staatsreligion

Literaturnachweis

Arpee, L.	A History of Armenian Christianity New York 1946
Arzumjan, P.	Armjanski Sobory Etschmiadsin 1970
Becker, W. A.	Gallus oder Römische Szenen Berlin 1882
Bego, F.	Die Kathedrale des heiligen Domnius, Split Zagreb 1982
Belck, W. und Lehmann-Haupt, C. F.	 Armenien einst und jetzt Berlin und Leipzig, 1. Band 1910 2. Band 1926 u. 1931
Brentjes, B.	Drei Jahrtausende Armenien Leipzig 1973, 1976, 1984
Bunjatov, N. G. und Jaralov, J. S.	 Architektura Armenii Moskau 1950
Katusic, I.	Mitteldalmatien Zagreb 1971
Koch, J.	Römische Geschichte, 4. Auflage Leipzig 1905
Mladina, V.	Diokletian-Palast Split 1983
Mongait, A.	Archaeology in the USSR Moskau 1959
Riemschneider, M.	Das Reich am Ararat Leipzig 1965
Schiller, H.	Geschichte der Römischen Kaiserzeit, 2. Band Gotha 1887
Schmid, J. M.	Reden und Lehren des heiligen Gregorius, des Erleuchters, Patriarch von Armenien Regensburg 1872
Suet.-Tranquillus, G.	De vita caesareum – Kaiserbiographien (Aus dem Lateinischen von Adolf Stahr) Stuttgart 1857
von Taron, St.	Des Stephanos von Taron armenische Geschichte (Aus dem Altarmenischen von H. Gelzer und A. Burckhardt) 1. u. 2. Teil Leipzig 1907

Tokarskij, N. M. — Architektura Armenii (IV.–XIV. Jh.)
Erewan 1946, 1961

Widengren, G. — Iranisch-semitische Kulturbewegung in parthischer Zeit
Köln und Opladen 1960

INHALT